MEDIÇÃO & QUALIDADE
DO GN E GNL APLICADAS À MALHA DE TRANSPORTE

JOSÉ PAULO CERQUEIRA DE SANTANA
BENJAMIN NOVAIS CARRASCO
JULIO CESAR PALHARES

MEDIÇÃO & QUALIDADE
DO GN E GNL APLICADAS À MALHA DE TRANSPORTE

Medição & qualidade do GN e GNL aplicadas à malha de transporte
© 2015 José Paulo Cerqueira de Santana, Benjamin Novais Carrasco e Julio Cesar Palhares
Editora Edgard Blücher Ltda.

Blucher

Rua Pedroso Alvarenga, 1245, 4° andar
04531-934 – São Paulo – SP – Brasil
Tel 55 11 3078.5366
contato@blucher.com.br
www.blucher.com.br

Segundo Novo Acordo Ortográfico, conforme 5. ed. do *Vocabulário Ortográfico da Língua Portuguesa*, Academia Brasileira de Letras, março de 2009.

Impressão e acabamento: Yangraf Gráfica e Editora

FICHA CATALOGRÁFICA

Medição & qualidade do GN e GNL aplicadas à malha de transporte / José Paulo Cerqueira de Santana, Benjamin Novais Carrasco, Julio Cesar Palhares. -- São Paulo: Blucher, 2015.

ISBN 978-85-212-0879-2

1. Gás natural – Medição 2. Gás natural – Controle de qualidade 2. Gás natural liquefeito 3. Gás natural – Transporte 4. Canos e canalização de gás I. Título II. Santana, José Paulo Cerqueira de III. Carrasco, Benjamin Novais IV. Palhares, Julio Cesar

14-0764   CDD 333.8233

Índice para catálogo sistemático:
1. Gás natural

Agradecimentos

À Petrobras pela oportunidade e patrocínio em desenvolver esta publicação por meio do Programa de Editoração de Livros Didáticos (PELD) da Universidade Petrobras.

À Diretoria de Gás e Energia e à Transportadora Brasileira Gasoduto Bolívia Brasil, bem como à Transpetro, ao Cenpes e à Universidade Petrobras por disponibilizarem seus revisores que, com sua valiosa colaboração, contribuíram para o enriquecimento deste texto.

Aos colegas e colaboradores, em especial, Marcos Cramer Esteves, André Ferreira, Carlos Alexandre Lima Correa, Élcio Cruz de Oliveira, Lucia Emília de Azevedo, Carlos Vinicius Caldas Campos e Davi Ricardo Leão Vieira, que, incondicionalmente, abdicaram de seu precioso tempo para nos incentivar e auxiliar para que essa publicação chegasse a bom termo.

Aos colegas anônimos, potenciais divulgadores, que, de uma forma ou outra, nos impulsionaram com suas críticas construtivas e ajudaram imensamente a consolidar nosso trabalho.

Aos nossos colegas que por um lapso desintencional não foram lembrados, nos perdoem, mas nem por isso foram menos importantes.

Às nossas esposas e filhos que, com paciência e compreensão, abriram mão de nossa companhia em muitos finais de semana para que este livro um dia se tornasse uma realidade.

Apresentação

A Petrobras sempre privilegiou o investimento no desenvolvimento de recursos humanos. Uma das vertentes da política da empresa para capacitação é a produção de livros didáticos para uso dentro e fora da Companhia.

O tema *Medição e qualidade do GN e GNL aplicadas à malha de transporte* é muito relevante para a indústria do gás natural, abrangendo três importantes áreas do conhecimento: Metrologia, Tecnologia e Sistema de Gestão de Medição.

Boa parte da experiência adquirida pelos autores, tanto na área industrial como nos cursos oferecidos pela Petrobras, ao longo de suas vidas profissionais como engenheiros e instrutores, está consolidada nesta obra.

Com a elaboração deste livro, os engenheiros José Paulo C. de Santana, Benjamin Novais Carrasco e Julio Cesar Palhares deixam um legado, ao organizarem e discorrerem sobre temas amplamente utilizados em diversas atividades e treinamentos na Petrobras.

A Petrobras sente-se honrada e gratificada em coeditar a publicação desse trabalho através do Programa de Editoração de Livros Didáticos (PELD) da Universidade Petrobras, em uma iniciativa que busca estabelecer uma bibliografia de consulta permanente para seus profissionais, bem como retornar à sociedade o investimento e a confiança depositados em suas atividades.

Recursos Humanos
Universidade Petrobras
Escola de Ciências e Tecnologias de Gás, Energia e Biocombustível

Abreviaturas utilizadas

ANQ – Processo de Medição de Análise de Qualidade
BOG - *Boil off gas*
CDL – Cia. Distribuidora Local
CEM – Processo de Calibração dos Equipamentos de Medição
CLP – Controlador Lógico Programável
CNTP – Condições Normais de Temperatura e Pressão
CP/FP – *Constant Pressure / Floating Piston*
CPTP – Condições Padrão de Temperatura e Pressão
CPU – *Central Processing Unit* (Unidade Central de Processamento)
CTS – *Custody Transfer System*
DN – Diâmetro Nominal
ECOMP – Estação de Compressão
EMED – Estação de Medição Fiscal
EMOP – Estação de Medição Operacional
EMP – Processo de Medição de Empacotamento
ERP – Estação de Redução de Pressão
FC – *Flow Computer* ou CV (Computador de Vazão)
FD – Folha de Dados
FE – Fase Estacionária
FIFO – *First Input First Output* (1º que entra é o 1º que sai)
FM – Fase Móvel
FSRU – *Floating Storage Regasification Unit*
G & E – Gás e Energia (Unidade de negócio da PETROBRAS)
GC – *Gas Chromatograph* (Cromatógrafo em Fase Gasosa)
GIIGNL - International Group of Liquefied Natural Gas Importers
GLP – Gás Liquefeito de Petróleo
GN – Gás Natural
GNC – Gás Não Contado
GNL – Gás Natural Liquefeito
GNV – Gás Natural Veicular
GUT – Processo de Medição de Gás de Utilidades

ILAC - International Laboratory Accreditation Cooperation
IW – Índice de Wobbe
NMI - Netherlands Measurement Institute
OCIMF - Oil Companies International Marine Forum
OIML - Organization Internationale de Métrologie Légale
PCS – Poder Calorífico Superior
PE – Ponto de Entrega
PID – Proporcional, Integral e Diferencial
POH – Ponto de Orvalho de Hidrocarboneto
PR – Ponto de Recebimento
PTB - Physikalisch-Technische Bundesanstalt
PTC – Ponto de Transferência de Custódia
RTD – *Resistance Temperature Detector* (Detector de Temperatura por Resistor)
SCADA – *Supervisory Control and Data Acquisition*
SI – *Système International* (Sistema Internacional)
TAC – Teste de Aceitação de Campo
TAF – Teste de Aceitação de Fábrica
TBG – Transportadora Brasileira Gasoduto Bolívia Brasil
TCC - TransCanada Calibrations
TPZ - Temperatura, Pressão e Fator de Compressibilidade
TRANSPETRO – Petrobras Transporte S.A
TRC – Processo de Medição de Transferência de Custódia
UPGN – Unidade de Processamento de Gás Natural
UPS – *Uninterruptible Power Supply System*
USFM – *UltraSonic Flow Meter* (Medidor Ultrassônico)
UTE – Usina Termelétrica
VIM – Vocabulário Internacional de Termos Fundamentais e Gerais de Metrologia
Z – Fator de Compressibilidade

Conteúdo

5 SISTEMA DE GESTÃO DE MEDIÇÃO

ANEXOS

1

Fundamentos de Metrologia

1.1 Introdução

A Metrologia pode ser simplesmente definida como ciência das medições, mas a própria evolução da ciência em muitos momentos foi e é cada vez mais dependente da Metrologia. Para muitos de nós, o primeiro contato com a Metrologia foi simples e direto como a aplicação de uma régua. Porém, hoje em dia, pouco do conhecimento humano caminha sem o conhecimento e o reconhecimento de sua importância. Para ampliar o entendimento da Metrologia foram reunidas algumas definições.

Metrologia é a ciência das medições e suas aplicações. Essa ciência abrange todos os aspectos teóricos e práticos que asseguram a confiabilidade exigida por um determinado processo produtivo, procurando garantir a qualidade dos produtos e serviços por meio da calibração de instrumentos de medição, sejam eles analógicos ou digitais, e da realização de ensaios [16]. Atualmente, a Metrologia é considerada por muitos como a base fundamental para as relações comerciais nacionais e internacionais e para a competitividade das empresas.

Há diversas definições para a palavra "metrologia". Segundo o Bureau Internacional de Pesos e Medidas (BIPM):

Arte, ciência, tecnologia e regulamentações e todos os outros aspectos necessários para executar medições em ciência, tecnologia, meio ambiente, comércio, manufatura, saúde, telecomunicações, segurança, cumprimentos legais e outras aplicações em que a informação quantitativa (numérica) sobre as propriedades do objeto ou sistema é clara e precisamente "entendida" por diferentes pessoas (ou diferentes sistemas, equipamentos ou máquinas automáticos ou não) em diferentes locais (qualquer no mundo) e/ou em diferentes tempos (que podem diferir em séculos).

Segundo o dicionário Aurélio da Língua Portuguesa:

> Conhecimento dos pesos e medidas e dos sistemas de unidades de todos os povos, antigos e modernos.

Segundo a Confederação Nacional das Indústrias (CNI):

> A definição formal de Metrologia, palavra de origem grega (*metron*: medida; *logos*: ciência), e de outros termos gerais pode ser encontrada no Vocabulário Internacional de Termos Fundamentais e Gerais de Metrologia – VIM.

O resultado de uma medição é, em geral, uma estimativa do valor do objeto da medição. Dessa forma, a apresentação do resultado é completa somente quando acompanhada por uma quantidade que declara sua incerteza, ou seja, a dúvida ainda existente no processo de medição [4].

Do ponto de vista técnico, quando realizamos uma medição, esperamos que ela tenha exatidão (mais próxima do valor verdadeiro) e que apresente as características de repetitividade, ou seja, a concordância entre os resultados de medições sucessivas efetuadas sob as mesmas condições e reprodutibilidade, que vem a ser a concordância entre os resultados das medições efetuadas em locais distintos ou sob condições variadas.

Para expressar o resultado de uma medida, também é necessário se dispor de unidades de medidas definidas aceitas convencionalmente por todos. O Brasil segue as diretrizes da Conferência Geral de Pesos e Medidas (CGPM) e adota as unidades definidas no Sistema Internacional de Unidades (SI) como padrão para as medições.

De forma resumida, a Metrologia tem três funções primordiais:

a)   Definição das unidades de medida internacionalmente aceitas.

b)   Realizações das unidades de medidas por métodos científicos reprodutíveis.

c)   Estabelecimento de cadeias de rastreabilidade, ou seja, a disseminação até o "chão de fábrica" e o cidadão.

A Metrologia também se divide em áreas. Seguindo o modelo internacional de administração da metrologia, o Instituto Nacional de Metrologia, Qualidade e Tecnologia, INMETRO, órgão metrológico máximo do Brasil, criou três divisões, cada qual com funções específicas, relacionadas a seguir.

a)   Metrologia Científica (DINCI)

Utiliza instrumentos laboratoriais, pesquisas e metodologias científicas, que têm por objetivo definir grandezas e criar padrões de medição nacionais e internacionais, para o alcance dos mais altos níveis de exatidão.

Nesse sentido, as Metrologias Científica e Industrial são ferramentas fundamentais no crescimento e inovação tecnológica, promovendo a competitividade e criando um ambiente favorável ao desenvolvimento científico e industrial em qualquer país.

b)   Metrologia Industrial

Metrologia cujos sistemas de medição controlam processos produtivos industriais e são responsáveis pela garantia da qualidade dos produtos acabados.

c)   Metrologia Legal (DIMEL)

Parte da Metrologia que trata das unidades de medida, métodos de medição e instrumentos de medição em relação às exigências técnicas e legais obrigatórias, as quais têm o objetivo de assegurar uma garantia pública do ponto de vista da segurança e da exatidão das medições (INMETRO/OIML).

A figura 1.1 mostra inúmeras áreas do conhecimento humano em que a Metrologia é essencial. A Metrologia confere a qualidade nos processos industriais. Na medicina, garante confiabilidade nos diagnósticos e tem importância central nas avaliações de situações do meio ambiente. Nas telecomunicações, define a utilização de faixas de frequência, controlando as consequências negativas de interferências[1]. Na ciência, as relações entre teorias e a prática são hoje claramente medidas e quantificadas graças à Metrologia. No desenvolvimento da tecnologia, as medições mais precisas permitiram realizações no campo da nanotecnologia. Nas relações comerciais, a Metrologia é primordial em todas as transações, assumindo, portanto, um papel fundamental para a sociedade e nas relações sociais.

A Metrologia está mais presente no nosso dia a dia do que se tem consciência. Por exemplo, em um quilo de feijão que compramos no supermercado, nos meios de transporte que utilizamos, em uma refeição no *self-service*, na luz consumida em casa ou na qualidade do ar que respiramos.

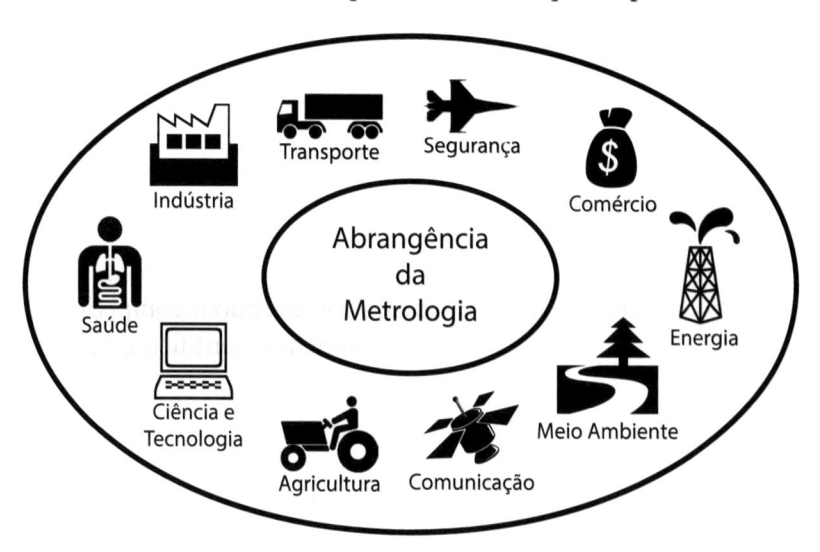

Figura 1.1 – Metrologia em todas as atividades humanas

---

1   Em sentido mais amplo, estudo da Compatibilidade Eletromagnética.

Em um sentido mais amplo, a Metrologia está presente na melhoria do nível de vida das populações, contribuindo para o consumo de produtos com qualidade, para a preservação ambiental, para a segurança e para a saúde.

Uma vez enumeradas todas as motivações para o desenvolvimento da Metrologia, fica clara a necessidade de uma base de normalização com a mesma abrangência com a qual são definidos os critérios de qualidade.

A ISO série 9000 define explicitamente a relação entre garantia da qualidade e Metrologia, estabelecendo diretrizes para que se mantenha um controle sobre os instrumentos de medição de uma organização, o que torna necessária a implantação de um processo metrológico ou de uma gestão metrológica na organização que almeja produzir com qualidade ou pretende uma certificação.

O fator "globalização dos mercados" põe em prática um de seus principais objetivos, que é promover a confiabilidade nos sistemas de medição e garantir que especificações técnicas, regulamentos e normas existentes proporcionem as mesmas condições de perfeita aceitabilidade na montagem e encaixe de partes de produtos finais, independente de onde sejam produzidas [16].

Traduzindo a importância da Metrologia em termos econômicos, foram extraídos da atual realidade europeia (fonte: IST – Instituto Superior Técnico, Portugal <http://tecnico.ulisboa.pt/>, acesso em: 18/10/2013):

> Medições e pesagens na Europa representam valor equivalente a 6% do PIB.

> Os custos das medições representam cerca de 10 a 15% dos custos de produção.

1.1.1 Papel da metrologia na organização

A Metrologia visa garantir a qualidade do produto final, fortalecendo a relação entre o cliente e o fornecedor, sendo um diferenciador tecnológico e comercial para as empresas. Reduz o consumo e o desperdício de matéria-prima, pela calibração de componentes e equipamentos, o que aumenta a produtividade, o controle operacional, a melhoria de gestão de processos e a segurança no ambiente industrial. Além disso, reduz a possibilidade de rejeição do produto, resguardando os princípios éticos e morais da empresa no atendimento das necessidades da sociedade em que está inserida, o que evita desgastes que podem comprometer sua imagem no mercado [16].

1.2 Relevância da qualidade da medição

No contexto industrial da atualidade, é amplamente aceito que a Metrologia é base para a Qualidade. A qualidade do produto ou serviço está vinculada à uniformidade, que é obtida a partir de controle dos processos de fabricação. O monitoramento dos processos, por sua vez, é conseguido a partir de medições confiáveis, em uma frequência adequada, das características e atributos dos produtos que conferem a estes essa qualidade. Quanto mais crítico o processo, maior a exatidão requerida pelo sistema de medição e/ou maior a frequência de medições para um monitoramento efetivo.

Nas relações comerciais, à medida que contratados e contratantes vão percebendo a relevância desses conceitos, a Metrologia vai ganhando importância. A evolução dessa importância é perceptível, já que, hoje em dia, são cada vez mais frequentes cláusulas específicas de medição nos contratos e nas instruções normativas. Ao perceberem essas necessidades, as partes contratuais vão desenvolvendo uma "linguagem" em suas relações para que os parâmetros da qualidade possam ser atendidos pelos fabricantes e prestadores de serviço e aceitos pelos clientes.

1.2.1 A importância do Vocabulário Internacional de Metrologia (VIM)

O VIM é um documento de grande importância no auxílio não só das relações comerciais, como também na disseminação de uma cultura metrológica em toda a sociedade. Graças à globalização, as relações comerciais ultrapassaram fronteiras. A grande importância desse documento reside no esforço em alinhar conceitos e expressões internacionais, constituindo um dicionário da linguagem metrológica. A última versão do VIM é um item obrigatório para o leitor assimilar conceitos, de modo a entender este e qualquer documento de cunho metrológico, como contratos e normas [5].

1.2.2 O controle da medição na organização

A International Standards Organization (ISO) é um organismo internacional de normalização mundialmente aceito para aplicação em diversas atividades industriais.

O controle da medição na organização está descrito especificamente no item 7.6 da ISO série 9000, o qual destaca nitidamente a ideia de grau de criticidade ao longo de um macro processo industrial, no qual há fases que são mais importantes que outras para a garantia da qualidade. Dessa forma, há de se implantar nessas fases rotinas de controle mais robustas, diminuindo os critérios de controle onde forem menos necessários.

Assim descreve o item 7.6, resumidamente:

> A organização deve determinar as medições e monitoramentos a serem realizados e os dispositivos de medição e monitoramento necessários para evidenciar a conformidade do produto com os requisitos determinados [...].

> [...] A organização deve estabelecer processos para assegurar que medição e monitoramento podem ser realizados e são executados de uma maneira coerente com os requisitos de medição e monitoramento.

> Quando for necessário assegurar resultados válidos, o dispositivo de medição deve ser:

> a) Calibrado ou verificado a intervalos especificados, ou antes do uso, contra padrões de medição rastreáveis a padrões de medição internacionais ou nacionais; quando esse padrão não existir, a base usada para calibração ou verificação deve ser registrada,

> b) Ajustado ou reajustado quando for necessário,

> c) Identificado para possibilitar que a situação da calibração seja determinada,

> d) Protegido contra ajustes que possam invalidar o resultado da calibração,

> e) Protegido de dano e determinação durante o manuseio, manutenção e armazenamento [...].

Este é o ponto em que a ABNT NBR ISO 9001:2008 remete à ABNT NBR ISO 10012:2004, norma orientativa que fornece diretrizes para implantação de um sistema de gestão de medição eficaz na organização, constituindo um detalhamento ou desdobramento do item 7.6 da norma ISO 9001.

1.2.3   Sistemas de gestão de medição (SGM)

A ABNT NBR ISO 10012:2004 introduz dois conceitos fundamentais que mudam o enfoque da gestão de medição na indústria.

O primeiro é a abordagem da "comprovação metrológica" em um sentido mais amplo. Não só a calibração, mas todas as intervenções feitas no equipamento de medição para garantir que reproduza medições confiáveis podem ser consideradas como comprovação metrológica. Assim, todos os testes de inferência, manutenções e particularidades de manuseio que afetam direta ou indiretamente o resultado da medição também devem ser considerados na gestão metrológica.

O segundo conceito fundamental é o de gestão por processos. Processos, segundo a ABNT NBR ISO 10012:2004, são grupos de sistemas de medição com a mesma criticidade para a qualidade do produto ou serviço. Portanto, segundo a ISO 10012, o grupo responsável pela gestão de medição deve definir cada processo de medição e que atividades devem compor sua comprovação metrológica.

Segundo a ISO, o modelo de SGM é muito parecido com o modelo do Sistema de Gestão da Qualidade (SGQ) descrito no tomo 9001. A abordagem de gestão por processos no ambiente industrial, na verdade, é proveniente da ISO 9001.

Basicamente, o que distingue as duas normas é especificamente o item 7, sobre comprovação metrológica e processo de medição. Pode-se concluir, portanto, que enquanto a ISO 9001 diz "o que" é necessário para a Qualidade, a ISO 10012 descreve "como" organizar a medição para se atingir os objetivos da Qualidade.

Uma vez amplamente aceita e entendida a sua importância pela alta direção, na implantação da gestão de medição, a interpretação do contrato comercial deve ser a primeira etapa para dele se extrair os requisitos metrológicos. Os requisitos metrológicos serão as diretrizes da gestão. Quanto maior a intimidade das partes contratuais com a metrologia e seus conceitos, mais fácil será a "tradução" de itens contratuais em requisitos metrológicos. Essa etapa é crucial para a implantação da gestão, pois todas as ações que forem tomadas serão orientadas para o atendimento a esses requisitos. Se os requisitos metrológicos não forem bem entendidos, na outra ponta, os resultados não satisfarão o cliente.

1.2.4 Especificidades em malhas de transporte

O segmento transporte é um dos elos de uma cadeia de transporte por duto fechado de um ou mais produtos, geralmente fluidos, entre a produção e o consumidor final (figura 1.2). O transporte tem a montante nesta cadeia um ou mais produtores centralizados em um ponto ou *hub*[2]. Para derivados de petróleo, entre o *hub* e o transporte, geralmente, há uma unidade processadora para adequar os produtos a especificações contratuais ou legais. Se os consumidores finais são muitos, a jusante do transporte pode existir uma rede de distribuição que, por apresentar características operacionais diferentes da malha, tem diferentes demandas de gestão não abordadas objetivamente neste livro.

Do ponto de vista comercial, o transporte em duto é uma prestação de serviço cujo cliente é o Carregador, dono do produto a ser transportado. Na maioria dos casos, esse serviço é faturado proporcionalmente à distância que

---

2 *Hub*: ponto nodal de encontro ou derivação de vários dutos.

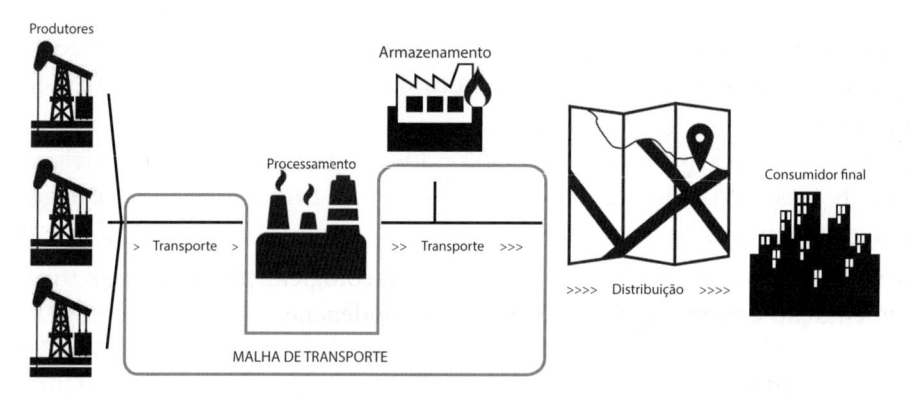

Figura 1.2 – Cadeia de distribuição: malha de transporte

o produto percorre desde a origem até a distribuição. Para consumar o transporte, o ponto de entrega, a interligação entre o transporte e a distribuição, é projetado com um sistema de medição. A medição produzida por esse sistema define as quantidades entregues e, portanto, é a base para o faturamento e o recolhimento de tributos. A função primordial da Transportadora é operar o duto de forma segura e contínua.

O transporte, por sua vez, caracteriza-se pela medição do produto no ponto de entrega. A medição nesse ponto define as quantidades que foram transferidas para a Distribuidora, a qual passa a ter todas as responsabilidades sobre o produto até o consumidor final. A esse repasse de responsabilidade é dado o nome de transferência de custódia.

A medição dita de transferência de custódia é, portanto, o principal processo do ponto de vista da gestão de medição. No entanto, outras medições podem ser consideradas críticas pela gestão de medição para garantir a continuidade operacional ou segurança.

1.3   Desenvolvimento, implementação e procedimento de confirmação metrológica

O grupo de profissionais envolvidos com a atividade de medição deve ter representantes em todos os níveis da organização. A diretoria da organização, ou especificamente da Transportadora, deve estar comprometida em "assegurar a disponibilidade dos recursos necessários para estabelecer e manter a função metrológica". Os demais profissionais da cadeia hierárquica devem, em sua função executiva, tomar as ações necessárias para manter a gestão ativa e focada em seus objetivos (ISO 10012:2004).

Conforme preconizam as normas de gestão do sistema ISO, em qualquer implementação em uma organização o sistema de gestão começa a partir do comprometimento da alta direção. No que diz respeito aos equipamentos de medição que monitoram a qualidade do produto, a gestão de medição deve estar voltada para garantir essa função em cada equipamento. Garantir essa função envolve ações desde o projeto dos processos de medição até as definições do procedimento de comprovação metrológica, passando por toda a documentação comprobatória gerada como evidência.

1.3.1 Projeto dos processos de medição

Na organização, o grupo de medição deve envolver-se diretamente na fase de projeto dos processos de medição, definindo os instrumentos e equipamentos adequados a atender os requisitos contratuais, normas de referência, bem como a legislação e regulamentações pertinentes. Desde o projeto executivo até o comissionamento[3], representantes da função metrológica devem desempenhar um controle para atingir esse objetivo.

As folhas de dados, desenhos e fluxogramas devem ser formalmente aprovados pelo grupo de medição, de modo a atestar conformidade aos requisitos metrológicos. Nos testes de aceitação de fábrica (TAF), todos os componentes críticos para a confiabilidade das medições devem ser verificados e criticados. Nos testes de aceitação de campo (TAC), as instalações devem ser revistas e formalmente aprovadas no que se refere à conformidade com o projeto. As configurações devem ser confirmadas de forma a garantir que o sistema de medição reproduza medições confiáveis desde o primeiro minuto de operação.

No comissionamento, o grupo de medição deve realizar a primeira calibração dos instrumentos que compõem o sistema de medição, conforme o plano de calibração implantado.

Toda a documentação gerada deve ser ordenada no acervo da organização e ser prontamente apresentada ao cliente sempre que requisitada.

1.3.2 Projeto dos processos de calibração

A calibração é uma atividade que pode ser conduzida por pessoal próprio ou ser terceirizada. Em qualquer dos casos, os padrões de trabalho devem ser criteriosamente escolhidos ou tecnicamente especificados. Em se tratando de

---

3 Comissionamento – Inspeção pré-operacional específica para garantir confiabilidade e continuidade operacional ao novo projeto.

uma unidade fabril, pode ser uma solução um laboratório metrológico central para onde todos os equipamentos a serem calibrados são encaminhados.

Na malha de transporte, nos casos em que os equipamentos de calibração são itinerantes, isto é, devem ir até os equipamentos de medição geralmente em longos trajetos, os calibradores e seus acessórios devem ser mais robustos e menos sensíveis a choques mecânicos, além de resistentes às condições críticas de temperatura ou umidade do campo.

Os procedimentos devem ser elaborados e aperfeiçoados tendo como referência as normas e os contratos. Os procedimentos de calibração devem ser amplamente discutidos no início e de tempos em tempos, procurando-se oportunidades de melhorias e valorizando as experiências de todo o grupo de medição. Visando à padronização, os profissionais designados para os trabalhos de calibração devem ser treinados e supervisionados nos primeiros serviços para o nivelamento do conhecimento por toda a equipe. A supervisão deve avaliar o desempenho do técnico bem como assegurar que o procedimento formal está adequado e coerente com a prática. Mecanismos simples e acessíveis de sugestão de alteração dos procedimentos devem estar disponíveis. Essas sugestões devem ser avaliadas pelo gestor do procedimento quanto a sua pertinência.

Uma frequência inicial das atividades que fazem parte da comprovação metrológica deve ser estabelecida. Depois de uma maior frequência inicial, esta deve ser avaliada periodicamente com base em estatística aplicada aos dados históricos. Esse tema será abordado em maior detalhe no item 1.6 deste capítulo.

1.4   Procedimentos de comprovação metrológica de instrumentos de processo

Este item se dedica a explanar os procedimentos de comprovação metrológica recomendados em uma malha de transporte, bem como discorre sobre a arquitetura de medição de gás natural em pontos de entrega (PE).

1.4.1   Procedimentos recomendados para a malha de transporte

Pelas características dos processos em malha de transporte em que os medidores estão dispersos e as distâncias são grandes, o transporte para um laboratório central de calibração pode, em virtude dos cuidados necessários, ser excessivamente complexo, expondo os instrumentos a danos. Nessa situação, os procedimentos são orientados para calibração em campo, de forma que o risco de dano seja minimizado e a calibração interfira o menos possível na indisponibilidade do equipamento de medição ou no processo que ele controla.

Em se tratando de transporte de gás natural, as grandezas controladas predominantes são vazão, pressão (estática e diferencial), temperatura, massa específica, composição molar (fração molar) e, por extensão, a transmissão de sinais usuais na indústria, como corrente e tensão.

Como pode ser visto nos próximos capítulos, há várias possibilidades de arquitetura de medição com transmissão de dados para uma central supervisória. Deve-se considerar, entretanto, que as arquiteturas devem ser projetadas de forma a atender a requisitos técnicos no que se refere à confiabilidade metrológica, e requisitos regulatórios no que se refere a questões legais.

Outro atributo necessário muito importante é relativo à capacidade no tráfego de dados. Em um ponto de medição fiscal ou de transferência de custódia, a banda deve ser suficientemente larga para uma grande transmissão de informação pontual no tempo, em oposição ao atributo necessário para operação, cujo tráfego é pequeno mas contínuo. É recomendável que a baixa remota de dados, a partir da central supervisória de um arquivo de auditoria (*audit trail*) mensal, completo, seja possível e que leve não mais de cinco minutos.

Assim como um *audit trail*, a composição do gás também é um "pacote" de dados que exige esse atributo. Um ponto de entrega pode ou não ter um cromatógrafo para medição de composição. Caso não tenha, a composição pode ser recebida de outro ponto de medição, automaticamente ou com validação por parte da central supervisória. Essa atualização de escrita deve ser feita em sintonia, de modo a garantir que a composição cromatográfica inserida no computador de vazão (CV) reflita metrologicamente a do gás que se entrega através do PE.

Quando o PE possui um sistema próprio de análise cromatográfica, a escrita pode ser automática, desde que essa informação seja confiável com base em um procedimento de comprovação metrológica, da mesma forma que os demais sinais de vazão, pressão e temperatura.

Em monitoramento de processos, as indicações digitais e medições são realizadas por malhas, isto é, as variáveis distribuídas no campo a serem controladas são centralizadas em um painel físico e daí para um painel de controle, de onde se podem ter as informações essenciais sobre as variáveis do processo.

É possível calibrar o sistema de medição em malha aberta, desfazendo-se a malha, isto é, separando-se os componentes do sistema de medição e aplicando a cada um o procedimento específico. Quando se desfaz a malha, a calibração deve ser feita em duas etapas. A primeira é realizada verificando-se o sinal de saída do medidor contra um padrão gerador da grandeza. Na segunda etapa, a recepção desse sinal é calibrada contra a digitalização em unidades de engenharia, o que, no jargão da indústria, é feito por um "cartão" específico do tipo de sinal de transmissão.

A outra opção é em malha fechada. Nessa modalidade, a geração da grandeza no campo indicada pelo padrão é lida diretamente no dispositivo de digitalização do sinal na unidade de engenharia. Nesse caso, faz-se uma única calibração, ganhando-se tempo, além da vantagem de não se interferir na malha com montagens e desmontagens, o que, do ponto de vista metrológico, significa risco de inserção de erros no sistema de medição. Essa situação é mais crítica em medição de temperatura por termorresistência, na qual a desmontagem e montagem da malha podem facilmente inserir resistências espúrias, provocando erros de medição que só serão percebidos na próxima calibração.

1.4.2 Medidores de temperatura

As calibrações em malha fechada podem ser de grande utilidade e, portanto, sua aplicação é recomendada. Entretanto, algumas precauções são necessárias, principalmente em caso de calibração de temperatura, já que, para essa calibração, a geração de patamares de temperatura para varrer a faixa de medição em campo, utiliza-se uma fonte de calor em área classificada (áreas com restrições pela incidência potencial de gases inflamáveis).

Uma solução alternativa é a instalação de um poço extra, isto é, um poço de temperatura adicional posicionado próximo ao poço onde está instalado o medidor operacional que se deseja calibrar. Esse poço adicional, que deve ser previsto no projeto, recebe o padrão de temperatura pelo período da calibração. Nessa solução é necessário um registrador de leituras simultâneas do padrão e do termômetro operacional. O registrador ou *logger* deve ser um equipamento próprio para área classificada, ou deve ser previsto também no projeto um cabeamento para que o sinal do padrão seja lido remotamente, o que evita o funcionamento de equipamentos na área classificada. A desvantagem desse processo de calibração reside no fato de que a varredura do intervalo de indicações do instrumento, objeto da calibração, se restringe à oscilação do processo controlado.

A figura 1.3 exemplifica uma calibração em malha completa de temperatura: (1) sistema gerador de temperatura homogênea para inserção de dois sensores de temperatura (padrão e objeto); (2) termorresistência padrão com dispositivo de leitura; (3) malha de temperatura sob calibração.

Em se tratando de sonda tipo RTD (detector tipo termorresistência), o teste de isolamento da bainha deve ser considerado na comprovação metrológica. O teste consiste em medir o isolamento elétrico da bainha do medidor, que deve atingir minimamente o que for especificado na norma de referência. Caso o isolamento seja menor que o mínimo, a sonda deve ser substituída.

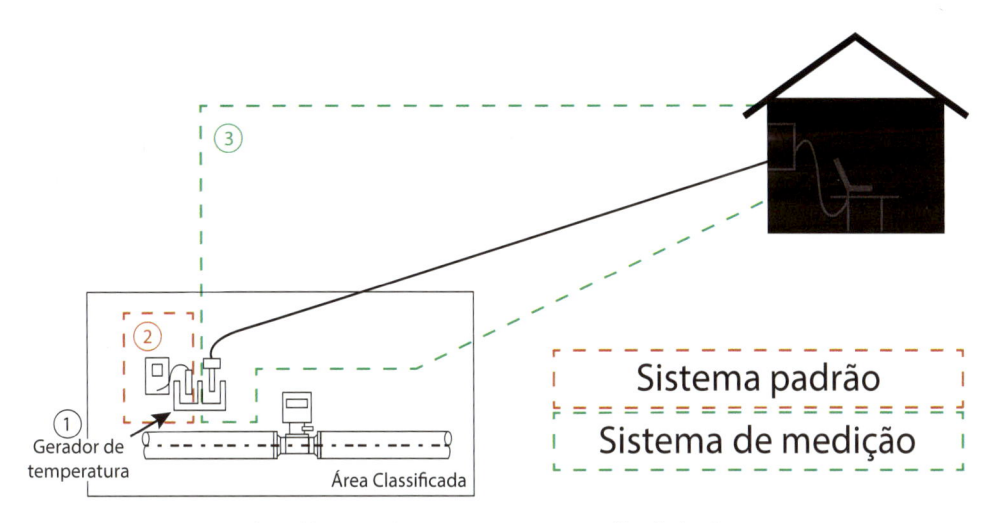

Figura 1.3 – Esquema de calibração de temperatura em malha fechada

1.4.3 Medidores de pressão

A calibração de pressão também pode ser em malha fechada, considerando sempre o cuidado na seleção de equipamentos a serem utilizados em área classificada. Nos casos em que se utiliza transmissor de pressão, que tem por característica o sinal de saída por corrente, é possível realizar a calibração simultânea do transmissor com o uso de um medidor de corrente de alta impedância. Essa leitura de corrente, ao mesmo tempo que é saída da calibração do transmissor, pode ser também aproveitada como entrada para a calibração no *shelter*, do cartão que converte corrente em dado digital.

Conforme pode ser visto na figura 1.4, a calibração completa do conjunto malha e instrumento necessita de: (1) sistema portátil de geração de pressão; (2) sensor padrão de pressão com dispositivo de leitura; e (3) miliamperímetro (leitura de corrente). Com essa configuração, pode-se realizar ao mesmo tempo a calibração: do transmissor (3), entrada em unidade de engenharia do padrão e saída em miliamperes lidos através do miliamperímetro padrão; (4) do cartão de leitura de corrente, entrada em miliamperes, leitura feita no miliamperímetro padrão e saída em unidades de engenharia do sistema de medição (mensurando); e (5) da malha completa tendo como entrada unidades de engenharia do padrão de pressão e na saída unidades de engenharia do sistema de medição (mensurando). Além de se gerar três relatórios de calibração simultaneamente, é possível também, pela interpretação do resultado, definir em que ponto da malha interferir para a correção de desvios.

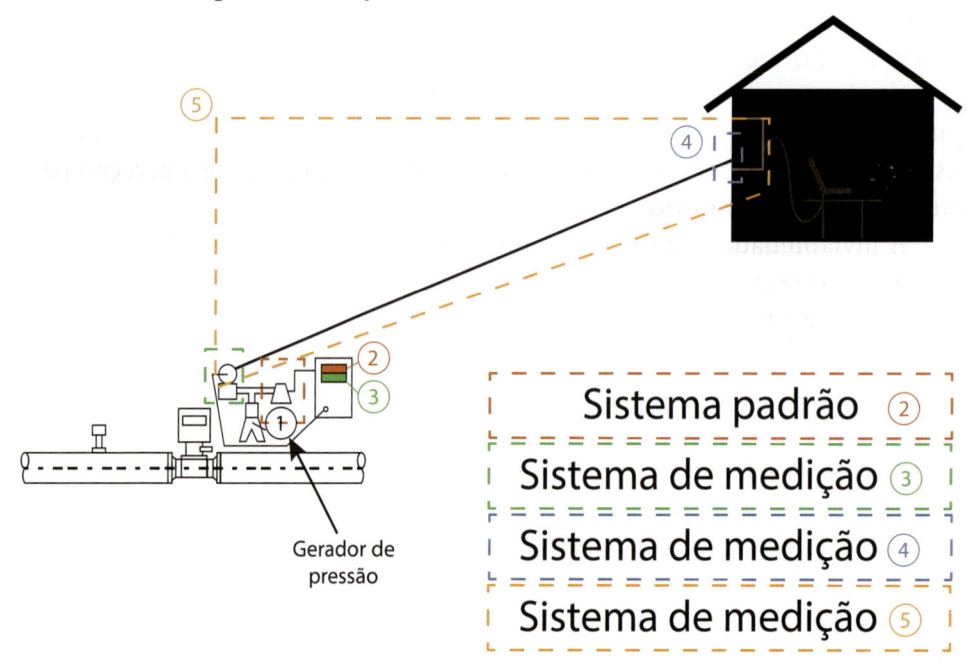

Figura 1.4 – Esquema de calibração de pressão

1.4.4 Medidores de vazão

Cabe mencionar que medidores de vazão necessitam de aprovação de modelo para aplicação em medições fiscais e de transferência de custódia. A aprovação de modelo é concedida pelo INMETRO mediante a aplicação de testes em seus laboratórios. A Agência Nacional do Petróleo, Gás Natural e Biocombustíveis (ANP) é responsável pela fiscalização do emprego de medidores com modelos aprovados.

A calibração de vazão em campo é possível desde que o projeto conceptivo preveja a instalação de um provador – ou *prover*, em inglês. Um *prover* é um recipiente com um volume físico certificado, com monitoramento de temperatura e pressão adequadas à exatidão requerida, e um sistema de válvulas de derivação de fluxo que permita estabelecer com nitidez o momento do início e fim do teste. Com base nas informações de pressão, volume, temperatura e tempo, é possível definir, no período do teste, a vazão que passa pelo medidor sob teste com a exatidão requerida.

Outra opção para a calibração do medidor de vazão consiste em comparar medições com outro medidor, em série, sob condições controladas. No campo, além de não ser possível manter condições de influência controladas, não é possível também controlar aquelas condições operacionais que permitem varrer o intervalo de indicações da turbina objeto da calibração, já que isso interferiria no regime de entrega do produto, o que, pelas características do negócio, é quase sempre intocável. Não obstante, conforme será visto a seguir, em turbinas de medição, a comparação em campo pode ser utilizada como um teste para subsidiar a decisão de manter ou retirar o medidor de operação para calibração em laboratório.

A inviabilidade econômica de aquisição de um *prover* para instalação no ponto de entrega ou de se controlar condições necessárias no campo faz a calibração de vazão ser, de um modo geral, uma atividade laboratorial para a malha de transporte.

Sendo assim, no transporte, os testes de inferência se tornam muito importantes. Os testes não verificam a grandeza vazão a ser medida, mas grandezas indiretas que podem fornecer subsídios para supor, com um nível de segurança adequado, se o instrumento está emitindo ou não medições confiáveis. A frequência desses testes deve ser definida de acordo com a criticidade do instrumento de medição com relação a critérios metrológicos.

Os testes são específicos dos princípios de medição. Pode-se optar por não compor a comprovação metrológica do medidor com testes. Nesses casos, a comprovação metrológica do instrumento deve ser baseada exclusivamente na calibração. Apresenta-se a seguir uma relação de testes em princípios de medição de aplicação usual em transporte.

- Placas de orifício: inspeção de conformidade à norma, inspeção de conformidade do trecho reto

Placas de orifício são medidores do tipo deprimogênio, isto é, medem a vazão por meio da geração de um diferencial de pressão no fluxo. Eles têm por característica a vasta aplicação em diferentes condições operacionais e a facilidade de confecção, mas, em contrapartida, apresentam pouca rangeabilidade[4] em cada projeto. A vazão é proporcional à raiz quadrada da diferença de pressão. Para conhecer melhor esse medidor, consultar o relatório AGA#3 ou a norma NBR ISO 5167.

A placa de orifício é o mais aplicado e experimentalmente estudado dos princípios de medição. Graças ao amplo estudo sobre as placas de orifício, foram investigados vários efeitos de desvios do dispositivo em si e do trecho reto onde ele está instalado a respeito da exatidão da medição. Para a calibração

---

4 Razão entre a vazão máxima e vazão mínima.

desse sistema de medição em laboratório metrológico, por sua sensibilidade a condições periféricas, as normas vigentes exigem que o dispositivo venha acompanhado de todo o trecho reto. Se a calibração for realizada dessa forma, a inspeção de conformidade do trecho reto pode ser dispensada.

Em contrapartida, o usual do ponto de vista prático é realizar inspeções periódicas, de modo a garantir a conformidade do sistema à norma construtiva. Assim, pode-se garantir com o nível requerido de confiabilidade que o sistema de medição está conforme.

A frequência de inspeção de conformidade da placa é maior que a frequência de inspeção de conformidade do trecho reto. A resolução conjunta ANP/INMETRO (versão de junho de 2013) regulamenta a frequência de inspeção de placa, a cada ano e de trecho reto a cada três anos para aplicações em transferência de custódia. Os desvios da placa de orifício podem ser sanados com a simples substituição da placa, já que é um dispositivo relativamente barato. Se os desvios encontrados na inspeção forem quantificados em sua influência na medição, as penalidades devem ser aplicadas, e deve-se avaliar se o resultado global de exatidão atende aos requisitos regulatórios e do cliente. Caso os desvios não possam ser quantificados em influência na medição ou o resultado global não atenda aos requisitos do cliente, esses desvios deverão ser corrigidos para a conformidade da medição.

- Deslocamento positivo: teste da curva de perda de carga

Os medidores de deslocamento positivo são equipamentos de medição utilizados para vazões muito baixas, mas grandes intervalos de indicações. São medidores do tipo volumétrico, ou seja, medem a vazão por meio de volumes precisamente definidos que passam de um lado a outro do medidor a cada rotação. Para conhecer mais sobre esse medidor, consultar a norma ANSI B109.3.

Ao serem fornecidos, os dispositivos devem ser submetidos a um levantamento da curva de perda de carga, pelo fabricante ou pelo próprio usuário. A perda de carga é medida entre duas tomadas a montante e a jusante do medidor. A deriva dessa perda de carga deve ser monitorada com uma frequência definida e um limite dessa deriva deve ser estipulado como critério de aceitação do dispositivo.

- Turbina: teste de comparação, teste de *spin*, inspeção de conformidade do trecho reto

A turbina é um medidor do tipo velocimétrico, isto é, a vazão é proporcional à velocidade imposta ao rotor pela passagem do fluido. Tem aplicação em

médios volumes e com média rangeabilidade, que pode ser ampliada conside-
ravelmente com o aumento da pressão. A desvantagem é a grande quantidade
de peças móveis sujeitas à manutenção. Para conhecer melhor esse medidor, o
relatório AGA#7 ou a norma NBR ISO 9951 devem ser consultados.

Conforme recomendado pelo relatório AGA#7 de 2006, quando disponível no projeto, o teste de comparação de medidores é uma forma efetiva de
teste, desde que se estabeleçam critérios claros de aprovação em face dos resultados. O teste consiste em comparar medidores em série por meio de manobra
de válvulas, retornando-se ao fim do teste à condição original. O projeto deve
também levar em conta que um dos medidores seja *spare*, ou seja, a capacidade
operacional total possa ser suprida pela(s) outra(s) turbina(s), o que permite
o alinhamento em série sem danificar nenhuma das turbinas por sobrevazão.

Os testes de *spin* são auxiliares na avaliação do desempenho do instrumento. Eles fornecem uma informação a respeito do início do intervalo de
indicações em que os atritos das partes mecânicas são mais influentes. A reprovação do dispositivo nesse teste, via de regra, não determina que o instrumento
esteja registrando medições com erros significativos, mas pode e deve ser inter-
pretado como um indício de que, em breve, o estará e que, portanto, deve ser
retirado preventivamente de operação para manutenção.

A inspeção dos trechos retos deve ter uma frequência adequada à criticidade da medição e à severidade das condições operacionais, como a incidência
de depósitos sólidos, que podem deformar a geometria do trecho reto e do retificador de fluxo. A pouca informação sobre a influência de desvios no trecho
reto de medição pode induzir à falsa sensação de que o dispositivo tem pouca
sensibilidade a esses problemas. Esses desvios, uma vez identificados, devem
ser corrigidos para a conformidade integral à norma de referência.

- Ultrassônico: *dry calibration*, teste da velocidade do som, teste de
  parâmetros do perfil de velocidade, inspeção de conformidade do
  trecho reto

Os medidores desse princípio são também considerados do tipo velocimétrico. Aqui, a vazão é proporcional à diferença do tempo de trânsito entre uma
onda sonora que atravessa o fluxo a favor e contra o sentido da passagem do
fluido. Esse medidor é aplicado para grandes volumes, quando grande exatidão
é requerida. A alta rangeabilidade, a pouca interferência no fluxo[5] e a ausência
de partes móveis são pontos positivos. Em contrapartida, são bastante sensí-

---

5 Diz-se nesse caso que o medidor é não intrusivo.

veis à geometria do perfil de fluxo. Para conhecer mais sobre o funcionamento desse medidor, consultar o relatório AGA#9 ou a norma ABNT NBR 15855.

Apesar do nome ("calibração seca", em uma tradução possível), o teste *dry calibration* avalia a resposta do zero do medidor. A calibração necessita de uma varredura no intervalo de indicações (ou faixa de resposta) do instrumento para verificação do erro em regimes de operação específicos, o que só é possível com um padrão metrológico e em laboratório.

O teste de velocidade do som consiste em comparar a velocidade de propagação do som teórica no fluido com a medida pelo equipamento. Como o princípio de medição do ultrassônico se baseia em diferença do tempo de trânsito entre os transdutores, a velocidade de propagação do som no meio é um "subproduto" da medição, uma vez que a medida da distância entre os transdutores em uma mesma corda tem precisão de décimo de milésimo de milímetro. A diferença entre a velocidade calculada e a medida deve estar dentro de limites aceitáveis. Se a diferença for maior, deve-se trocar o par de transdutores.

Os testes de parâmetros de perfil de velocidade são importantes por conta da sensibilidade desse equipamento às deformações do perfil de velocidade. Reprovações nesse teste podem indicar não conformidades na instalação, válvulas inadequadas ou semifechadas ou, ainda, corpos estranhos a montante do medidor. As verdadeiras causas devem ser apuradas, e as correções, implementadas.

A inspeção dos trechos retos deve ter uma frequência adequada à criticidade da medição e à severidade das condições operacionais, como incidência de depósitos sólidos ou presença de condensados. Semelhante ao que ocorre com turbinas, há pouca informação sobre a influência de desvios no trecho reto de medição. Em contrapartida, é importante que o perfil de velocidade seja o mais uniforme possível. A sensibilidade do equipamento a deformações do perfil de velocidade varia de um fabricante para outro. A deriva de resultados desse teste pode definir uma frequência adequada de inspeção de trechos retos. São aplicados hoje monitoramentos *on-line* de parâmetros de medição em processos extremamente severos, de modo a detectar-se prontamente anormalidades que afetem a exatidão de medição. Esses desvios, uma vez identificados, devem ser corrigidos, para a conformidade integral com a norma de referência.

- *Coriolis*: teste da densidade conhecida, diagnóstico com base em frequência natural

O medidor de *Coriolis* é um medidor do tipo mássico. A medição de vazão é determinada por meio da defasagem de vibração relativa medida entre dois tubos, imposta pela passagem do fluido. São instrumentos para aplicação em baixos volumes e pequenos diâmetros, mas com alta precisão. Para conhecer mais sobre esse medidor, o leitor deve consultar o relatório AGA#11 ou a norma ABNT NBR 16084.

O teste de densidade conhecida consiste em retirar o medidor e, tamponando uma das extremidades, completá-lo com um fluido de densidade conhecida – água, por exemplo. Nessa situação, ligá-lo para gerar a frequência de excitação, e o medidor deve registrar a densidade do fluido. Essa densidade registrada deve ter erro máximo de 0,0005 g/cm³ ou 0,5 kg/cm³.

O teste com base em frequência natural é um teste *on-line*, isto é, permite o monitoramento contínuo da frequência natural dos dois tubos do medidor. A frequência natural pela lei de *Hooke* é proporcional à rigidez dos elementos de medição (tubos). As frequências naturais dos tubos não devem sofrer variações. Se isso ocorrer, é sinal de desgaste por corrosão ou incrustação nos tubos, o que aponta a necessidade de manutenção ou calibração. Um descolamento desigual das características de rigidez dos tubos pode indicar necessidade de manutenção ou limpeza de alguma deposição não uniforme. Se a deriva da rigidez for não uniforme, pode ser também um sinal de um dano irreparável e, portanto, o medidor deve ser substituído (figura 1.5).

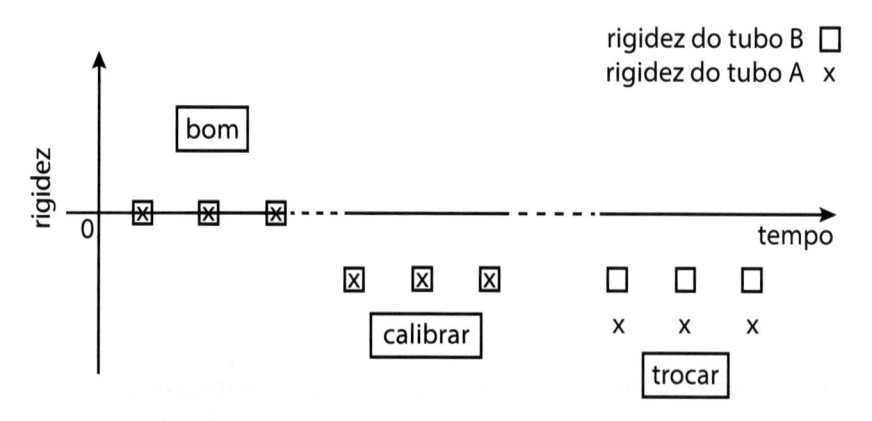

Figura 1.5 – Monitoramento e diagnóstico do medidor *Coriolis*

- Especificidades da vazão no transporte dutoviário

A redundância tem sido aplicada em malhas de transporte para evitar a indisponibilidade por falha, teste ou calibração. Especificamente quando aplicada a medições, estas evitam que calibrações e testes tornem os processos indisponíveis por algum tempo, o que obriga a imprópria parada de operação ou a estimativa da medição durante o período de indisponibilidade. Os sistemas redundantes são geralmente bem próximos um do outro, o que aumenta o campo de área classificada e com isso, também os riscos da calibração em malha. Essas são questões que devem ser abordadas desde a fase do projeto do processo de calibração. A tecnologia atual tem soluções para as opções de calibração em malha fechada sem risco para o técnico ou para a planta, mesmo que as instalações sejam próximas uma da outra.

Outra questão crítica para a área operacional é o tempo necessário para a realização dos procedimentos. Assim sendo, os procedimentos devem ser direcionados à extração do máximo de informação no menor tempo possível. A calibração e os testes devem fornecer ao técnico *in loco* as informações necessárias para decidir se o sistema de medição está ou não apto para continuar operando por um período, até a próxima verificação. Os procedimentos devem ser robustos para prevenir que se aprove um instrumento que não esteja apto a produzir medições confiáveis (mais indesejável) com menos frequência e que se reprove um sistema de medição que esteja em boas condições (indesejável).

Os responsáveis pelas calibrações devem avaliar especificamente a necessidade de se ter instrumentos de medição à mão para substituição imediata dos medidores rejeitados. Essa avaliação deve considerar a probabilidade de se encontrar na unidade um instrumento em falha, o tempo de reposição caso o instrumento não esteja disponível, bem como o condicionamento e a proteção do instrumento durante o trajeto.

1.5 Registros de comprovação metrológica e certificados de calibração

Por sua natureza comprobatória, todas as atividades de comprovação metrológica devem gerar registros. Toda a documentação gerada deve estar disponível para apresentação ao cliente. A organização deve manter um acervo apropriado de guarda de toda a documentação por um prazo acordado entre as partes contratuais ou previsto em contrato.

Em virtude do grande fluxo de documentos eletrônicos complexos, é sugerida uma transferência do arquivo por FTP (*file transfer protocol*). Entretanto, outros meios podem ser aplicados, desde que os documentos tenham o nível de proteção requerido para o fornecedor da medição e o(s) cliente(s) tenha(m) acesso à leitura. A mídia deve ser configurada para garantir essa segurança e para a transferência de arquivos como certificados de calibração, inspeção e testes, arquivos de auditoria (*audit trails*) e registros de manutenções que compõem a comprovação metrológica, em um fluxo contínuo. Além da data da realização e executante, a seguir serão detalhadas as informações mínimas necessárias em cada um desses documentos.

1.5.1 Inspeções e testes

Inspeções e testes estão na mesma categoria, por assim dizer, do documento de comprovação metrológica. Estes são procedimentos que se caracterizam por não ter propriedades de determinação direta do erro de medição, mas, indiretamente com seu resultado, pode-se inferir com a segurança adequada se o equipamento ou sistema de medição está medindo corretamente ou se suas medições estão sob suspeita. O resultado, então, é obtido indiretamente. Mede-se uma propriedade do princípio de medição ou uma característica mensurável e, com o resultado, decide-se pela continuidade ou não da operação do equipamento até a próxima verificação metrológica.

Um certificado de inspeção deve apresentar, além da caracterização do mensurando, o resultado do teste e um critério de aceitação que dá suporte à ação tomada naquele determinado equipamento ou sistema individual. Relatórios de inspeção e teste são documentos específicos do mensurando e, assim como os certificados de calibração, retratam a situação daquele momento, não podendo se estender a períodos posteriores e muito menos a lotes. Dependendo da criticidade do sistema ou equipamento, inspeções e testes podem ter monitoramentos permanentes ou uma frequência adequada.

1.5.2 Relatórios de calibração

Para existir uma distinção entre as calibrações internas e externas, recomenda-se que o documento gerado internamente tenha distinção na nomenclatura daquele que é gerado externamente. Assim, relatórios de calibração são gerados internamente, por parte contratual envolvida, enquanto o certificado é emitido por terceira parte.

A principal característica de relatórios de calibração, comum a certificados de calibração, é a apresentação de erro de medição. A informação do erro dá ao técnico que realiza a calibração o poder de decidir se há ou não necessidade de ajuste diante dos limites de erro permissíveis do contrato. O relatório deve apresentar as duas situações, antes e depois da intervenção. Caso o erro seja superior ao limite, o resultado da calibração antes do ajuste servirá de base para a correção dos impactos dos erros no volume totalizado pelo ponto de entrega.

A calibração deve ser realizada nas condições disponíveis, o mais próximo possível das condições reais de operação. Desvios em relação às condições operacionais influenciam em maior ou menor grau a resposta dos medidores. Por isso, os mais influentes devem ser relatados no documento e estão sujeitos a questionamentos das partes contratuais envolvidas.

A norma NBR ISO/IEC 17025, que estabelece requisitos para a prestação de serviços de calibração, detalha, na versão de 2005, todas as informações necessárias a um certificado de calibração completo. Destacam-se, além do erro, informações de rastreabilidade metrológica (que serão vistas a seguir) e incerteza de medição. A incerteza de medição e o erro declarado no certificado devem ser considerados nas medições que serão feitas daquele momento em diante. Se o equipamento opera dentro de um intervalo de indicações que está contido na faixa calibrada, a escolha mais conservadora na propagação da incerteza de medição ao mensurando é a da maior incerteza de calibração.

1.5.3 Manutenções

Todas as manutenções em equipamentos de medição, indistintamente, devem ser registradas. Mesmo aquelas que reconhecidamente não têm impacto sobre os resultados de medição. Intervenções indiretas podem ter alguma influência na medição que só seja perceptível em longo prazo. A falta de informação dificulta a investigação das causas reais dos erros e das falhas de medição.

Quando um técnico vai às instalações da malha, o registro da visita deve ser feito em um documento adequado para fins de manutenção de um histórico: o livro de ocorrências. Visitas a qualquer propósito devem ser registradas. Os registros podem ter importância na análise e solução de falhas. As visitas devem ser encaradas como potenciais agentes causadores de falhas. Eventualmente a presença de alguém na instalação pode, em contrapartida, agir como mitigador ou agente redutor dos efeitos da falha, desde que seja orientado adequadamente. Por isso, toda visita às instalações, mesmo para os objetivos mais desvinculados à medição que se possam imaginar, como pintura de uma tubulação, deve ser registrada.

As calibrações e testes podem influenciar nas totalizações do dia. Os procedimentos de calibração e testes devem prever esse impacto e determinar etapas em que o técnico reporta dados para registro no livro de ocorrências, com a clareza necessária para a posterior certificação da totalização do dia.

As manutenções diretas devem ser registradas em documento denominado ordem de manutenção. Quanto maior a riqueza de detalhes, maior será a utilidade estatística do registro. A análise estatística das manutenções é base para a revisão de procedimentos e frequências e para avaliação de modelos e fabricantes quanto à confiabilidade da medição e disponibilidade de equipamentos.

1.5.4 Certificados de calibração

Conforme foi relatado anteriormente, todas as informações necessárias a um certificado de calibração são detalhadas pela norma NBR ISO/IEC 17025. O usuário do certificado deve acordar com o fornecedor do serviço, além das informações obrigatórias, especificidades como pontos do intervalo de indicações em que o erro será determinado, número de ciclos, critérios e normas de referência. Essas especificidades podem vir de imposições contratuais ou regulatórias.

1.6 Frequência de calibração

Instrumentos de medição não são capazes de reproduzir medições sem erros. Além disso, em maior ou menor grau, esses erros variam com o tempo. Quanto mais estáveis forem os instrumentos de medição, menor será sua deriva. Quanto maior a deriva, menor será o intervalo necessário entre as calibrações. Quanto menor é a deriva, maior será o intervalo entre as calibrações. A portaria conjunta ANP/INMETRO de junho de 2013 estipula frequências de calibração em função das grandezas e princípios de medição aplicados na cadeia de distribuição de derivados de petróleo.

Seja realizada em laboratório ou no campo, a calibração é um retrato da situação do instrumento que se limita a garantir as condições levantadas no momento e local em que ela é realizada. Assim sendo, no mundo real, a frequência de calibração deve ser definida, na maioria dos casos, pelo usuário ou por imposição legal, como ocorre nas medições fiscais e de transferência de custódia. Para assegurar que aquelas condições apuradas durante a calibração perdurem ou se mantenham estáveis o suficiente durante o tempo necessário, o usuário deve criar procedimentos formais de transporte, manuseio e habilidades necessárias dos portadores e operadores dos instrumentos. A próxima calibração deve ser realizada – de forma conservadora – antes que não se possa mais garantir que o instrumento está apto a reproduzir medições confiáveis, dentro dos limites aceitáveis. Como foi dito anteriormente, entre as calibrações recomenda-se realizar verificações para inferir a deriva dos instrumentos. As verificações, as manutenções, o manuseio e as próprias calibrações compõem a atividade de comprovação metrológica, já que tudo concorre para garantir medições confiáveis.

1.6.1 Critérios para definição de frequência inicial

Para cada processo de medição, devem ser criados os procedimentos de comprovação metrológica, compreendendo calibrações, verificações, manuseio e manutenções, bem como as frequências iniciais para cada uma dessas atividades.

Quando não determinada contratualmente ou por imposição regulatória, a frequência inicial da comprovação metrológica deve ser determinada com base na experiência de outros usuários daquele equipamento/sistema em condições similares. Na dúvida, a frequência deve ser conservadora, ou seja, deve ser com maior frequência no início, ampliando-se à medida que os critérios de avaliação de frequência indiquem a possibilidade de diminuí-la.

1.6.2 Avaliação e adequação de frequência com base no histórico

À medida que se gera um histórico de calibrações sucessivas, uma análise estatística pode justificar uma redução ou aumento na frequência de intervenções. Essa avaliação deve ser estruturada na forma de um relatório e ser apresentada ao cliente como base de argumento para a ampliação dos intervalos. A redução/aumento de intervalos de intervenções pode ter grande impacto nos custos de manutenção, já que a logística de deslocamentos ao instrumento costuma ter altos custos.

Em teoria, durante a história de um instrumento, calibrações com ajuste procuram recuperar o desempenho adequado a um requisito especificado até o fim da vida útil, quando a deriva natural do instrumento de medição começa a comprometer o cumprimento dos limites de erro (figura 1.6).

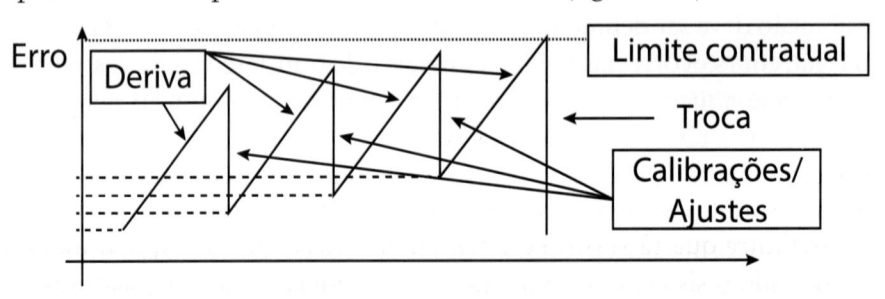

Figura 1.6 – Frequência de calibração

1.6.3 Práticas usuais

É comum, hoje, estabelecer-se em contratos que calibrações e testes específicos sejam presenciados pelas partes contratuais ou seus prepostos. Em calibrações que devem ser presenciadas pelas partes contratuais, deve ser acordado um planejamento de comprovações metrológicas de longo prazo. Nessas situações, o próprio cliente vai cobrar o cumprimento dos prazos de calibração e também lançar um olhar crítico quanto a frequências. A estrutura de medição do executante deve ter em seu corpo técnico especialistas, para discutir frequências e métodos no contexto adequado.

Ao contrário de que se possa imaginar, a frequência excessiva de calibrações não contribui para um melhor controle dos limites de erro do instrumento. Por causa da natureza intrusiva da calibração, o excesso de intervenções pode produzir um efeito contrário, reduzindo a vida útil ou alterando o comportamento de deriva do instrumento para uma situação imprevisível. A figura 1.6 exibe, em tese, a evolução do erro do instrumento com uma deriva estável, situação em que é previsível o tempo de vida útil do instrumento.

Métodos estatísticos devem ser aplicados aos dados históricos para definir a deriva dos instrumentos. Devem ser estabelecidos critérios para reunir ou separar instrumentos de medição por grupos aos quais as regras de deriva serão aplicáveis, bem como estabelecer limites de erro aquém, é claro, dos limites contratuais, para ajustar os instrumentos de medição.

Especificamente para a malha de transporte de gás natural (GN) e gás natural liquefeito (GNL), o medidor ultrassônico é atualmente o que melhor se aplica. Este tem sido um dos medidores de melhor desempenho para medição precisa de grandes volumes, com sua alta rangeabilidade, tolerância a grandes variações de pressão e com os maiores intervalos entre as calibrações, segundo a prática internacional.

Não há regra para princípios de medição aplicáveis a pequenos volumes. Cada projeto deve ser analisado no que se refere a condições operacionais, espaço disponível, criticidade da medição, manutenção, confiabilidade e disponibilidade requeridas.

No que tange a transmissores, medição secundária, aqueles com saída em corrente têm mostrado ser os de maior confiabilidade. As termorresistências, lidas diretamente por cartões RTD, são, por via de regra, mais precisas. Em contrapartida, são mais suscetíveis a erros por inserção incidental de resistências espúrias. Outra questão crítica é a vulnerabilidade a que esse tipo de instrumento expõe todo o sistema de medição no que se refere a descargas atmosféricas, por não ser possível a aplicação de barreiras intrínsecas protetoras de surtos.

1.7 Identificação da situação da comprovação e rotulagem

Para controle de instrumentos e efeito de auditoria da gestão de medição, é imprescindível que todos os equipamentos de medição integrantes da gestão implementada sejam identificados em campo e no sistema corporativo. Além das identificações que distinguem os instrumentos, como modelo e número de série, número corporativo, os instrumentos de medição devem ser identificados quanto à situação metrológica. No item 1.12 é mencionada com maior detalhe a identificação dos equipamentos quanto ao processo a que pertencem.

A identificação da situação metrológica tem duas finalidades. A primeira é de auxiliar o usuário no controle de verificações metrológicas, prevenindo o uso de equipamentos não conformes. A segunda é de deixar esse controle evidente aos clientes. Será visto a seguir que o tipo de identificação pode variar de acordo com o processo de medição e de acordo com as especificidades da malha de transporte.

1.7.1   Identificação tradicional

Testes e, principalmente, calibrações devem gerar não só o certificado ou relatório correspondente mas também devem ser identificados com etiqueta no próprio instrumento. Esse procedimento é especialmente importante nos casos em que uma das formas de percepção do vencimento da calibração é a visual.

1.7.2   Identificação na malha de transporte

Rotulagens e etiquetagens no campo como número de série, modelo e *tag* devem ser de alta resistência, já que, na maioria dos casos, a instrumentação está exposta a intempéries.

Em malhas de transporte em que plantas têm monitoração ou operação remota e a visita não é frequente, a identificação visual da situação metrológica perde sentido. Portanto, são recomendadas outras formas de identificação da situação metrológica. Uma vez definida uma frequência de calibração e criado um plano de calibração no sistema corporativo, a emissão diária de um relatório de ordens de manutenção a vencer é, nesses casos, um método eficaz.

Para os padrões metrológicos, por sua vez, os quais na aplicação em malhas são portáteis, itinerantes, a identificação por etiqueta é recomendável. Ela será importante para evidenciar a validade do certificado de calibração para o cliente que presencia as calibrações.

No que tange à identificação de processos de medição, a norma ABNT NBR ISO 10012:2004 recomenda a distinção dos equipamentos que os compõem por etiquetas. Uma vez que os processos podem estar "misturados" nas plantas e cada processo recebe uma gestão em separado, a distinção serve para que o técnico executante não aplique procedimentos trocados.

1.8 Uso de serviços e produtos externos

Além dos controles normais que a divisão de compras de uma empresa deve fazer, como o julgamento de prazo de atendimento e qualidade dos produtos e serviços pelo setor contratante, há que se estabelecer, pelo grupo de medição, um critério de aprovação com base na NBR ISO/IEC 17025, especificamente para fornecedores de serviços. Fornecedores de instrumentos/materiais devem ser avaliados quanto à exatidão requerida para o controle do processo, além dos requisitos usuais de disponibilidade, confiabilidade e robustez usualmente aplicados a outros componentes e dispositivos da malha de transporte.

1.8.1 Critérios para escolha de fornecedores de serviços

Os serviços de calibração devem abranger todo intervalo de indicações do instrumento padrão, de tal forma que os sistemas de medição de campo sejam integralmente cobertos em seus intervalos de operação. O nível de incerteza de medição dos serviços do laboratório deve ser também avaliado, de tal forma que a incerteza de medição final no campo seja compatível com os limites contratuais e regulatórios. Para esse fim, a relação de serviços prestados pelo fornecedor deve ser criteriosamente analisada pelo grupo de medição. O ideal é que o laboratório fornecedor do serviço seja tão próximo quanto possível para reduzir o risco de danos no translado.

A subcontratação de serviços de calibração em campo também pode ser aplicada, desde que a empresa contratada seja acreditada para esse tipo de serviço. Critérios de avaliação e de acompanhamento das calibrações devem ser definidos pelo grupo de medição para que as metas de requisitos metrológicos e de satisfação do cliente sejam atingidas.

1.8.2 Critérios para escolha de equipamentos de medição e calibração

Os equipamentos de medição instalados em malha de transporte, salvo algumas exceções, estão tipicamente expostos a condições do tempo, incluindo chuva, descargas elétricas e incidência solar direta.

Nesse ambiente, os equipamentos tendem a apresentar falhas ou um comportamento imprevisível de deriva. As falhas são de mais fácil detecção. No caso da deriva, o indicativo dessa tendência fica evidente nas calibrações que apontarão necessidade de ajuste consecutivamente. Assim sendo, é recomendado que, antes de serem postos em serviço, os equipamentos sejam exaustivamente testados sob condições severas. Depois de aprovados, devem ser incluídos na lista de fornecimentos da empresa, de modo a garantir confiabilidade de medição nos projetos.

1.9 Qualificação de empresas fornecedoras de calibração e a rede brasileira de calibração

Periodicamente, as empresas fornecedoras de serviços de calibração devem ser auditadas para garantir que os requisitos metrológicos estejam sendo atendidos. Se é acreditado pelo INMETRO/CGCRE[6] para a prestação de serviços de calibração, o laboratório é auditado anualmente pelo órgão. A auditoria tem como referência a NBR ISO/IEC 17025. Além de critérios objetivos de avaliação, como procedimentos formais, geração e guarda de documentos, a norma manda verificar a proficiência dos técnicos de calibração como evidência da efetividade dos treinamentos e habilidades individuais para a execução dos serviços.

Dentre os fornecedores dos serviços de calibração, devem ser escolhidos aqueles que prestam serviços nos intervalos de calibração necessários aos processos controlados e com as incertezas compatíveis com os limites de controle dos processos.

1.10 Equipamentos não conformes

1.10.1 Identificação e segregação

Todos os equipamentos (padrões de referência, padrões de trabalho, instrumentos de medição ou instrumentos auxiliares) envolvidos nas medições e calibrações devem ter manutenções especificadas em procedimentos. Para cada tipo de instrumento, o procedimento deve detalhar o tratamento a ser dado quando o instrumento estiver não conforme.

Nas malhas de transporte, os instrumentos de processo e analisadores em linha, críticos nos critérios metrológicos, devem ser substituídos por sobressalentes imediatamente, de tal forma que, em caso de falhas, comprometam pouco ou nenhum produto ou serviço. Na fase de projeto, por sua vez, nesses casos, devem ser previstas redundâncias ou monitoramentos, de modo que as falhas sejam detectadas instantaneamente e ações sejam tomadas com

---

6 Divisão do INMETRO que coordena a acreditação de laboratórios.

agilidade requerida. Todo produto ou medição produzidos nessas condições devem ser revistos para verificar em que extensão a falha afetou o lote ou batelada.

As manutenções dos equipamentos devem ser realizadas por pessoal formalmente qualificado. O equipamento reformado deve ter os mesmos atributos de um equipamento novo, de modo que seja capaz de reproduzir resultados de medição confiáveis pelo tempo necessário. Se isso não for possível, o equipamento deve ser definitivamente segregado.

Equipamentos rejeitados por critérios de processos críticos podem ser aproveitados em processos menos críticos, a depender da exatidão requerida.

1.10.2 Sobressalentes

O dimensionamento e a disposição física do estoque de sobressalentes devem ser criteriosamente definidos. O dimensionamento deve levar em consideração a criticidade do processo, a confiabilidade, o desempenho e a vida útil dos equipamentos, a logística envolvida no acesso aos equipamentos do processo, a frequência e tempo de indisponibilidade para calibração e manutenção. Caso não se tenha essas informações, o estoque de sobressalentes deve ser superdimensionado até que a experiência forneça informações confiáveis.

Recomenda-se que, durante as calibrações, os equipamentos envolvidos, sejam estes os próprios padrões ou equipamentos auxiliares, tenham sobressalentes à disposição para prevenir adiamento em calibrações de instrumentos críticos, principalmente quando há acompanhamento de representantes das partes contratuais.

1.11 Tratamento de *software*

1.11.1 Validação

Todo *software* envolvido em medições e calibrações deve ser validado quanto à produção de resultados confiáveis. Isso deve ser formalizado por meio de relatório. A validação deve preferencialmente ser realizada por uma terceira parte, mas pode ser realizada também por pessoal especializado próprio. O *software* deve ser protegido quanto a alterações acidentais ou deliberadas. Os acessos devem ser delimitados de acordo com o perfil funcional. Todas as versões devem ser formalmente validadas sempre que forem relacionadas ao tratamento de dados.

1.11.2   Controle e divulgação de versões

A divulgação de nova versão deve abranger todo o grupo envolvido em calibrações e seus supervisores.

É recomendável que todo usuário do *software* seja treinado para sua aplicação. Se as versões tiverem vários usuários, todos devem ser informados da revisão para providências de reinstalação da nova versão. A gestão deve voltar--se à prevenção do uso de versões obsoletas.

No caso de *software* de calibração e teste, a versão utilizada deve constar no corpo do certificado, de modo a permitir a reprodução do procedimento no futuro e para facilitar o rastreamento de falhas.

Pelo mesmo motivo, o documento gerado na medição deve apresentar a versão do *software* envolvido.

1.12   Instrumentos e equipamentos críticos do sistema da medição

Em uma planta de processo, sistemas de medição podem ser mais ou menos críticos metrologicamente, isto é, podem afetar a qualidade do produto em diferentes extensões.

Por essa razão, a norma ABNT NBR ISO 10012:2004 recomenda que instrumentos ou grupos de instrumentos sejam classificados quanto a sua criticidade no processo de fabricação do produto.

1.12.1   Sugestão para malhas e plantas

Em qualquer processo produtivo, há medições mais ou menos críticas para a garantia da qualidade do produto. No ramo do petróleo, há também em um processo produtivo alta criticidade de medições para monitoramento de níveis de segurança e preservação do meio ambiente.

Considerando uma planta de extração de petróleo ou processamento, a medição mais crítica é a do produto final processado. Nas plantas de extração, o Estado arrecada *royalties* proporcionais à produção da planta. Em uma planta de extração de petróleo, parte do que é extraído pode ser injetada no poço para o aumento da produção. Outra parte pode ser transferida para outra planta ou para um *manifold*, sem ser contabilizada. Parte da produção pode ser consumida para geração de energia. Essas parcelas devem ser medidas. Todas elas podem ser organizadas em um balanço de um volume de controle. Essa organização contribui para a definição de indicadores do processo.

Ao se considerar uma empresa transportadora como uma prestadora de um serviço que é paga pela medição no ponto de entrega, a medição desses volumes tem a maior criticidade possível. A medição produzida por esse processo tem na empresa transportadora a função da "caixa registradora". A medição é a base para o faturamento mensal que é emitido da Transportadora para o Carregador, dono do produto. Por essa razão, o processo de medição de transferência de custódia costuma ser o mais crítico de uma malha de transporte. Nesse processo, devem-se aplicar as melhores práticas de gestão para que ele produza as medições mais confiáveis, buscando garantir a satisfação do cliente.

1.12.2 Diagrama de processos

O fluxograma da figura 1.7, embora específico de uma malha de gás, pode, com algumas adaptações, ser adotado como definição de processos aplicáveis a um macroprocesso industrial ou a transporte de outros produtos.

É perceptível que esses processos compõem o balanço mássico/energético geral do sistema de transporte com algumas omissões que, na maioria dos casos, são de pouca significância, em face do volume transportado. Estas seriam as parcelas de perdas que ainda podem ser classificadas como perdas operacionais que são inerentes ao serviço de transporte, como partida de compressores com uso de motores pneumáticos a gás, e perdas extraordinárias não inerentes à operação, mas relacionadas com falhas e contingências não previsíveis. É importante notar também que os processos têm diferentes contribuições no balanço e que esse fato, junto da criticidade, deve ser considerado nos critérios de gestão.

Não por acaso, os processos são parcelas do balanço do sistema de transporte. A gestão como um todo deve ter o foco no principal indicador, bastante notado e acompanhado tanto interna como externamente: o gás não contado.

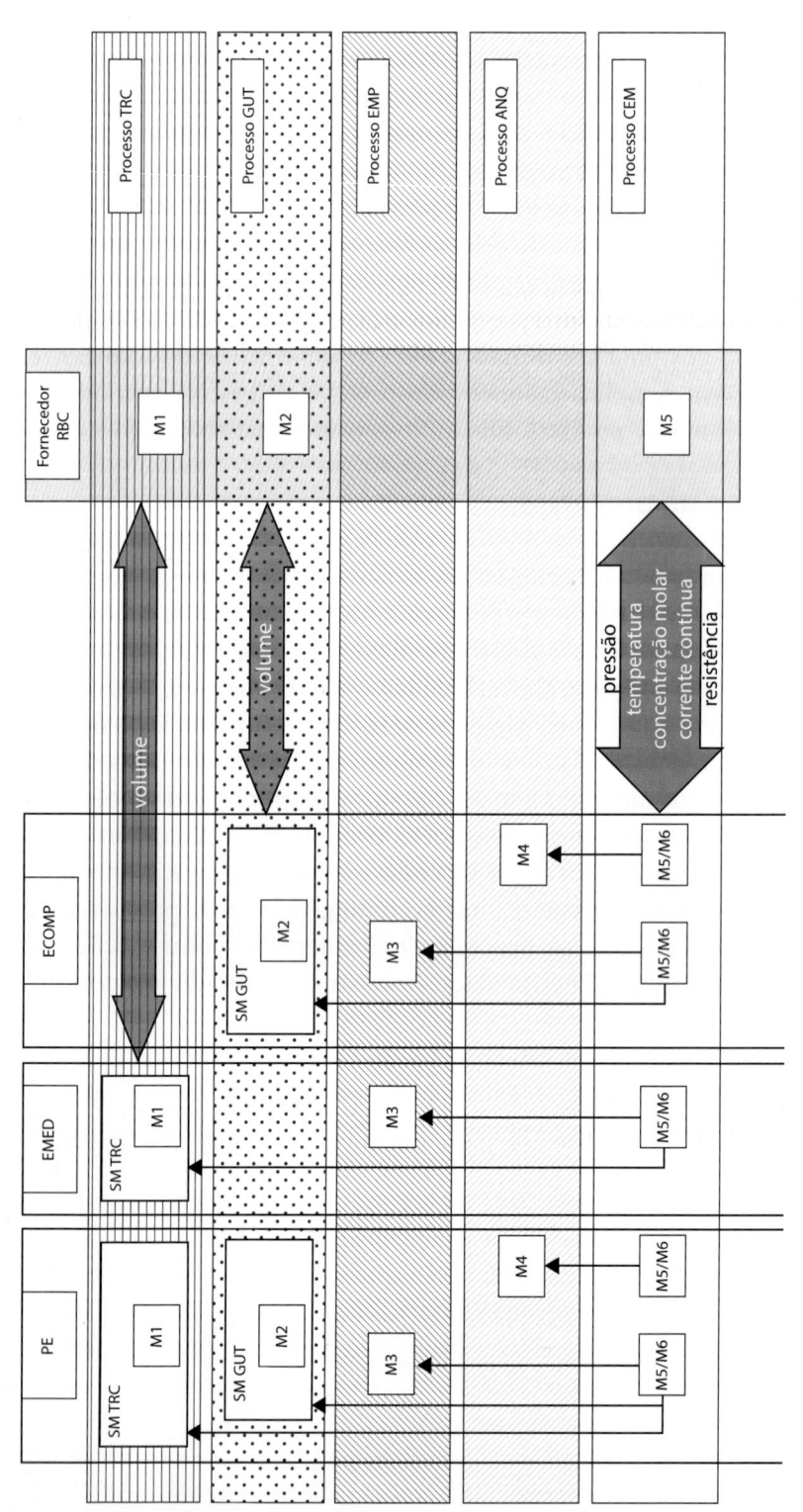

Figura 1.7 – Fluxograma de integração de processos

Nesse diagrama:

PE – Ponto de entrega. Onde ocorre a transferência de custódia e os condicionamentos necessários para a entrega.

EMED – Estação de medição. Onde ocorre a interligação com outra malha de transporte.

ECOMP – Estação de compressão. Onde se recupera a pressão do gás para garantir condições operacionais.

Fornecedores RBC – Laboratórios de Metrologia acreditados pelo INMETRO/CGCRE.

Processo TRC – Processo que reúne sob os mesmos critérios de gestão todos os sistemas de medição de transferência de custódia.

Processo GUT – Processo que reúne sob os mesmos critérios de gestão todos os sistemas de medição de gás utilizado como combustível pela Transportadora. Esse processo é integrado por todas as medições de consumo de compressores[7], geradores elétricos a gás, bem como o gás consumido em condicionamentos[8] que se façam necessários. Um desses condicionamentos ocorre na redução de pressão para a entrega no PE.

Processo EMP – Processo que reúne sob os mesmos critérios de gestão todos os sistemas de medição aplicados à medição do empacotamento, estoque no duto de transporte.

Processo ANQ – Processo que reúne sob os mesmos critérios de gestão todos os sistemas de medição de composição do gás transportado.

Processo CEM – Processo que reúne sob os mesmos critérios de gestão todos os sistemas de medição aplicados na calibração e, portanto, na disseminação das grandezas envolvidas na realização dos demais processos.

As setas que interligam os processos de medição ao fornecedor RBC contêm essas grandezas, representando a transferência de rastreabilidade metrológica dessas grandezas a padrões itinerantes.

As setas do processo CEM em direção aos demais processos significam a disseminação interna das grandezas rastreadas externamente para os demais processos em padrões de referência portáteis, itinerantes.

1.12.3 Balanço e gás não contado

Em qualquer atividade produtiva, o balanço é uma ferramenta útil no controle de eficiência, rendimento e de minimização de perdas. Os balanços podem ser materiais, mássicos ou energéticos.

Define-se gás não contado (GNC) como a diferença positiva ou negativa que pode ocorrer no balanço mássico ou energético de uma malha de transporte ou distribuição, em relação ao valor teórico ou ideal igual a zero, no decorrer de um período de análise que pode ser um dia, um mês, um ano etc.

---

7 O escoamento de fluidos em dutos provoca o fenômeno denominado de perda de carga. A perda de carga é diretamente proporcional à velocidade do escoamento e se manifesta pela perda gradual da pressão ao longo do duto. Por isso, faz-se necessário recomprimir o fluido ao longo do duto. Em transporte de gás, por exemplo, os compressores podem usar como combustível acionador o próprio gás natural. A avaliação das opções deve considerar a disponibilidade e confiabilidade.

8 Cabe lembrar que toda redução de pressão imposta ao gás incorre em redução de temperatura. Como esses consumos são, por via de regra, a pressões mais baixas que a de transporte, é necessário que se aqueça o gás para evitar condensações ou congelamento externo que comprometam o funcionamento das válvulas reguladoras.

Em teoria, o GNC deveria ser nulo; porém, no mundo real esse valor é sempre diferente de zero, principalmente por erros de medição. O GNC percentual em um gasoduto é dado por:

$$GNC\% = \frac{gás\ recebido - gás\ entregue - gás\ consumido - perdas - \Delta estoque}{gás\ recebido} \times 100$$

onde:

(Equação 1.1)

- o gás entregue é medido no processo TRC;
- o gás consumido é medido no processo GUT; e
- o Δ estoque[9] é medido no processo EMP.

O GNC deve ser considerado para um volume de controle predefinido e em uma base de tempo comum a todas as parcelas. Alguns sistemas lidam com o problema de não se obter as parcelas em uma unidade de tempo comum, o que leva a erros no balanço. Para ilustrar essa dificuldade, consideremos um caso extremo de uma Distribuidora com inúmeros usuários em uma malha complexa. Mesmo com toda a automação hoje disponível, não é possível colher as medições de volumes entregues em todos os pontos de entrega simultaneamente. As metas de GNC devem considerar essas limitações.

A meta de exatidão das parcelas está ligada a cláusulas contratuais ou disposições regulatórias. Quanto maior a exatidão da medição de cada parcela, mais próximo de zero será o resultado. A exatidão de medição da parcela depende da gestão implementada no processo. A gestão define:

a) Frequências de calibrações e testes para monitoramento da incerteza de medição.
b) Frequência e definição das manutenções necessárias.
c) Rotina de certificação de volumes.
d) Conformidade das instalações a normas de referência.
e) Qualidade metrológica dos instrumentos utilizados.
f) Capacitação técnica dos profissionais envolvidos.

Em qualquer elo da cadeia de transporte – da produção ao consumidor final –, é possível aplicar esse conceito de gestão em que os processos são parcelas de um balanço; estabelecendo-se, portanto, cada elo da cadeia de trans-

---

9 Para constar com sinal negativo na conta do balanço, a variação do estoque deve ser calculada por estoque mais recente menos estoque passado, imediatamente anterior ao período de análise.

porte como um volume de controle com seus insumos, processamentos, produtos e serviços (figura 1.8).

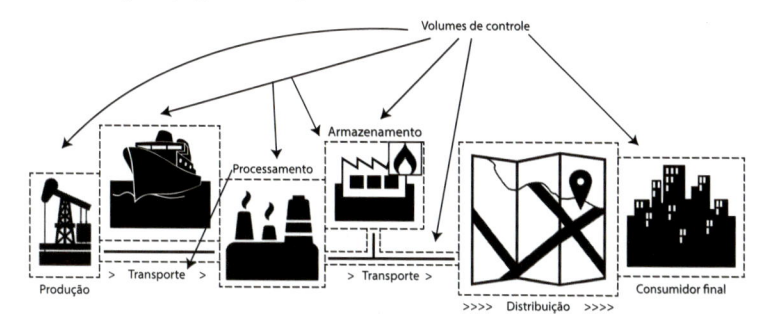

Figura 1.8 – Cadeia de transporte de gás

Conforme dito anteriormente, em uma malha de transporte, o processo mais crítico é, sem dúvida, o de transferência de custódia. O faturamento do Transportador depende da transferência de custódia. A imagem que o cliente, Carregador, tem do Transportador depende, em grande parte, da gestão metrológica aplicada pelo Transportador nesse processo. Se o Transportador garante confiabilidade nos números gerados, na base do faturamento, o número de questionamentos pelo cliente é reduzido. Se, ao contrário, cada número gerado for uma fonte de dúvida, o Transportador deverá ter uma grande estrutura para tratamento de reclamações.

Não menos importantes, mantendo alto nível de criticidade, podem-se citar os equipamentos utilizados na calibração do processo de transferência de custódia, que poderão ou não ser aplicados à atividade de calibração dos demais processos. Pouca confiabilidade poderá ser conferida ao processo de transferência de custódia se o sistema de calibração dissemina ou reproduz grandezas metrológicas inexatas ou por procedimentos de calibração inconsistentes ou, ainda, por pessoal despreparado. Se essa atividade for terceirizada, toda a atenção deve ser dada ao monitoramento e fiscalização integral, não amostral, da atividade da contratada. Se for atividade própria, a gestão metrológica deve envolver-se em todas as fases, desde o projeto do processo que se encarrega de definir os equipamentos auxiliares e padrões com os atributos necessários, bem como a qualificação dos técnicos envolvidos, passando por gestão de *software* e qualificação de fornecedores, de equipamentos e de serviços.

Em um segundo plano, tem-se a medição dos consumos da Transportadora. Estes são os volumes gastos com combustível para transporte e condicionamento do produto. Esse número reflete a eficiência do transporte. Portanto, esse volume deve ser o mínimo possível, o que depende de uma operação eficiente e, por extensão, de uma medição confiável o suficiente.

As medições de processos menos críticos costumam ficar indisponíveis por longos períodos, o que impõe ao grupo responsável pela certificação de volumes fazer prolongadas estimativas de medição. Indicadores corporativos devem ser criados para evidenciar a disponibilidade dos sistemas de medição desse processo.

No mesmo nível deve ser considerado o processo de medição do estoque ou empacotamento. A medição de estoque deve ser exata o suficiente para garantir um nível mínimo de estoque e, assim, se manter a continuidade operacional. Outra função é servir de orientação nas nominações[10] diárias do produto. Somente a diferença de estoque afeta o balanço, portanto, erros sistemáticos na medição de empacotamento não influenciam o balanço.

A medição do empacotamento é obtida com medições de pressão, temperatura e cromatografia instaladas ao longo do duto. As medições são entradas consideradas em um modelo matemático que calcula as propriedades médias, pressão, temperatura e composição, considerando também o volume físico do duto. Quanto maior a quantidade desses medidores por unidade de comprimento e quanto mais refinado for o modelo matemático, mais exata será a medição. Por via de regra, o dado de entrada mais relevante no cálculo é o volume físico do duto. Para acurácia da determinação dos volumes físicos, são necessários desenhos atualizados de todo o projeto. Cada alteração deve incorrer na revisão dos desenhos e reavaliação dos volumes.

A medição da composição química do gás tem relevância relativa. Se há apenas um ponto de recebimento e o gás tem pouca variação na composição, sua influência no balanço é pouco expressiva. Mas, se o gás apresenta grandes dispersões em suas características, o modelo de escoamento deve ser refinado. A complexidade aumenta se houver mais de um ponto de recebimento de gás e de especificações muito diferentes. Uma forma de monitorar a influência da medição da composição no balanço é comparar o resultado do balanço volumétrico com o energético. Uma diferença percentual relativamente expressiva entre os dois balanços indica a necessidade de investimento em medição da composição do gás.

Caso haja no sistema de transporte mais de uma entrada, mais cromatógrafos deverão ser instalados em pontos em que ocorrer a mistura das correntes. Existem *softwares* de controle capazes de rastrear ao longo do duto a batelada medida, atualizando automaticamente em um ponto de entrega a composição no momento em que essa batelada passa nele. A informação é substituída sempre que uma nova batelada com novas características passe pelo referido

---

10 No jargão deste segmento, esse é o nome dado ao volume encomendado a montante para o cumprimento de todos os volumes a serem entregues por um determinado período.

ponto de entrega. Segundo a regulamentação vigente, não só nas misturas, mas também nos pontos de entrega onde os volumes ultrapassem 400 mil m³/dia e com incidência de inversão de fluxo, deverá haver um cromatógrafo dedicado.

1.13 Capabilidade de processo e a adequação ao uso de equipamento

Nas malhas de transporte, os sistemas de medição são projetados para monitoramento de variáveis do processo, o que envolve a necessidade de medição de grandezas dinâmicas. Se os processos são estáveis, as medições são mais fáceis de realizar. Se os processos são instáveis ou transientes, além das fontes usuais, os erros passam a ser afetados pelo tempo de resposta dos instrumentos. Não existe um sistema de medição perfeito, sem erros; logo, não se pode obter um resultado exato de um sistema de medição imperfeito. Porém, mesmo de um sistema de medição imperfeito é possível obter informações confiáveis.

1.13.1 Controle tradicional

Antes da consolidação do conceito de incerteza de medição, todas as medições realizadas obtidas dentro dos limites de controle eram consideradas válidas como evidência de controle do processo. Como as medições são afetadas por incertezas, ocorre que medições próximas das margens dos limites do processo podem gerar risco de aprovação de um valor fora dos limites ou reprovação de um valor dentro dos limites. Ambas as decisões são indesejáveis em qualquer critério de controle (figura 1.9).

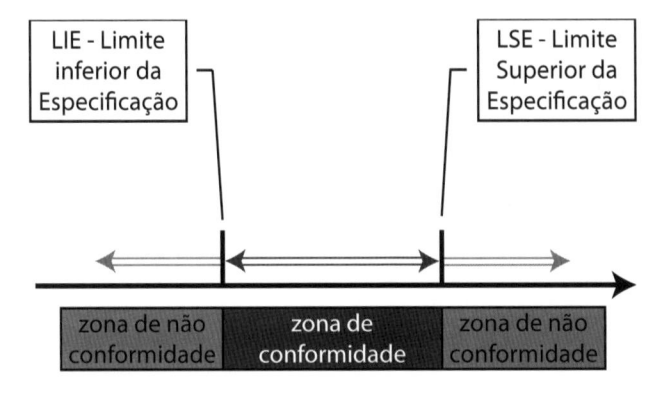

Figura 1.9 – Controle de processo sem incerteza de medição
Fonte: IQM, 2007

1.13.2   A introdução da incerteza de medição nos processos industriais

Quando o conceito de incerteza de medição chegou aos processos industriais, a capabilidade de processos passou a ser questionada. Definida a capabilidade de um processo como 6s, que compreende o universo de resultados das medições da variável monitorada, o índice de capabilidade Cp vem a ser a relação entre a amplitude da zona de conformidade (LSE-LIE) e a capabilidade desse processo. Ora, como as observações sucessivas da variável apresentam incerteza de medição, a incerteza de medição do equipamento ou sistema de medição passa a ter influência inversa no índice Cp do processo. Portanto, quanto maior a incerteza de medição, menor o índice de capabilidade.

Para o controle adequado de um processo, deve haver uma relação coerente entre os limites de controle e a incerteza associada ao sistema de medição que o controla. Se a incerteza de medição for muito grande em relação aos limites, não se pode garantir o seu controle. A relação entre esses parâmetros revolucionou o conceito de capabilidade do processo.

A boa capabilidade permite que se tomem decisões confiáveis quanto ao controle ou não controle dos processos. A desconsideração da incerteza de medição leva a um risco de decisões erradas. Se a incerteza de medição é grande em relação aos limites do processo, isso induz a desconfiança em seu controle ou impõe o relaxamento dos limites de controle, o que implica em redução da qualidade.

Algumas discussões sobre capabilidades de processo tiveram de ser revistas com o advento da Metrologia e seus conceitos. A norma ISO 14253:1998 introduziu a proposta da incerteza de medição no controle dos processos industriais e propôs regras para se provar conformidade ou não conformidade a especificações requeridas (figura 1.10).

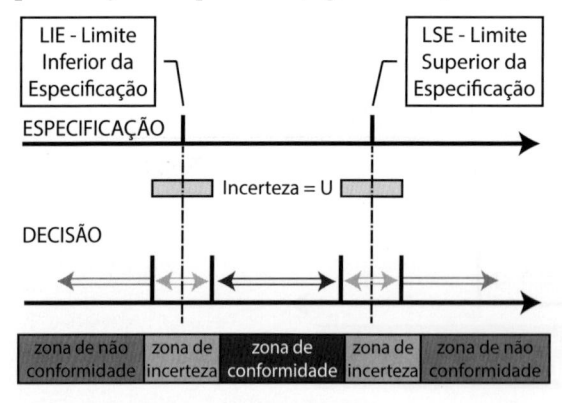

Figura 1.10 – Controle de processo com incerteza de medição
Fonte: IQM, 2007

Ao se considerar o conceito básico da Metrologia de que somente uma medição perfeita revela o valor verdadeiro do mensurando, pode-se dizer que cada uma das medições sucessivas de uma variável monitorada tem seu erro intrínseco. Logo, pode-se constatar que há sempre uma probabilidade maior ou menor de que, a cada medição, o processo se encontra dentro dos limites de controle.

Partindo do pressuposto de que os contratos estabelecem os limites de especificação direta ou indiretamente, a seguir serão aplicados esses conceitos para a tradução de requisitos do cliente em requisitos metrológicos, como sugestão de aplicação em instrumentação a serviço de controles de processos.

1.13.3 Conceito de probabilidade de atendimento ao requisito contratual [22]

A figura 1.11 descreve o comportamento de uma variável de controle de um processo qualquer, não mensurável. Esse processo é considerado como imensurável, já que o valor verdadeiro de uma grandeza só pode ser obtido por um sistema de medição perfeito. É impossível se fazer uma medição sem erro ou incerteza. O que se procura, na realidade, é manter os erros dentro de limites toleráveis e estimar seus valores com exatidão aceitável.

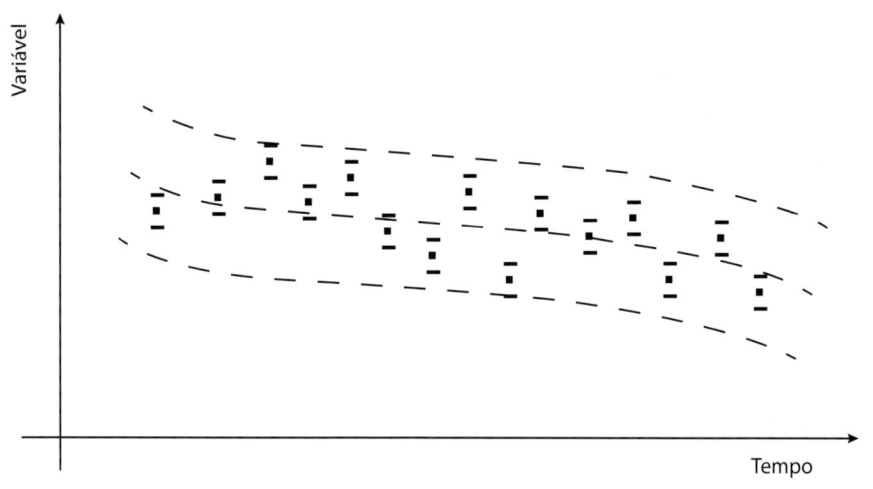

Figura 1.11 – Monitoramento da variável de controle

Na figura 1.11, estão representados pela linha tracejada os "limites máximos do erro admissível"[11] [5] da variável de controle e os pontos represen-

---

11 Valor extremo do erro de medição, com respeito a um valor de referência conhecido, admitido por especificações ou regulamentos para uma dada medição, instrumento de medição ou sistema de medição.

tados pelas leituras sucessivas que o sistema de medição faz dessa variável. O intervalo associado a cada ponto, que reflete o valor atribuído à medição, representa a incerteza da medição calculada periodicamente pelo procedimento de calibração do sistema de medição. Admite-se que a incerteza é invariável ao longo do tempo entre duas calibrações sucessivas.

Durante a calibração de um sistema perfeito, a relação esperada entre padrão e instrumento de medição é tal como a figura 1.12, na qual cada estímulo do padrão é respondido com a mesma indicação do objeto da calibração.

No mundo real, figura 1.13, erros são detectados na resposta do mensurando durante a calibração. Não se consegue ajustar erro zero para todo o intervalo de indicações do instrumento (figura 1.12) devido às imperfeições mecânicas e eletrônicas inerentes a qualquer sistema de medição (figura 1.13). A este erro se dará o nome de erro sistemático residual.

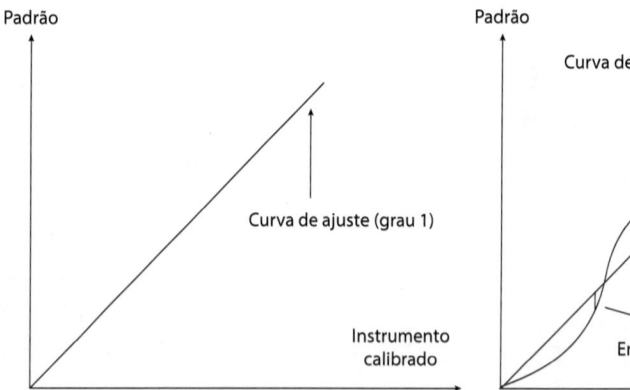

Figura 1.12 – Curva de ajuste ideal

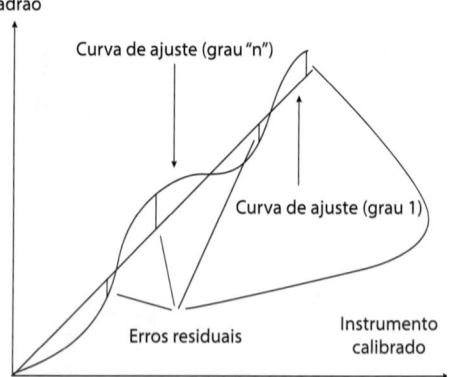

Figura 1.13 – Curva de ajuste real e erros residuais

Poder-se-ia, ao buscar uma curva de maior grau, minimizar esses erros, mas esse recurso deixa de ter interesse prático no chão de fábrica. Com toda a tecnologia de hoje, a correção desse erro implica em alterações em *software* que se mostram quase sempre operacionalmente inviáveis[12]. Logo, conclui-se que uma parte desse afastamento entre o ponto de leitura e a linha que retrata a resposta do instrumento é perceptível e fornecida pelo sistema calibrador.

---

12 Quando a não linearidade do erro é conhecida e aceita, o que não é o caso, já há hoje recurso de segmentação de fatores de correção, o que implica em ter um fator de correção para cada segmento da resposta.

Esse erro percebido pelo sistema calibrador só será corrigido (ou minimizado) se for maior que o limite contratual. Durante o processo de medição, esse erro não será levado em consideração e será incorporado à incerteza de medição (figura 1.14).

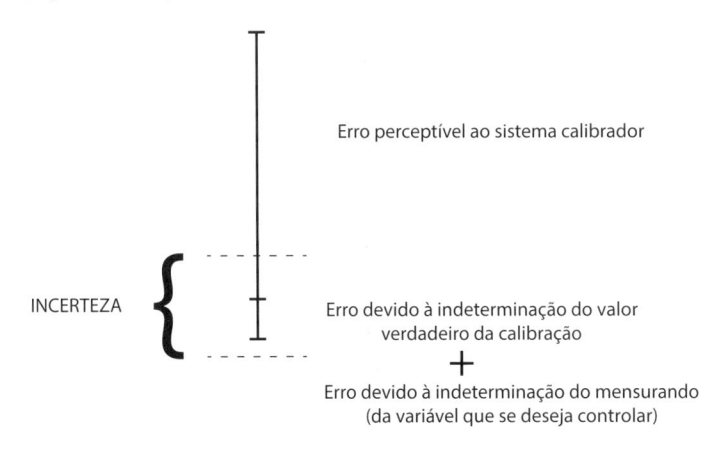

INCERTEZA

Erro perceptível ao sistema calibrador

Erro devido à indeterminação do valor verdadeiro da calibração
+
Erro devido à indeterminação do mensurando (da variável que se deseja controlar)

Figura 1.14 – Identificação dos tipos de erros utilizados na análise

Outra parte desse erro se deve à indeterminação do valor verdadeiro dentro do intervalo de incerteza. E uma terceira parte é também um erro indeterminado, dado que o valor verdadeiro da variável de controle é aleatório, ou seja, indeterminado.

Para qualquer das variáveis do processo, o tempo entre duas leituras sucessivas é da ordem de milissegundos, tempo que um controlador lógico programável (CLP) ou um computador de vazão leva para varrer o programa de leitura dessas variáveis. Isso é uma característica do computador de vazão e dos sistemas de aquisição de dados.

Pode-se, baseado nessas premissas, dizer que a incerteza da calibração deve ser tal que garanta com certa probabilidade que, a cada medição, o erro total esteja dentro dos limites estabelecidos por contrato. Sabendo-se que, por convenção, o nível de confiança da incerteza é de aproximadamente 95% (±2s), isto é, 95% de probabilidade de que o valor verdadeiro esteja no intervalo definido pela incerteza, a primeira probabilidade pode ser calculada, supondo que:

- p: é o erro percentual sistemático, detectado durante a calibração de um ponto qualquer da curva de resposta do instrumento. Durante o processo de medição, esse erro não será levado em consideração e será, portanto, incorporado à incerteza de medição;
- q: é a incerteza percentual de calibração (de medição *a posteriori*). É a repetibilidade percentual do instrumento obtida durante a calibração; e

- r: é o "erro máximo admissível" (percentual) de contrato em relação ao valor verdadeiro.

Sendo ainda:

- Y: o valor indicado instantaneamente pelo instrumento de medição e registrado pelo sistema de aquisição; e
- X: o valor verdadeiro da variável de controle (desconhecido).

Na figura 1.15, para um ponto de medição hipotético "Y", dentro do intervalo de indicações do instrumento, busca-se a probabilidade de que essa medição esteja contida no intervalo compreendido entre os limites contratuais por meio da equação:

$$P\left[X - rX \leq Y \leq X + rX\right] \left| \begin{array}{l} \mu = X + pX \\ \sigma = \dfrac{q\left(X + pX\right)}{2} \end{array} \right. \qquad \text{(Equação 1.2)}$$

(probabilidade de Y estar no intervalo $[X+rX:X-rX]$, dado que a média de Y é $X+pX$ e o desvio padrão, $\left(\dfrac{q\left(X+pX\right)}{2}\right)$.

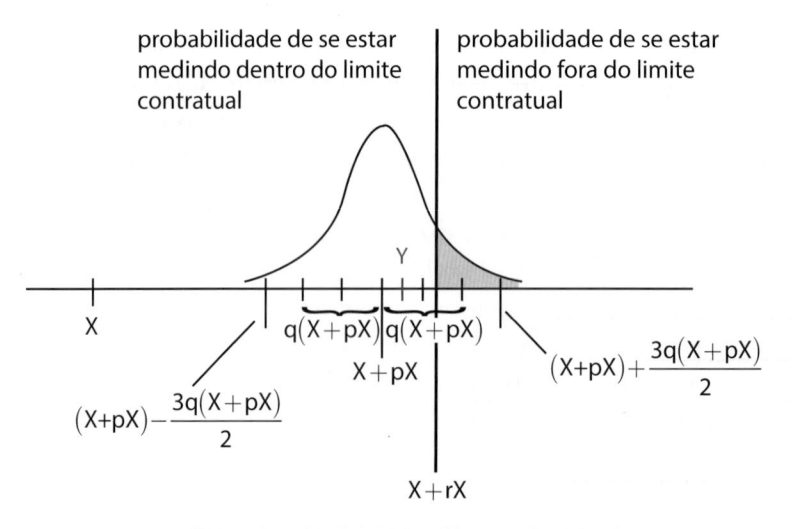

Figura 1.15 – Avaliação de probabilidades de cumprimento do contrato

Pode-se observar que as probabilidades de se estar medindo com erro abaixo e acima do limite contratual são complementares.

A expressão da 1.2 pode ser reescrita na forma da equação 1.3:

$$P[Y \leq X + rX] = P\left[z \leq \dfrac{X + rX - (X + pX)}{\dfrac{q(X + pX)}{2}}\right] = \phi\left(2\dfrac{(r-p)}{q(1+p)}\right) \quad \text{(Equação 1.3)}$$

na qual ϕ é a função de distribuição da Normal Padronizada. Conclui-se, portanto, que a probabilidade é:

$$\phi\left(2\dfrac{(r-p)}{q(1+p)}\right) \quad \text{(Equação 1.4)}$$

Pela equação 1.4, observa-se que a probabilidade de se medir fora dos limites contratuais independe do valor de X, isto é: podem-se conhecer as probabilidades em qualquer ponto do intervalo de indicações do instrumento, conhecidos os erros pontuais e incertezas de medição.

Ao considerar o primeiro critério de aceitação, que rejeitaria o instrumento se o erro for maior que o limite contratual, a maior probabilidade de medir fora do limite é 50% quando o erro percentual pontual é igual ao "erro máximo permissível". Leva-se em conta que os erros detectados são representativos da curva de resposta e que não haveria em outro ponto da curva de resposta um erro maior.

Pela figura 1.16, é possível observar as curvas de probabilidade dos casos em que o limite contratual é 0,5% (pressão estática e temperatura) e 0,25% (pressão diferencial).

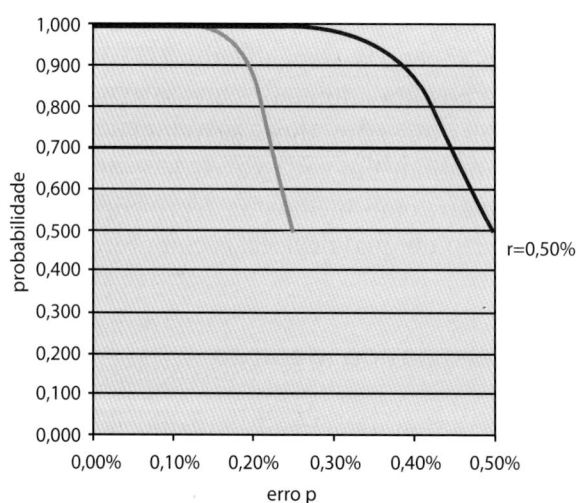

probabilidade de se estar medindo dentro do limite contratual quando q=r/3

r=0,50%

Figura 1.16 – Probabilidades de cumprimento contratual

Considerando-se que a média dos erros detectados de um dado instrumento seja 0,4% nos transmissores de pressão estática e temperatura, limite contratual de 0,50%, pode-se garantir com uma margem de segurança de 90% que o contrato esteja sendo cumprido. De um modo conservador, pode-se adotar o cálculo da probabilidade no pior caso da curva de resposta, ou seja, de maior erro. Se este for 0,4%, resulta uma probabilidade mínima de 90%. Os demais pontos da curva de resposta apresentariam probabilidades maiores. Em outras palavras, se o erro na prática é melhor que 0,4%, é possível garantir uma probabilidade de cumprimento do contrato maior que 90%. Analogamente, pode-se estender as mesmas conclusões para os medidores de pressão diferencial, substituindo 0,4% por 0,2%.

Conclui-se portanto, na prática, que medir dentro de um "limite máximo de erro" não é determinístico. O que há é uma probabilidade maior ou menor de que a variável medida esteja dentro dos limites contratuais. A incerteza de medição relacionada ao erro "r" à base de 1:3 dá uma margem de segurança confortável quando o erro "p" não ultrapassa 0,4%. O anexo 1 apresenta valores que, aplicados à equação 1.4, demonstram a distribuição de probabilidades que ilustra essa análise.

1.14   Cálculo e propagação de erros

1.14.1   Teoria dos erros

O ato de medir é, em essência, um ato de comparar, e essa comparação envolve erros de diversas origens (dos instrumentos, do operador, do processo de medida etc.). Quando se pretende medir o valor de uma grandeza, pode-se realizar apenas uma ou várias medidas repetidas, dependendo das condições experimentais particulares ou ainda da postura adotada frente ao experimento. Em variáveis dinâmicas, isto é, aquelas que se modificam ao longo do tempo, só é possível se fazer uma única medida. Em cada caso, deve-se extrair do processo de medida um valor adotado como melhor na representação da grandeza e ainda um limite de erro dentro do qual deve estar compreendido o valor verdadeiro [17].

1.14.2   Definições de erros e incertezas de medição

Como já foi citado anteriormente, é impossível fazer uma medição sem erro e incerteza. O que se procura, na realidade, é manter os erros dentro de limites toleráveis e estimar seus valores com exatidão aceitável.

O erro de medição é a diferença algébrica entre o valor medido e um valor de referência, que é aquele compatível com uma grandeza definida e aceito, algumas vezes por convenção, como tendo uma incerteza apropriada para um dado objetivo [5]. Os erros de medição e do instrumento podem ser classificados sob vários aspectos. Dentre os principais tipos, podemos identificar os erros grosseiros, os sistemáticos e os aleatórios.

- *Erro grosseiro*: é aquele devido à falha humana ou ao mau funcionamento do equipamento, normalmente associado a uma única medição, a qual deve ser desprezada, quando identificada.
- *Erro sistemático*: componente do erro de medição que, em medições repetidas, permanece constante ou varia de maneira previsível [5]. É aquele erro que se mantém constante ou varia em um mesmo sentido quando se faz uma série de medições de um mesmo mensurando, sob as mesmas condições, sendo independente do número de medições feitas, não podendo ser reduzido pelo aumento do número de medições, mas podendo ser minimizado pela calibração e/ou ajuste do instrumento de medição.
- *Erro aleatório*: componente do erro de medição que, em medições repetidas, varia de maneira imprevisível [5]. É aquele erro imprevisível, que pode ser causado pela variabilidade natural da variável medida, pelos erros intrínsecos dos instrumentos em função do atrito variável entre partes mecânicas ou outras fontes desconhecidas e que afeta a precisão da medição. Não pode ser compensado por correção nem eliminado, mas pode ser reduzido pelo aumento do número de medições ou mantido constante pela manutenção programada do instrumento de medição. Como se pode constatar, todas as medições são contaminadas por erros, de modo que a significância associada com o resultado de uma medição deve considerar essa incerteza.
- *Incerteza de medição*: parâmetro não negativo que caracteriza a dispersão dos valores atribuídos a um mensurando, com base nas informações utilizadas [5]. É um parâmetro associado com o resultado de uma medição, que caracteriza a dispersão dos valores que podem ser atribuídos à quantidade medida em relação à melhor estimativa da medição. Assim sendo, a incerteza da medição é uma expressão do fato de que, para um dado mensurando e um dado resultado de sua medição, não há apenas um valor, mas uma quantidade de valores dispersos em torno da melhor estimativa que são consistentes com todas as medições.
- *Erros nos dados experimentais e nos valores dos parâmetros*

– Sistemáticos – Erros que atuam sempre no mesmo sentido e podem ser eliminados mediante uma seleção de aparelhagem e do método e condições de experimentação.

– Fortuitos – Erros com origem em causas indeterminadas que atuam em ambos os sentidos de forma não previsível. Esses erros podem ser atenuados, mas não completamente eliminados.

– Erros de truncatura – Resultam do uso de fórmulas aproximadas, ou seja, uma truncatura da realidade. Por exemplo, quando se tomam apenas alguns dos termos do desenvolvimento em série de uma função.

– Erros de arredondamento – Resultam da representação de números reais com um número finito de algarismos significativos.

– Erro absoluto e erro relativo.

Todos os tipos de erro descritos anteriormente podem ser expressos como "erro absoluto" ou como "erro relativo". Também podem ser tratados pela Análise Numérica ou pela Estatística.

Seja X um número com valor exato e x um valor aproximado de X. A diferença entre o valor exato e o valor aproximado é o erro de X.

Ao módulo desse valor chama-se erro absoluto de X, logo, como geralmente não temos acesso ao valor exato X, o erro absoluto não tem na maior parte dos casos utilidade prática. Assim, temos que determinar um majorante de Δ que satisfaz a condição: – O mínimo do conjunto dos majorantes Δ de Δ, chama-se "erro máximo absoluto", em que x representa X.

Diante das regras de arredondamento consideradas, um número com m casas decimais deve supor-se afetado de um erro máximo absoluto de...

$$\pm\ 0,0...\ 0m$$

... ou seja, mais ou menos um dígito menos significativo (ver item 1.14.3).

Geralmente, mais útil do que o erro máximo absoluto é a relação entre este e a grandeza que está afetada pelo erro. Ao quociente entre o "erro absoluto" e o módulo do valor exato chama-se erro relativo de X.

$$\delta = \frac{\Delta}{|X|} \qquad\qquad \text{(Equação 1.5)}$$

No entanto, na prática não temos acesso ao erro relativo, e temos que usar o majorante deste. Se Δ for muito menor que X, então

$$d = \frac{\Delta}{|X|} \leq \frac{\Delta}{|x|} \qquad\qquad \text{(Equação 1.6)}$$

1.14.3 Propagação de erros

Considere-se o volume do paralelepípedo da figura 1.17, calculado por:

$$V = L \times W \times H \qquad \text{(Equação 1.7)}$$

Se for dado um pequeno incremento a cada um dos lados, qual será o impacto no volume?

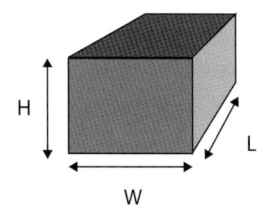

Figura 1.17 – Paralelepípedo

Considerando dV com o incremento total no volume, este pode ser escrito como:

$$dV = \frac{\partial V}{\partial L} \cdot\ L + \frac{\partial V}{\partial W} \cdot\ W + \frac{\partial V}{\partial H} \cdot\ H$$

na qual o incremento "Δ" de cada lado vem multiplicado pela respectiva derivada parcial em relação ao volume final.

Mas pela regra da derivada parcial:

$$\frac{\partial V}{\partial L} = W.H \qquad \text{(Equação 1.8)}$$

$$\frac{\partial V}{\partial W} = L.H \qquad \text{(Equação 1.9)}$$

$$\frac{\partial V}{\partial H} = L.W \qquad \text{(Equação 1.10)}$$

Portanto:

$$Vd = HW\Delta L + LH\Delta W + LW\Delta H \qquad \text{(Equação 1.11)}$$

O que significa dizer que o incremento total no volume é a soma dos incrementos relacionados com o incremento individual de cada lado.

Se em busca do incremento relativo dividirem-se todos os termos pelo volume total inicial...

$$\frac{Vd}{V} = \frac{HW\Delta L}{LWH} + \frac{LH\Delta W}{LWH} + \frac{LW\Delta H}{LWH} \qquad \text{(Equação 1.12)}$$

Simplificando-se os termos comuns:

$$\frac{Vd}{V} = \frac{\Delta L}{L} + \frac{\Delta W}{W} + \frac{\Delta H}{H}$$

(Equação 1.13)

O que é válido para Δ pequenos e para grandezas de influência não correlacionadas, portanto:

$$\frac{dV}{V} = \frac{dL}{L} + \frac{dW}{W} + \frac{dH}{H}$$

(Equação 1.14)

Nas medições de vazão fiscal e de transferência de custódia, a propagação de erros tem particular importância, porque a pergunta que se faz sempre é: Se um componente do cálculo for afetado por um erro "E%", qual o impacto desse erro na medição final ou, mais longe ainda, no faturamento? Observe o leitor que essa resposta tem de ser dada seja o limite de erro contratual estabelecido para a totalização do volume medido ou para cada variável de influência específica componente do cálculo. Nos contratos, outra cláusula muito comum é aquela que obriga o responsável pela medição a dar tratamento do erro de medição nas medições passadas com critérios pré-acordados entre as partes contratuais.

Assim sendo, a propagação de erros de medição deve ser sistematizada para a importante avaliação rotineira de determinar em que extensão erros de medição afetam os volumes medidos e faturamentos passados.

A utilização de erros percentuais torna fácil essa análise, desde que se tomem alguns cuidados com os erros nos componentes das equações. Inicialmente, cuidados são necessários porque erros relativos podem ser calculados referentes a fundo de escala, valor nominal ou valor de leitura. A escolha da forma de cálculo deve levar em consideração a operacionalidade do processo e, é claro, considerar o que é justo para as partes contratuais de uma forma transparente.

Se, por exemplo, o fundo de escala está muito afastado do valor de leitura, utilizá-lo como referência subestima o erro relativo, já que se vai dividir o erro absoluto por um valor maior.

Se, em outro exemplo, um processo oscila com grande amplitude em torno de um valor nominal médio, considerar esse valor como referência pode ora superestimar ora subestimar o erro relativo.

O mais justo é considerar o erro relativo ao valor lido, mas essa prática muitas vezes esbarra na questão da operacionalidade, já que calibrações que determinam a curva de erro do instrumento *a priori* não têm verificações justamente no valor de leitura, o que seria uma coincidência. Além disso, por menos que variem, os processos oscilam durante o tempo de abrangência em que o erro ocorre, o que já obriga a se estabelecer um valor médio em que se calculará o erro e sua correção.

A seguir é apresentado um exemplo usual na malha de transporte de um modo geral.

Supondo um ponto de medição em que há uma turbina para medição de gás natural, para a qual a equação de conversão de volume operacional para as condições de base, V_b, é conhecida por:

$$V_b = V_f \times \left(\frac{P_f}{P_b} \right) \times \left(\frac{T_b}{T_f} \right) \times \left(\frac{Z_b}{Z_f} \right)$$

(Equação 1.15)

na qual:

- V_f é a vazão nas condições operacionais na unidade de engenharia;
- P_f é a pressão *absoluta* nas condições operacionais na unidade de engenharia;
- P_b é a pressão de base contratual na mesma unidade de engenharia, usualmente 1 atm (101,325 kPa);
- T_b é a temperatura de base contratual na unidade de engenharia, usualmente 20 °C;
- T_f é a temperatura *absoluta* nas condições operacionais na mesma unidade de engenharia;
- Z_f é o fator de compressibilidade nas condições operacionais; e
- Z_b é o fator de compressibilidade nas condições de base.

Antes de se calcular o erro relativo, em se tratando de pressões e temperaturas absolutas, os erros de pressão manométrica e temperatura em °C devem ser convertidos para condições absolutas.

Se, por exemplo, o erro detectado na calibração em 30 °C for de 1 °C, há que se calcular 1 °C relativo à temperatura absoluta, K (Kelvin), e não relativo a °C. Ou seja: 1 °C relativo a 30 °C é 3,33%, mas 1 K = 1 °C relativo a 303,15 K é 0,33%.

Se, por exemplo, o erro detectado no objeto da calibração, o manômetro que mede a pressão manométrica em 500 kPa, for de 1 kPa, há que se calcular 1 kPa relativo à pressão absoluta e não à manométrica. Ou seja, em um local onde a pressão barométrica local é 90 kPa: 1 kPa relativo a 500 kPa é 0,20%, mas 1 kPa relativo a 590 kPa é 0,17%[13].

---

13 Quanto mais baixa for a pressão manométrica, maior será essa diferença.

E, além desses cuidados, tem-se de calcular também a influência desses erros em Z_f, por se tratar de grandeza correlacionada[14], isto é, Z_f é função de P_f e de T_f.

De forma similar ao paralelepípedo, é possível separar as influências de incrementos em cada uma das parcelas da equação de modo a obter-se o erro total em V_b por soma, ou seja:

$$\frac{dV_b}{V_b} = \frac{dV_f}{V_f} + \frac{dP_f}{P_f} - \frac{dP_b}{P_b} - \frac{dT_b}{T_b} + \frac{dT_f}{T_f} - \frac{dZ_b}{Z_b} + \frac{dZ_f}{Z_f} \qquad \text{(Equação 1.16)}$$

Note que erros nos denominadores P_b, T_b e Z_b da equação original terão influência inversa, isto é, se o erro for positivo, a influência será negativa e vice-versa.

Há sempre uma dúvida no cálculo de valores relativos sobre qual valor de referência adotar. Fundo de escala, valor nominal ou valor de leitura?

Nas malhas de transporte, as redundâncias nos pontos de entrega têm não só o objetivo de garantir as entregas apesar de falhas, como também manter estáveis as variáveis de processo. Para diminuir a complexidade de simulações termodinâmicas e atendimento pleno de continuidade operacional, as condições operacionais são mantidas o mais estáveis possível. As variáveis de pressão e temperatura utilizadas nas conversões da vazão para as condições de base do contrato se valem dessa estabilidade, permitindo-se considerar valores nominais de entrega. Dessa forma, os erros percentuais na faixa calibrada podem ser calculados considerando o valor nominal de entrega, ou seja, aquele obtido dividindo-se o erro absoluto pelo valor nominal de entrega. Assim, o erro percentual corresponde praticamente ao erro percentual do valor lido no ponto de maior interesse dentro da faixa de medição, o valor de entrega. Esse valor nominal deve ser adotado como valor de referência no cálculo dos erros detectados em outros pontos da faixa calibrada, mas no valor nominal esse erro é percentual de leitura. Esse procedimento garante que não haverá superestimativa ou subestimativa expressivas de erros percentuais[15].

Em outros sistemas de medição que não se valham da vantagem da estabilidade, pode ser adotada uma média dos limites superior e inferior do processo como valor de referência para o erro relativo. Vale lembrar que a escolha do

---

14 Em virtude dessa correlação, em teoria o termo de correlação deveria ser considerado. Na prática, esse termo é atenuador do erro resultante, porém, desprezível no escopo de aplicação. Mesmo assim, cabe esclarecer que a equação 1.16 é conservadora.

15 A explicação para a preocupação com erros percentuais, evidente nesse parágrafo, reside no fato de regulamentos e contratos de transporte por via de regra se basearem em limites de erros em termos percentuais em medição de vazão.

limite inferior ou superior do processo como valor de referência induz, respectivamente, a superestimativa ou subestimativa do erro relativo.

1.14.4   Incerteza de medição

A incerteza de medição de um processo é a combinação das incertezas de medição de todos os sistemas de medição que o compõem. Por sua vez, a incerteza de medição de um sistema de medição é a combinação das incertezas de medição de todos os componentes desse sistema.

Mesmo que trabalhando dentro dos limites contratuais, os gestores de medição devem continuar na busca de melhorias, para que o produto e os processos gerem resultados mais eficientes e confiáveis.

A incerteza de medição, do ponto de vista corporativo, deve ser encarada como grau de exposição ao risco de erro de medição. Se a incerteza de medição for grande, o risco de erro é elevado, ou seja, estarão sendo entregues volumes a mais ou a menos nos pontos de entrega. Se for pequena, pequenos volumes de produto estão diariamente "em jogo".

No desafio contínuo de redução de incertezas de medição, o grupo de medição analisa os sistemas em busca de erros ocultos, e que, uma vez corrigidos, permitirão uma redução dessa incerteza de medição. O erro pode ser favorável ou desfavorável ao cliente. Em nenhum dos casos a situação é confortável. Se for identificado que o cliente é favorecido, o grupo de medição terá de investir em homem-hora (hh) considerável para justificar e reaver para a empresa o ressarcimento desse erro. Se for identificado que o cliente é o prejudicado, a imagem do grupo de medição pode ficar desgastada.

Por esse motivo, a redução de incerteza de medição é bem-vista por todas as partes contratuais envolvidas. A redução de incerteza não necessariamente implica em economia direta, mas redução de problemas com o cliente ou melhoria de indicadores corporativos. Como soluções de problemas mobilizam estruturas empresariais, o investimento financeiro é necessário. Portanto, poder-se-á justificar investimentos em medição.

A incerteza de medição tem também um caráter intangível relacionado com a imagem de quem mede. Se for reconhecido pelas partes contratuais envolvidas que a organização faz medições confiáveis, muitas portas se abrem. Em caso contrário, haverá muito a trabalhar para a conquista dessa imagem e satisfação do cliente.

Cabe ao grupo de medição, a função metrológica, a otimização da incerteza de medição com custo compatível. Como pode ser visto na figura 1.18, a redução de incerteza de medição pode ser muito onerosa para a organização; principalmente quando se necessita investir em equipamentos de medição mais exatos.

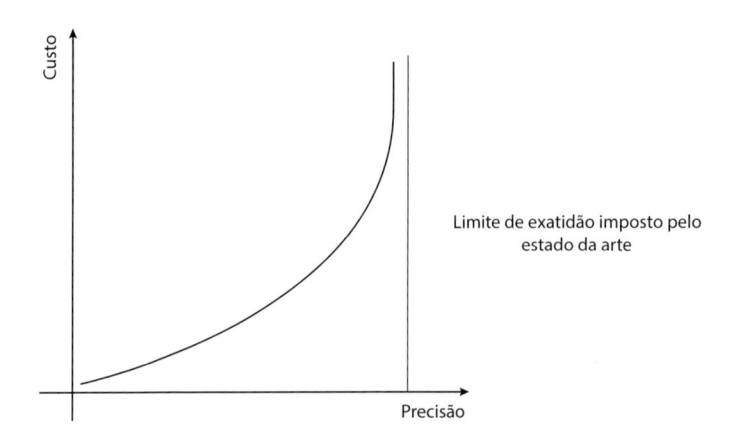

Figura 1.18 – Curva
exatidão x custo

Porém, essa é uma pequena parcela e talvez a última a se recorrer no vasto leque de melhorias possíveis na gestão de medição de uma empresa. Pequenos detalhes "baratos" podem implicar em melhorias substanciais dos níveis de incerteza de medição.

Conclui-se, portanto, que o grupo de medição exerce na empresa a função de gerenciamento de risco do erro de medição através de análise, ações e reduções das incertezas de medição, necessariamente nessa ordem.

Segundo a Portaria Conjunta ANP/INMETRO em sua versão de junho de 2013, a incerteza de medição de vazão deve ser monitorada dentro dos limites de 1,5% para medições fiscais e de transferência de custódia.

Na função de gerenciamento dos processos de medição, e considerando a incerteza de medição como uma ferramenta gerencial, alguns cuidados são recomendados. Na busca de redução da incerteza de medição, a evolução que se apresenta na figura 1.19 é indesejável e deve ser evitada.

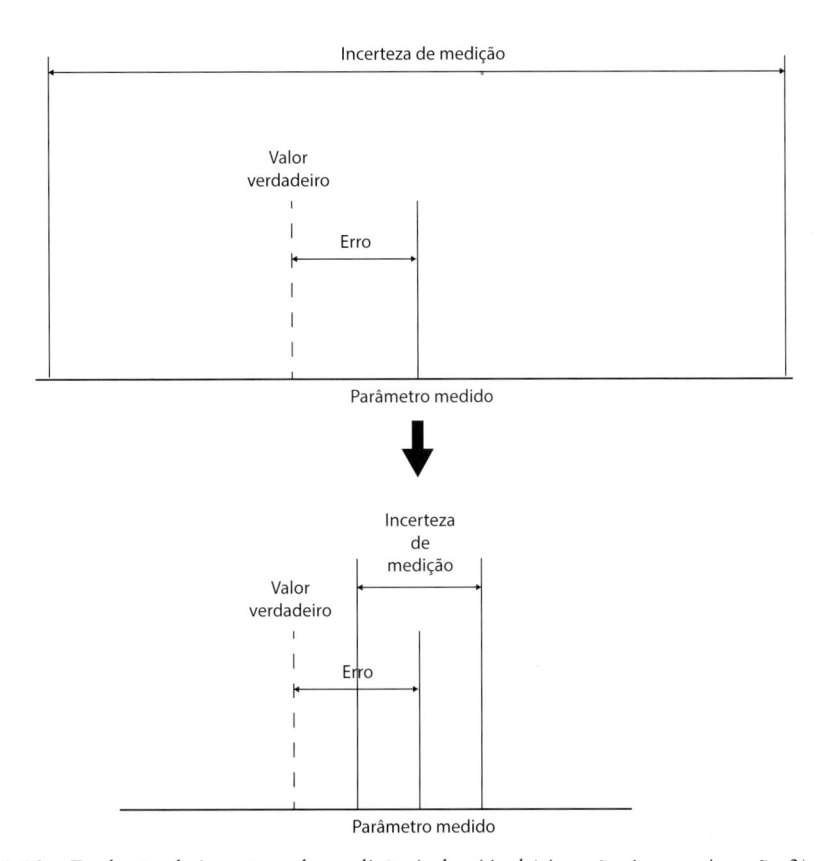

Figura 1.19 – Evolução de incerteza de medição indesejável (situação 1 para situação 2)

Suponha-se que a medição de um processo esteja na situação 1, na qual, por causa da grande incerteza de medição, a informação extraída desse processo não auxilia ou auxilia muito pouco a tomada de decisão. Se o investimento em redução de incerteza leva o processo para a situação 2, a medição realizada evoluirá de informação pobre para informação errada, levando a gestão à decisão errada, o que é catastrófico. Em outras palavras, incerteza de medição não pode ser reduzida "por decreto". Não se podem queimar etapas. A redução de incerteza de medição de um processo passa por: (1) análise criteriosa dos sistemas de medição, procedimentos de realização e comprovação metrológica desse processo; (2) acompanhamento de ações de implementação das modificações necessárias; e (3) reavaliação e formalização das incertezas de medição resultantes das modificações implementadas.

Segundo a ABNT NBR ISO 10012:2004, no seu item 7.3:

A incerteza de medição deve ser estimada para cada processo de medição abrangido pelo sistema de gestão de medição.

Estimativas da incerteza devem ser registradas. A análise das incertezas de medição deve ser completada antes da comprovação metrológica do equipamento de medição e da validação do processo de medição. Todas as fontes conhecidas da variabilidade de medição devem ser documentadas.

O primeiro passo, portanto, é analisar a incerteza de medição dos processos, já que só se pode melhorar o que se pode medir. Ainda na fase do projeto, os sistemas devem ser avaliados quanto à incerteza de medição esperada, tendo sempre em vista os requisitos metrológicos a serem atendidos.

Em todos os casos, recomenda-se que o esforço dedicado na determinação e registro de incerteza de medições seja compatível com a importância dos resultados de medição para a qualidade do produto da organização.

Para a malha de transporte, na qual grandezas que afetam a medição de vazão são conhecidas, recomenda-se considerar genericamente as seguintes influências:

Pressão (malha):
- Incerteza associada ao padrão de referência em UE (unidades de engenharia);
- Incerteza associada à resolução do padrão em UE;
- Incerteza associada à resolução do objeto em UE;
- Incerteza devido à deriva do padrão de referência entre calibrações em UE;
- Incerteza associada à curva de ajuste para um valor esperado do objeto em UE.

Pressão (transmissor):
- Incerteza associada ao padrão de referência em UE;
- Incerteza do padrão de leitura de corrente contínua, convertida para UE;
- Incerteza associada à resolução do indicador de pressão em UE;
- Incerteza associada à resolução do indicador de corrente convertida para UE;
- Incerteza associada à deriva do padrão em UE;
- Incerteza associada à deriva do indicador de corrente contínua em UE.

Pressão (cartão de leitura):
- Incerteza associada ao padrão de referência (corrente contínua) convertida para UE;
- Incerteza associada à resolução do padrão de referência (corrente contínua), convertida para UE;

- Incerteza associada à resolução do indicador de pressão em UE;
- Incerteza associada à deriva do padrão em UE.

Temperatura (malha):
- Incerteza associada ao padrão de referência em UE;
- Incerteza associada à resolução do padrão em UE;
- Incerteza associada à resolução do objeto em UE;
- Incerteza devido à deriva do padrão de referência entre calibrações em UE;
- Incerteza associada ao transdutor de temperatura em UE;
- Incerteza associada à estabilidade do meio termostático em UE;
- Incerteza associada à curva de ajuste para um valor esperado do objeto em UE.

Temperatura (sensor):
- Incerteza associada ao padrão de referência em UE;
- Incerteza associada à resolução do indicador do padrão em UE;
- Incerteza associada à resolução do mensurando em UE;
- Incerteza associada à estabilidade do meio termostático em UE;
- Incerteza associada à deriva do padrão de referência em UE.

Temperatura (cartão de leitura):
- Incerteza associada ao padrão de referência convertida para UE;
- Incerteza associada à resolução do padrão de referência (corrente contínua), convertida para UE;
- Incerteza associada à resolução do indicador de temperatura em UE;
- Incerteza associada à deriva do padrão em UE.

Para referência, ver as figuras 1.3 e 1.4.

Esta é uma relação genérica de influências para calibração da malha de medição completa e de seus componentes em separado, em campo, podendo haver variações ou inclusões de outros fatores conforme o caso específico, bem como inclusão de outros tipos de instrumento, como medidores de pressão diferencial. É possível que alguns componentes de incerteza sejam desprezíveis quando comparados com outros componentes, o que poderia tornar injustificável sua determinação detalhada sob aspectos técnicos ou econômicos. Dessa forma, recomenda-se que a decisão e a justificativa sejam registradas.

Alguns fabricantes mais criteriosos definem a deriva do instrumento ao longo do tempo em suas especificações técnicas. Essa deriva deve, conservadoramente, ser considerada como um componente da incerteza de medição realizada com aquele equipamento de medição. O fator deve ser determinado em função do tempo entre calibrações. Invariavelmente, quanto maior o tempo entre calibrações, maior será esse fator. Caso esse dado não seja fornecido, a medição da deriva pode ser obtida pela evolução do erro declarado no certificado entre calibrações.

A calibração do medidor primário pode ser realizada em campo, desde que o projeto inclua a instalação ou a possibilidade de instalação de referências em campo. A referência pode ser um provador de volume certificado ou até mesmo um medidor primário de princípio idêntico ao instalado. Esse recurso é mais comum em plataformas *off shore*, nas quais o transporte de medidores de vazão para um laboratório em terra pode ser uma tarefa delicada e de alto risco para a exatidão ou confiabilidade do medidor.

A incerteza de calibração proveniente da calibração do medidor primário deve compor o cálculo da incerteza de medição do tramo. A incerteza de medição do medidor é usualmente expressa em valor absoluto ou relativo, associada respectivamente ao (1) fator do medidor; ou ao (2) percentual do valor indicado.

Segundo o relatório AGA#7 aplicado a turbinas de medição, deve ser considerada uma penalidade na incerteza de medição de medidores que em seu projeto façam uso do recurso *top-entry*. Esse recurso é uma facilidade operacional que permite a retirada do módulo de medição sem a necessidade de se remover a carcaça do medidor, que, por ser montada entre os flanges do trecho reto, não transmite para o módulo as tensões de montagem comuns em instalações desse tipo. Em contrapartida, testes experimentais puderam comprovar que a simples retirada e reposição do mesmo módulo não garante um posicionamento do medidor em relação ao fluxo idêntico ao anterior à retirada. Como essa interferência é aleatória, foram constatados desvios da ordem de 0,35% de dispersão em torno da média.

Deve ser considerada também uma penalidade relativa à diferença entre as condições operacionais do medidor e aqueles presentes durante a calibração, caso existam. Ela deve ser tão grande quanto a sensibilidade do medidor em condições de funcionamento. As condições mais críticas que têm influência sobre o desempenho do medidor são a pressão ou a densidade do fluido. Ambas as características afetam o número de *Reynolds*[16] do fluxo. Dessa forma, curvas de erro de medidores em condições operacionais diversas podem ter variações significativas. Caso não se tenha informação experimental para emba-

---

16 Características de escoamento do fluido em dutos são determinadas pela relação adimensional $\rho v D/\mu$ na qual ρ é a massa específica; v é a velocidade média; μ é a viscosidade dinâmica do fluido; e D é o diâmetro do duto.

samento de um valor, o gestor deve ser conservador nas penalidades relativas a essas diferenças.

Em malhas de transporte é mais comum que o medidor seja removido e substituído durante a calibração externa. Nesse caso, é recomendado que se projete uma embalagem de transporte adequada à proteção do medidor em longos trajetos por estradas.

No momento da substituição, a redundância, que serve normalmente de medição alternativa em caso de falha, serve também para evitar a indisponibilidade de medição durante as trocas. No transporte de gás, a redundância serve para comparação de medidores, desde que a possibilidade de alinhamento em série seja prevista em projeto. A configuração apresentada na figura 1.20 é útil para compor a comprovação metrológica de medidores tipo turbina, atendendo a uma recomendação da norma de referência.

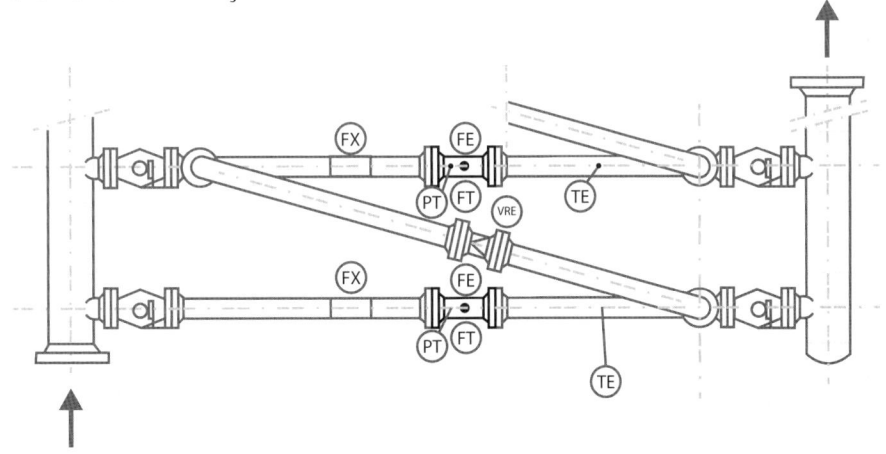

Figura 1.20 – Alinhamento em série de medidores de vazão

O critério de aprovação deve levar em conta o nível da diferença entre os medidores, apurado pela equação 1.17:

$$\frac{V_2 \times \left(\dfrac{P_2}{P_1} \times \dfrac{T_1}{T_2} \times \dfrac{Z_1}{Z_2}\right) - V_1}{V_1} \times 100 \qquad \text{(Equação 1.17)}$$

na qual:

- V é o volume operacional;
- P é a pressão absoluta;
- T é a temperatura absoluta;
- Z é o fator de compressibilidade;
- 1 é o índice da turbina de referência; e
- 2 é o índice da turbina operacional em teste.

Note-se que a equação 1.17 é a mesma que é utilizada para apuração do erro na calibração dos medidores de gás tipo turbina ou ultrassônico. Em virtude principalmente de não ser possível controlar condições ambientais nem a vazão durante o teste, não se pode atribuir ao resultado do teste de comparação nada além do que a diferença entre dois medidores. Considere-se, portanto, que essa diferença é mais uma informação em campo para a decisão se o instrumento pode continuar ou não instalado até a próxima calibração em laboratório, onde o erro é apurado sob condições controladas.

Recomenda-se que os critérios de aprovação no teste de comparação sejam conservadores, de modo a prevenir que medidores não confiáveis continuem em operação ou disponíveis para operação.

Entre os princípios de medição disponíveis, a placa de orifício é aquele que reúne a maior quantidade de dados experimentais. A norma construtiva estabelece, portanto, uma instalação ideal com uma incerteza de medição mínima, penalizando-a com fundamento experimental, à medida que se afasta da condição de instalação ideal.

Outras tecnologias mais recentes, como ultrassônicos e turbinas, não têm a mesma quantidade de informações experimentais, o que dá a falsa impressão de que esses princípios são menos sensíveis a desvios de instalação.

O *Handbook for uncertainty calculations* [18] é um manual encomendado pelo Estado norueguês para orientação em auditorias de sistemas nacionais de medição de petróleo e gás. Esse documento tem por objetivo apurar incertezas globais de estações de medição e sugere como orientação prática um procedimento de penalidades com base nas seguintes regras, válidas para a medição de gases por medidores tipo turbina e ultrassônicos:

u(*config*) – Acréscimo de 0,15% na combinação da incerteza de medição total do sistema para cada desvio encontrado na configuração e/ou instalação do sistema, como trechos retos insuficientes, forma ou posicionamento dos retificadores ou condicionadores de fluxo, posicionamento ou profundidade de imersão do poço termométrico etc.

u(*field*) – Acréscimo de 0,15% na combinação da incerteza de medição total do sistema devido a efeitos de deterioração associados às características da instalação, no que se refere ao tempo de operação e à integridade dimensional dos trechos de medição, como circularidade, deformações, rugosidade, incrustações, deformações no perfil de velocidade etc.

Considerando-se, portanto, todas as contribuições mencionadas neste capítulo, a incerteza de medição total do sistema de medição de vazão é calculada pela equação 1.18:

$$u(Q_b) = \sqrt{\begin{array}{l} \left(\dfrac{\partial Q_b}{\partial MF} \cdot u(MF)\right)^2 + \left(\dfrac{\partial Q_b}{\partial Q_f} \cdot u(Q_f)\right)^2 + \left(\dfrac{\partial Q_b}{\partial P_f} \cdot u(P_f)\right)^2 + \\[3mm] \left(\dfrac{\partial Q_b}{\partial P_b} \cdot u(P_b)\right)^2 + \left(\dfrac{\partial Q_b}{\partial T_b} \cdot u(T_b)\right)^2 + \left(\dfrac{\partial Q_b}{\partial T_f} \cdot u(T_f)\right)^2 \\[3mm] + \left(\dfrac{\partial Q_b}{\partial Z_b} \cdot u(Z_b)\right)^2 + \left(\dfrac{\partial Q_b}{\partial Z_f} \cdot u(Z_f)\right)^2 + \left(u(config)\right)^2 + \left(u(field)\right)^2 \end{array}}$$

(Equação 1.18)

na qual:
- $u(MF)$ é a incerteza de medição associada ao fator do medidor;
- $u(Q_f)$ é a incerteza de medição associada à vazão operacional;
- $u(P_f)$ é a incerteza de medição associada à pressão operacional;
- $u(P_b)$ é a incerteza de medição associada à pressão de base;
- $u(T_b)$ é a incerteza de medição associada à temperatura de base;
- $u(T_f)$ é a incerteza de medição associada à temperatura operacional;
- $u(Z_b)$ é a incerteza de medição associada ao fator de compressibilidade de base;
- $u(Z_f)$ é a incerteza de medição associada à vazão operacional.

Os componentes, pressão e temperatura de base são dados do contrato e, portanto, podem ser considerados constantes, sem incerteza de medição associada.

Na determinação da incerteza de medição dos fatores de compressibilidade Z_b e Z_f, deve ser considerada a incerteza de medição associada ao algoritmo de cálculo prevista em norma [AGA#8] e a incerteza associada à cromatografia para determinação da composição do gás. Diferentemente de Z_b, que é função da pressão e temperatura de base, constantes, na composição da incerteza de medição de Z_f devem ser consideradas as incertezas de medição da pressão e temperatura operacionais.

Com a composição dos fatores de influência apresentados até aqui, da medição primária, secundária e de instalação, é possível avaliar a incerteza de medição de um trecho reto de medição de vazão baseado nos princípios de medição usuais em diversas aplicações. Duas últimas influências serão vistas a seguir.

1.14.5   Medição em derivações múltiplas

De modo a alcançar a redundância, a capacidade e a faixa operacional requeridas nos projetos de medição de vazão, projetistas lançam mão da arquitetura de trechos retos em paralelo, como pode ser visto na figura 1.21. Esse recurso dá ao projeto a flexibilidade para medições de grandes volumes, garantindo também boa exatidão em pequenas vazões.

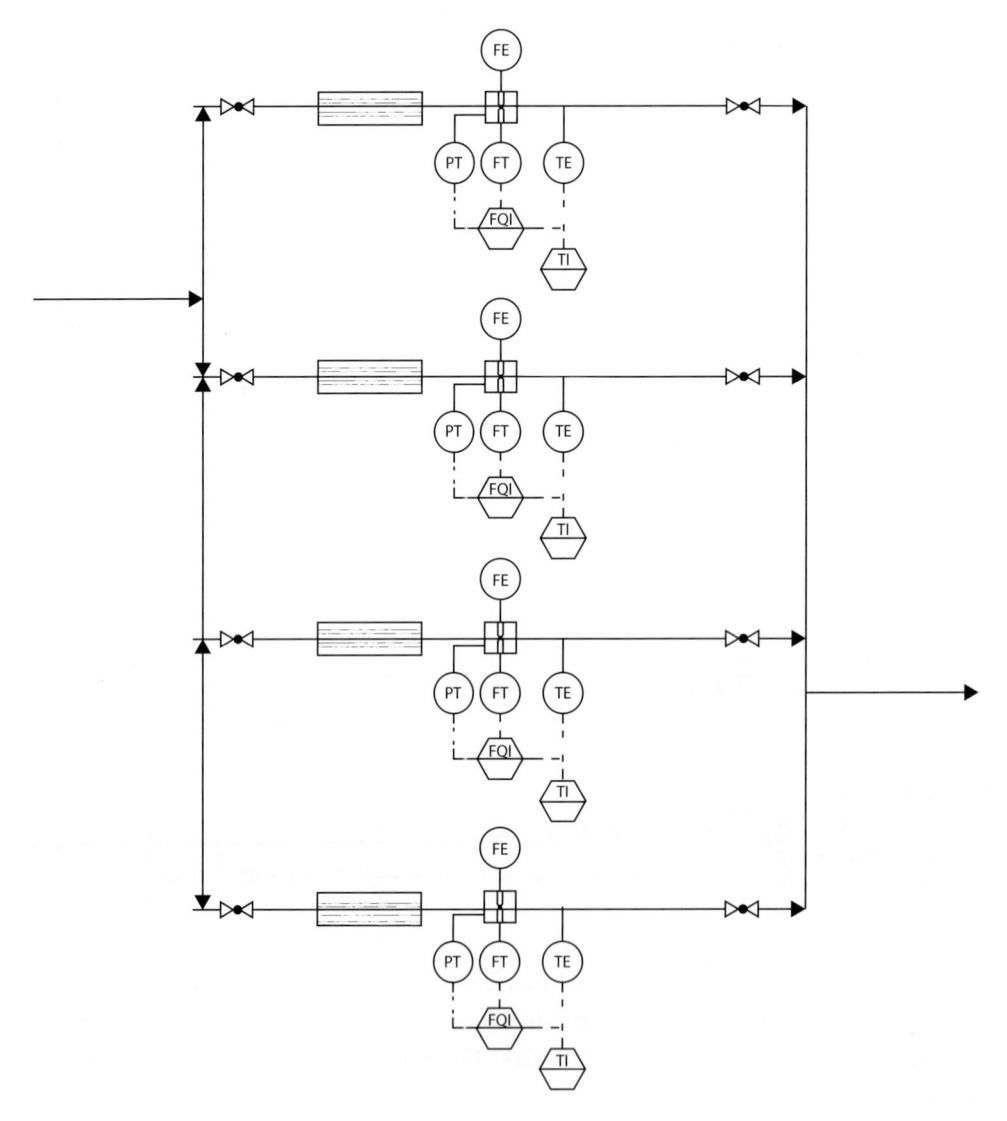

Figura 1.21 – Medição em derivações múltiplas

Assumindo-se que "n" tramos estão operando simultaneamente, que suas incertezas de medição relativas são iguais a "±u%" e que as vazões são próximas ($V1 \cong V2 \cong V3 \cong V4$), pode-se considerar que a incerteza de medição total do alinhamento é de acordo com a relação da equação 1.19.

$$U_P = \pm \frac{u\%}{\sqrt{n}}$$

(Equação 1.19)

Computadores de vazão

Os computadores de vazão são dispositivos de conversão dos volumes medidos para as condições de base do contrato. Esses dispositivos recebem os sinais de composição do fluido, vazão operacional, pressão e temperatura do campo, digitalizam esses sinais e, com algoritmos específicos (para gás, equação 1.14), calculam:

- vazão instantânea;
- totalizações por tempo (por integração da vazão instantânea no tempo);
- energia transportada (multiplicando-se pelo poder calorífico do fluido).

Esses cálculos são realizados em rotinas programadas no processador desse dispositivo, que por sua vez são compostas de algoritmos de cálculo. Esses algoritmos estão sujeitos a erro. Testes podem ser realizados para determinação do erro em diversas situações de medição instantânea e de totalização, resultando em uma matriz de resultados tal como apresentado na tabela 1.1. No exemplo a seguir foram escolhidas 3 temperaturas e 3 pressões relativas aos limites operacionais de operação:

Tabela 1.1 – Exemplo de matriz de resultados									
	Q não-corr		Presão [kPa]			Desvio [%]			
	50,4 Mm³/dia		PN-500	PN	PN+500				
Medida instantânea da vazão nas condições de base (erro máx. 0,8%)	10°C	calc	2634,213	2971,944	3319,763	-0,001	0,000	-0,002	☑APROVADO ☐ REPROVADO
		med	2634,180	2971,940	3319,682				
	20°C	calc	2500,751	2814,559	3136,221	-0,001	-0,002	-0,003	
		med	2500,717	2814,597	3136,125				
	30°C	calc	2383,341	2677,346	2977,332	-0,001	-0,002	-0,004	
		med	2383,313	2677,287	2977,225				

De forma conservadora, pode-se considerar o pior erro como incerteza do algoritmo.

Segundo as normas da Organização Internacional de Metrologia Legal (OIML), são estabelecidos limites máximos de erro para cada uma das funções do CV apresentados na tabela 1.2.

Tabela 1.2 – Limites de erro do CV segundo a OIML	
Erro máximo admissível	**Classe de exatidão "A"**
Entrada de pulsos	0,05%
Medida de volume nas cond. de fluxo	0,10%
Medida de volume nas cond. de base	0,80%
Poder calorífico	1%

No exemplo anterior, o critério de aprovação foi 0,80%, já que os resultados são volumes nas condições de base.

Assim como os demais componentes dos sistemas de medição fiscal e de transferência de custódia, os computadores de vazão necessitam de aprovação de modelo. É recomendado que se realizem verificações iniciais e periódicas para compor a comprovação metrológica.

1.14.6 Outros conceitos importantes

Ao longo deste item 1.14, foram citados alguns termos que devem ser fundamentados para o melhor entendimento da Metrologia e são correlacionados especificamente com erro e incerteza de medição. Conforme foi orientado no início deste capítulo, todos esses conceitos, inclusive erro e incerteza de medição, estão explicitados no VIM, documento de leitura obrigatória para a interpretação deste livro.

a) Algarismo significativo

Um algarismo significativo em um número é o dígito que pode ser considerado confiável como resultado de um cálculo ou uma medição, expressando o resultado de forma consistente e com a precisão ou exatidão requeridas.

Qualquer dígito entre 1 (um) e 9 (nove) e o dígito 0 (zero) que não anteceda o primeiro dígito e não suceda o último dígito não nulo é um algarismo significativo. Assim sendo, o dígito zero nem sempre é algarismo significativo, já que ele pode ser usado como parte significativa da medição ou ser usado somente para posicionar o ponto decimal.

Para eliminar ou diminuir as ambiguidades associadas ao dígito zero, escrevemos o número em notação científica, que consiste em um número de 1 a 9 seguido de uma potência de dez conveniente.

Para qualquer número associado à medição de uma grandeza, os algarismos significativos devem indicar a qualidade da medição ou do cálculo sendo apresentado. Os dados e os resultados dos cálculos devem ser apresentados com um número correto de algarismos significativos para evitar dar uma impressão errada de sua exatidão.

Todos os números associados à medição de uma grandeza física devem ter os algarismos significativos correspondentes à precisão do instrumento de medição.

Muitas vezes, para se ter medições mais precisas, com um maior número de algarismos significativos, é necessário utilizar um instrumento com uma maior precisão.

Na realização de operações matemáticas, cada parcela do cálculo é fornecida com um determinado número de algarismos significativos, e o resultado final deve ser expresso com o número correto de algarismos significativos, o qual deve ser igual ao menor número de algarismos significativos de alguma parcela.

Para se expressar corretamente o resultado de uma medição ou cálculo com uma incerteza estimada, o último algarismo significativo em qualquer expressão do resultado deve ser da mesma ordem de grandeza (mesma posição decimal) que a incerteza. Dessa forma, a incerteza de medição apresentará sempre um ou, no máximo, dois algarismos significativos [4].

b)   Arredondamento

Para o processo de arredondamento, as regras usuais de arredondamento de números devem ser utilizadas. Para mais detalhes sobre arredondamento, veja a norma ABNT NBR 5891 – Regras de arredondamento na numeração digital.

c)   Precisão

A precisão costuma ser um parâmetro utilizado por fabricantes de instrumentos de medição, tendo abrangência de um lote definido, como modelo ou versão. A precisão pode ser expressa em porcentagem da escala inteira (f.e. – fundo de escala) ou em porcentagem do valor lido na escala do instrumento. Portanto, a precisão representa a tolerância de erro de medição para aquele lote. Como pode ser visto na figura 1.22, quando expressa em porcentagem da escala, a precisão é absoluta. Exemplo: Uma escala de 0 a 200 m³/h com precisão de ±1% do valor lido ou indicado (v.i.) significa que, quando a indicação for 50 m³/h, a tolerância é ±1% de 50 m³/h ou ± 0,5 m³/h.

A precisão é obviamente melhor que a precisão de ±1% do f.e. Somente quando a indicação do instrumento é o próprio valor máximo da escala, a tolerância do erro é a mesma, segundo ambos os critérios [19].

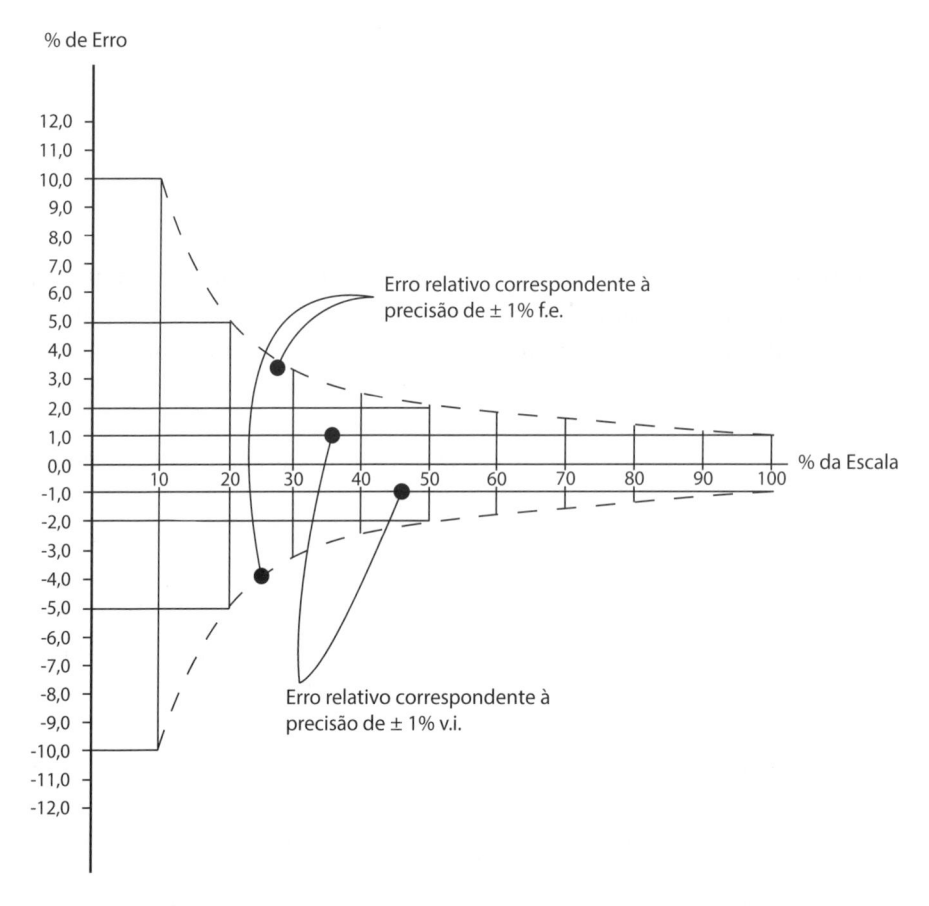

Figura 1.22 – Comparação entre precisão referida ao fundo de escala e à leitura
Fonte: Referência [19]

As definições de erros de instrumentos em calibrações devem seguir as mesmas orientações do fabricante para conversão desses erros para expressões percentuais. Isso significa que, se o fornecedor define a precisão em % do fundo de escala, o erro absoluto deve ser dividido pelo fundo de escala, ao passo que, se o fabricante especifica a precisão como percentual do valor lido, o erro percentual do instrumento deve ser tratado pontualmente.

d)   Rastreabilidade

Segundo o VIM 2012, rastreabilidade é a propriedade de um resultado de medição pela qual esse resultado pode ser relacionado a uma referência por meio de uma cadeia ininterrupta e documentada de calibrações, cada uma contribuindo para a incerteza de medição.

Para a ABNT NBR ISO 10012:2004, a gestão implementada

[...] deve assegurar que todos os resultados de medição sejam rastreáveis às unidades padrões do Sistema Internacional (SI). Rastreabilidade de medições às unidades do SI deve ser alcançada por referência a um padrão primário apropriado ou por referência a uma constante natural, cujo valor em termos de unidades SI pertinentes é conhecido e recomendado pela Conferência Geral de Pesos e Medidas e pelo Comitê Internacional de Pesos e Medidas.

Para as grandezas principais envolvidas na operação de uma malha de transporte, como vazão, pressão, temperatura e fração molar, a rastreabilidade metrológica pode ser obtida de acordo com o fluxograma da figura 1.23, no qual:

- Padrões metrológicos portáteis de pressão e temperatura são rastreados externamente na RBC.
- Padrões metrológicos de fração molar são materiais de referência certificados, gases padrão que, acondicionados em cilindros, levam a rastreabilidade metrológica para os cromatógrafos.
- A grandeza volume é rastreada por medição de vazão. Os medidores de vazão podem ser calibrados por provadores, os quais devem ter periodicamente certificadas suas propriedades ou padrões itinerantes, como são os casos de pressão e temperatura. Especificamente no diagrama, a rastreabilidade metrológica de volume é obtida calibrando-se diretamente os medidores em laboratórios externos.

Dada a atual indisponibilidade de calibração nacional nas condições reais de operação, deve-se considerar a alternativa de calibração no exterior na obtenção de rastreabilidade metrológica de medidores de vazão.

As demais grandezas, corrente contínua e resistência, devem ser metrologicamente rastreadas também pela rede nacional de calibração.

A título de exemplo, a figura 1.23 representa um diagrama de uma possível cadeia de rastreabilidade metrológica de uma malha de transporte de gás. Nesse esquema está representada uma hierarquia em três níveis. Um quarto e um quinto níveis poderiam ser representados acima dos laboratórios, simbolizando o INMETRO, que detém os padrões nacionais das grandezas, e o BIPM, que detém os padrões internacionais.

As setas indicam a direção da disseminação da rastreabilidade. Na caixa de "Equipamentos de calibração", a seta que retroage representa a calibração de equipamentos de referência utilizados em processos menos críticos que o de transferência de custódia. Eles poderiam ser representados por um outro nível hierárquico. Esses equipamentos têm como padrões os equipamentos calibrados externamente.

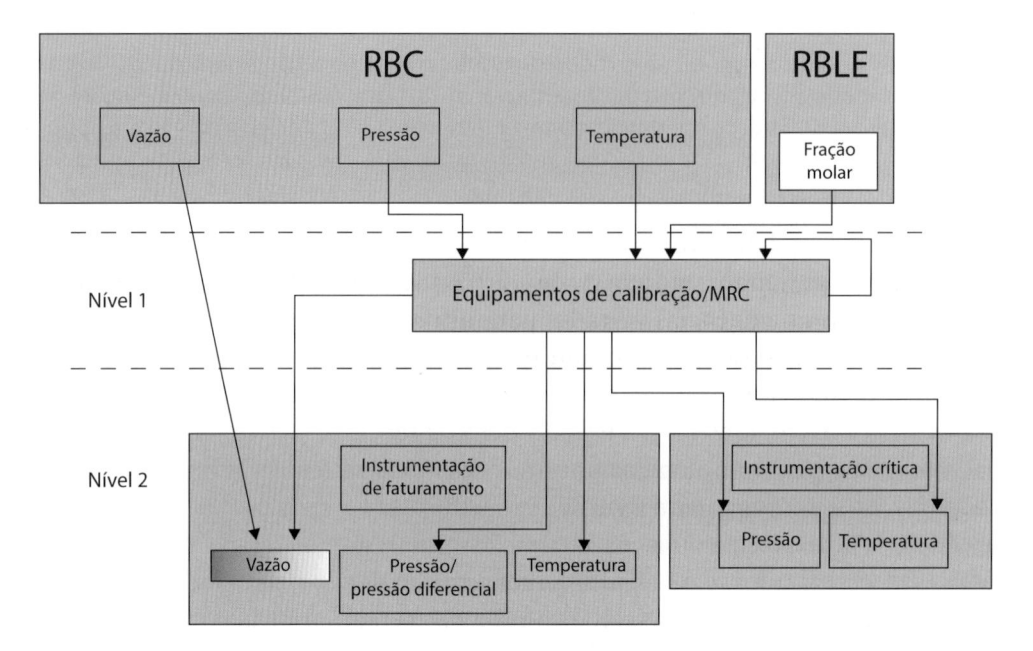

Figura 1.23 – Exemplo de cadeia de rastreabilidade metrológica

A rastreabilidade metrológica deve ser demonstrada por evidências. A principal evidência é a citação dos padrões utilizados nos certificados de calibração. A citação deve vir acompanhada da última calibração e incerteza de medição. A demonstração de rastreabilidade a um dos laboratórios da RBC é suficiente, já que estes são acreditados pelo INMETRO/CGCRE segundo em norma ABNT NBR ISO/IEC 17025. Caso a rastreabilidade metrológica seja a um laboratório no exterior, este deve fazer parte do Acordo de Reconhecimento Mútuo (*Mutual Recognition Agreement – MRA*) coordenado pelo CIPM (Comitê Internacional de Pesos e Medidas).

1.15 Estrutura de um laboratório de calibração – definição dos padrões (NBR ISO/IEC 17025)

O grupo de medição deve ter conhecimentos para a designação de um laboratório de prestação de serviços de calibração. Como apresentado anteriormente, os requisitos para contratação de um laboratório adequado vão além dos requisitos normais de fornecedores da empresa. Um dos requisitos é a rastreabilidade metrológica. A norma ABNT NBR ISO 10012:2004 preconiza que a

Rastreabilidade é usualmente alcançada através de laboratórios de calibração confiáveis tendo sua própria rastreabilidade aos padrões nacionais de medição. Por exemplo, um laboratório que atenda aos requisitos da ABNT NBR ISO/IEC 17025 poderia ser considerado confiável.

De fato, um laboratório acreditado pelo INMETRO/CGCRE é auditado frequentemente, tendo a norma ABNT NBR ISO/IEC 17025 como referência. Além de todas as exigências voltadas para informações constantes no certificado, um laboratório deve manter um programa formal de treinamento de seus técnicos, manter um arquivo de certificados por cinco anos e ter condições ambientais controladas para a execução dos serviços.

Os laboratórios podem realizar serviços externos e ser acreditados para esses serviços também. O serviço pode ser prestado fazendo-se uso de laboratório volante, contêineres condicionados ou equipamentos que possam ir diretamente ao campo. Estes últimos devem ser menos sensíveis a condições extremas de manuseio e a condições ambientais adversas presentes no campo. As influências de condições ambientais devem ser conhecidas e quantificadas para que possam ser consideradas na estimativa de incertezas de medição.

1.16 Exemplos de certificados de calibração no universo da medição de gás

No anexo 2, são apresentados alguns exemplos dos certificados de calibração.

1.16.1 Pressão

Consultar o anexo 2.1.

1.16.2 Temperatura

Consultar o anexo 2.2.

1.16.3 Vazão

Como foi argumentado anteriormente, quando na planta de processo se tem provador ou um sistema de comparação com um medidor de referência, as calibrações de vazão dos equipamentos operacionais podem ser realizadas *in situ*, sem a necessidade de se retirá-lo para calibração externa. Os certificados de calibração de medidores de vazão realizados por terceira parte não podem, por questões autorais, ser divulgados.

Alguns pontos do que consta na apresentação do certificado devem ser discutidos com o laboratório que faz o serviço, para atendimento a questões contratuais ou regulatórias. Entre eles se podem citar: unidades, forma de apresentação do erro (absoluto, relativo à leitura, relativo ao fundo de escala) e pontos a serem calibrados.

2

Medição na indústria de GN e GNL

2.1 Conceitos básicos relativos à medição e à qualidade

A estruturação deste livro leva em consideração a seguinte definição de malha de transporte de GN: no Brasil, a malha de gasodutos é uma rede em alta pressão, tipicamente entre 58 kgf/cm² (5688 kPa) e 100 kgf/cm² (9807 kPa), incluindo-se todas as estações de gás, como estações intermediárias de válvulas, estações de compressão, PR e PE, que constituem a infraestrutura de transporte de GN de uma Cia., que pode ser ou não integrada. Geralmente, essa malha inicia-se em um ponto de recebimento na produção ou importação e finaliza em um ponto de entrega para uma Cia. de distribuição.

2.1.1 Importância da medição

Por que é importante medir?

Porque só assim é possível determinar a quantidade ou volume de gás natural transportado, movimentado ou comercializado, e efetuar a contabilização ou balanço (internamente na Cia.), o pagamento (no caso de compra) ou o faturamento (no caso de venda)[1].

2.1.2 Importância da medição correta

É importante medir certo, porque os erros em medições de volume ou em cálculos do poder calorífico do gás natural podem custar centenas de milhões de reais por ano nas transações (fiscais) de compra e venda de grandes volumes.

Um sistema de medição deve considerar os efeitos da variação da pressão, temperatura e da composição do GN.

Se considerarmos um total de 100 milhões de m³/dia de GN comercializado na malha de transporte do Brasil, então, hipoteticamente, para cada 1% de incerteza na medição, deixa-se de operar uma usina termelétrica (UTE) de médio porte por dia e, por conseguinte, não se recebe pela venda do GN e/ou venda dessa energia.

---

1 O volume total citado refere-se ao volume totalizado e medido para atendimento aos consumidores. Conforme definido no capítulo 1, em uma malha de transporte temos as seguintes terminologias: GNC = gás recebido – gás entregue – gás consumido – perda – diferença de estoque = gás não contabilizado.

2.1.3 Importância da determinação da qualidade do gás natural

É importante determinar a qualidade do gás natural, pois através desse processo é possível conhecer a composição do gás natural na forma quantitativa de cada uma de suas partes componentes e, daí, calcular os índices que traduzem a massa específica, a densidade, o poder calorífico superior (PCS) ou Energia e o índice de *Wobbe* (IW).

Podemos afirmar que o **Poder Calorífico** equivale à **Qualidade**.

O IW é utilizado para determinar as características técnicas dos equipamentos e a sua regulagem em face do suprimento do gás que os alimentará, seja o GN, gás liquefeito de petróleo (GLP) ou GN obtido do GNL, o qual aparece em geral definido nas especificações dos fornecedores de gases combustíveis e nas características dos equipamentos que os utilizam. O cálculo do IW é definido no item 4.6.4 do capítulo 4, e os seus limites são definidos de acordo com a Resolução n° 16/2008 da ANP.

O IW é usado para comparar a energia produzida pela combustão de diferentes gases em um determinado equipamento (queimador de um fogão, aquecedor, caldeira etc.). Se dois gases combustíveis tiverem valor do IW idêntico, então, para uma dada pressão e vazão de alimentação, a energia térmica liberada será a mesma.

Tipicamente há variações de até 5%, já que elas não alteram de forma sensível o rendimento do equipamento. O IW é um fator crítico na análise da substituição de um gás por outro e na seleção de equipamentos para utilizar um determinado gás.

2.1.4 Sistema básico de medição

A medição é um conjunto de operações, em uma sequência lógica, com o objetivo de determinar o valor de uma grandeza (ver figura 2.1). Essas operações são executadas pelos instrumentos de medição, que são dispositivos utilizados para expressar numericamente quantidades de uma grandeza, seja de forma isolada ou em conjunto com outros dispositivos complementares.

Um sistema de medição pode ser visto como um conjunto completo de instrumentos de medição e outros equipamentos associados para executar uma determinada medição, consistindo dos elementos básicos relacionados a seguir.

2.1.4.1 Elemento sensor

É o elemento de interface do instrumento com o processo, sendo diretamente afetado pela quantidade medida, detectando a variável e gerando um sinal proporcional a ela, convertendo a entrada desejada para uma forma mais conveniente e prática de ser manipulada pelo sistema de medição.

2.1.4.2 Elemento condicionador de sinal

É o elemento que manipula e processa a saída do sensor de uma forma conveniente, convertendo o sinal de saída do sensor em outro sinal mais adequado em forma e amplitude, cujas principais funções são amplificar, filtrar, integrar e converter os sinais quando necessário.

2.1.4.3 Elemento de apresentação do dado

É o elemento de interface do instrumento com o operador do processo, fornecendo a informação da variável medida na forma quantitativa.

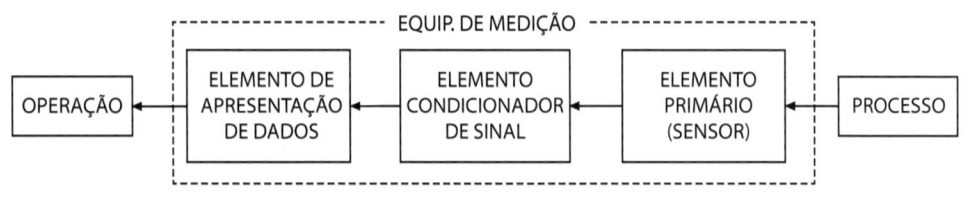

Figura 2.1 – Diagrama em blocos de um sistema de medição típico

2.1.5 Características de desempenho dos instrumentos de medição

As características de desempenho dos instrumentos de medição são importantes, pois elas constituem a base para a escolha do instrumento mais apropriado para a aplicação específica.

Alguns dos termos mais utilizados para descrever as características de um instrumento de medição são listados a seguir.

2.1.5.1 Faixa de medição ou intervalo de indicações

É a faixa de operação em que um instrumento de medição é capaz de responder adequadamente.

2.1.5.2 Condições limite ou extremas

São as condições extremas de funcionamento, nas quais um instrumento de medição resiste sem danos e degradação das características metrológicas específicas.

2.1.5.3   Tempo de resposta

É o intervalo de tempo entre o instante em que uma entrada é submetida a uma variação brusca e o instante em que a resposta atinge e permanece dentro dos limites especificados em torno do seu valor final estável.

2.1.5.4   Sensibilidade

É a razão entre a variação da saída (resposta) de um instrumento de medição e a correspondente variação da entrada (estímulo).

2.1.5.5   Estabilidade

É a aptidão de um instrumento de medição em conservar constantes suas características metrológicas ao longo do tempo.

2.1.5.6   Resolução

É a menor diferença entre indicações de um dispositivo mostrador que pode ser percebida significativamente.

2.1.5.7   Exatidão

É o grau de concordância entre o resultado de uma medição e o valor verdadeiro do mensurando.

2.1.5.8   Precisão

É o grau de concordância entre os resultados de medições sucessivas do mesmo mensurando feitas sob as mesmas condições de medição, representando o grau de dispersão das várias medidas repetidas feitas de um mesmo valor do mensurando.

2.1.5.9   Reprodutibilidade

É o grau de concordância entre os resultados das medições de um mesmo mensurando efetuadas sob condições variadas de medição[2].

---

2 As definições das terminologias acima são aquelas adotadas pelo autor. Para outras definições consultar o VIM.

2.2 Balanços de oferta e demanda

Formas de expressar os quantitativos relativos à produção interna ou importação de GN e GNL por regiões, denominados Oferta, bem como dos consumos de GN por segmentos, denominados Demanda, podem ser visualizadas nas figuras 2.2 e 2.3.

Observar que esses valores estão considerando um valor de referência para o PCS = 9400 kcal/m³, valor praticado no Brasil nas transações comerciais de GN.

2.2.1 Balanços de oferta e demanda de gás natural e gás natural liquefeito na malha do Brasil

Veja na figura 2.2 o balanço de oferta e demanda de GN e GNL por macrossegmentos na malha do Brasil.

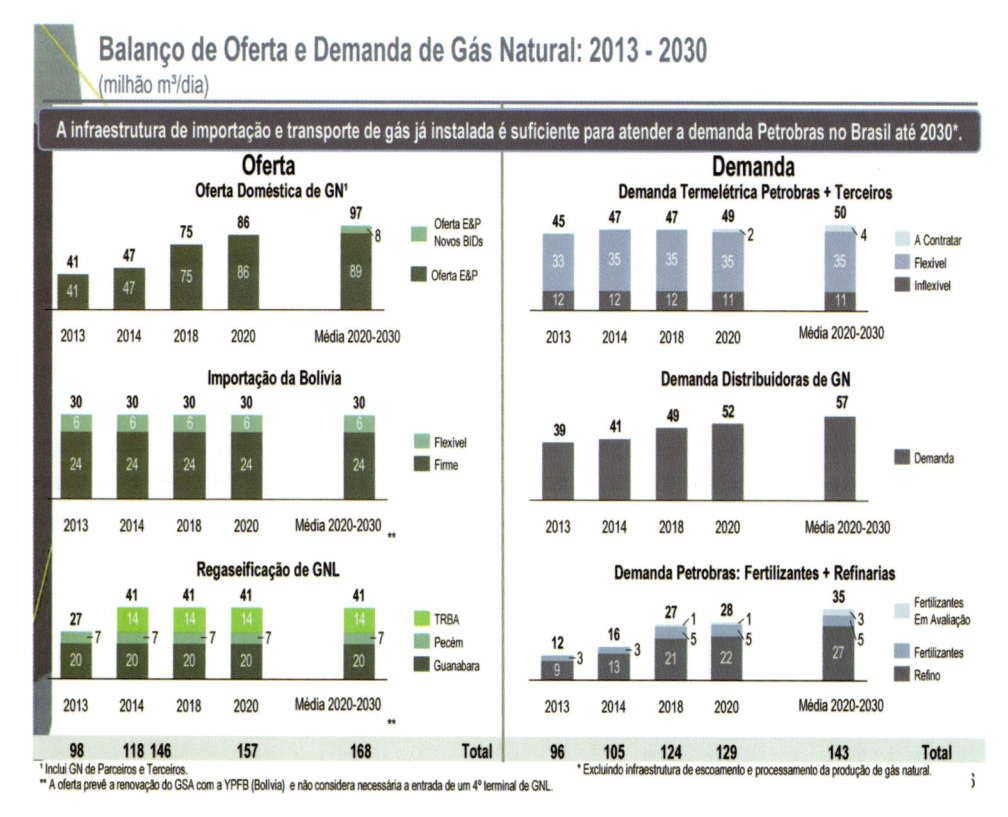

Figura 2.2 – Quadro indicativo de oferta e demanda – Expectativa 2013-2030
Fonte: PETROBRAS

2.2.2   Balanços de medição de gás natural e gás natural liquefeito no Brasil

A figura 2.3 ilustra o balanço de medição de GN e GNL no Brasil, indicando e explicitando os valores totais de produção, importação, consumos e venda desses produtos nos diferentes setores da economia brasileira.

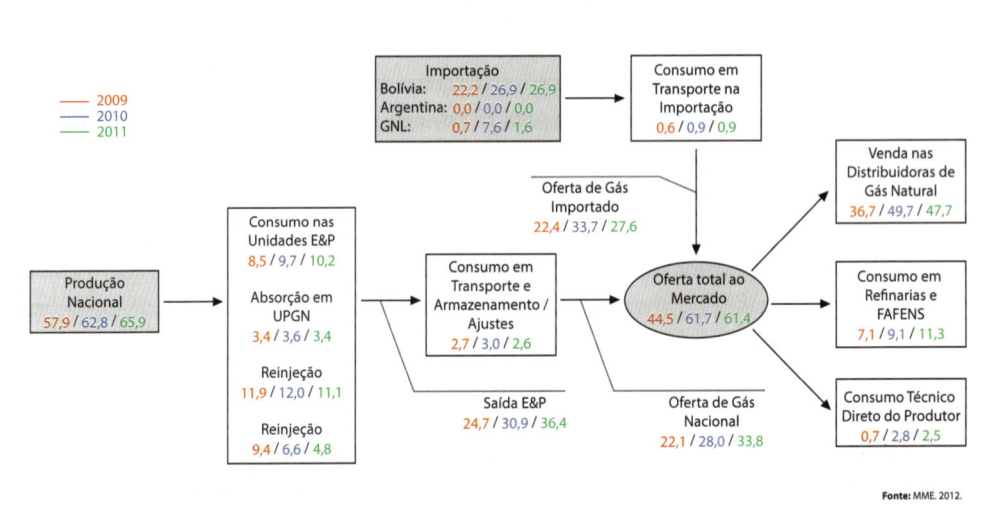

Figura 2.3 – Diagrama de blocos do balanço entre a produção, a importação e o consumo de GN na malha do Brasil

2.3   Portarias ANP e INMETRO

2.3.1   Histórico

A partir da publicação das portarias ANP e INMETRO, iniciou-se o marco da organização da regulamentação técnica de medição fiscal de petróleo, GN e GNL no Brasil.

Os aspectos mais importantes dessas publicações estão resumidamente descritos a seguir.

2.3.1.1   Portaria conjunta ANP/INMETRO n° 1 de 19 de junho de 2000

a)   Definição de medição fiscal;

b)   Sistemas projetados e calibrados para uma incerteza global < 1,5%;

c) Compensação automática de P, T, Z na vazão e variação na composição do gás;
d) Definição de sistemática de calibração.

2.3.1.2 Portaria ANP nº 104 de 8 de julho de 2002

a) Especificação do GN e GNL a ser comercializado em todo o território nacional;
b) Definições das atribuições de Carregador, Transportador e Operador;
c) Análise qualitativa do gás nos pontos de recepção e de entrega;
d) Qualidade do GN e GNL a ser comercializado no Brasil.

2.3.1.3 Portaria ANP nº 1 de 6 de janeiro de 2003

a) Envio das informações das Transportadoras para a ANP, a partir da data de início de operação.

2.3.1.4 Resolução ANP nº 16 de 17 de junho de 2008

a) Revoga-se a portaria nº 104 de 8 julho de 2002;
b) Revisão da especificação do GN a ser comercializado no território nacional.

2.3.1.5 Resolução conjunta ANP/INMETRO nº 1 de 10 de junho de 2013

a) Revoga-se a Portaria Conjunta ANP/INMETRO nº 1 de 19 de junho de 2000;
b) Definição da matriz de atribuições da ANP e INMETRO;
c) Definição da aplicabilidade do sistema de medição;
d) Revisão da periodicidade de calibração, inspeção e análise dos sistemas de medição.

2.3.2 Impactos

2.3.2.1 Principais impactos

Os principais impactos após a revisão das portarias ANP e INMETRO, segundo o autor, todos positivos para o Brasil, estão descritos a seguir.

a) Teor de inertes máximo para a região Nordeste em 8% e 6% para as regiões Centro-Oeste, Sudeste e Sul, além do CO_2 em 3% máximo para todas as regiões;

b) Na prática, retiram-se todas as restrições impostas à comercialização do GN de Manati (BA);

c) Aumento da faixa do PCS e IW, aumentando o leque de potenciais supridores de GNL para o país;

d) Estabelece o número de metano mínimo em 65 (mercado de gás natural veicular – GNV);

e) Elevam-se os limites máximos dos seguintes componentes: etano, propano, butanos e mais pesados, aumentando-se assim a flexibilidade operacional das UPGN;

f) Estabelece uma sistematização para a determinação do ponto de orvalho de hidrocarboneto (POH) e sua implementação;

g) Aumento dos períodos de calibração e inspeção dos sistemas de medição.

2.4 Modelo de transporte do gás natural e gás natural liquefeito no Brasil

O modelo de transporte vigente no Brasil foi idealizado e operacionalizado de acordo com a regulamentação da ANP e INMETRO. Nesse modelo são contemplados vários papéis, como os de Carregador, Transportador, Distribuidor e Comercializador. Assim são definidas e classificadas as diferentes partes da infraestrutura logística de movimentação de gás natural.

2.4.1 Modelo de transporte utilizado no Brasil

A figura 2.4 ilustra o diagrama simplificado do modelo de transporte de GN e GNL vigente no Brasil.

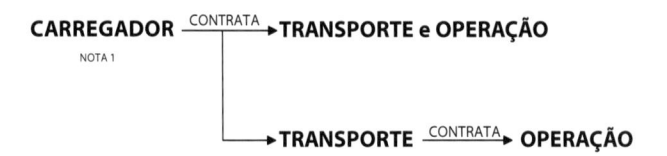

NOTAS:
1-RESPONSÁVEL PELA CONTRATAÇÃO DO TRANSPORTE e COMERCIALIZAÇÃO DO GÁS NATURAL
2- EMED = ESTAÇÃO DE MEDIÇÃO DE CUSTÓDIA
3- PR = PONTO DE RECEBIMENTO COM EMED
4- PE = PONTO DE ENTREGA COM EMED
5- TRANSPORTE MARÍTIMO ATRAVÉS DE NAVIOS METANEIRO E REGAS ATRAVÉS DE NAVIOS FSRUS
REFERÊNCIA: PORTARIAS ANP - INMETRO.

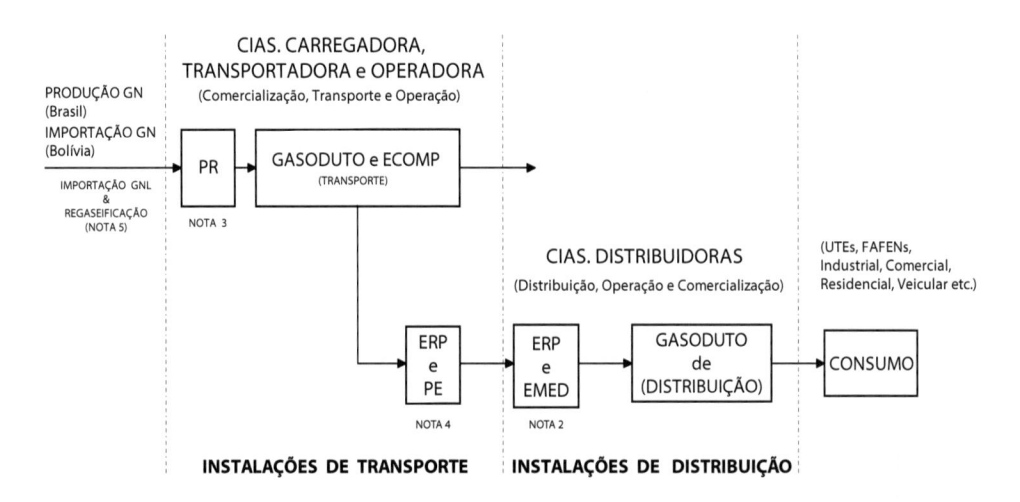

Figura 2.4 – Diagrama de blocos simplificado do modelo de transporte de GN no Brasil.

2.4.2 Gasodutos existentes na malha do Brasil

Na tabela 2.1 estão relacionados os gasodutos de transporte existentes no território brasileiro, classificados pelas diferentes operadoras, compreendendo cerca de 9.500 km até o ano de 2012.

Tabela 2.1 – Gasodutos de transporte existentes no Brasil						
Gasodutos Existentes no Brasil	Origem	Destino	Extensão (km)	Diâmetro (Pol)	Capacidade (MMm³/dia)	Início de Operação
Operadora -Transpetro						
Candeias x Aratu	Candeias (BA) (S.F.Conde)	Aratu (BA) (Simões Filho)	20,0	12	1	1970
Gaseb	Atalaia (SE)	Catu (BA) (Pojuca)	224,0	14	1,3	1974
Santiago (Catu) x Camaçari	Santiago (BA) (Pojuca)	Camaçari (BA)	32,0	14	1,2	1975
Candeias x Camaçari	Candeias (BA) (S.F.Conde)	Camaçari (BA)	37,0	12	1	1981
Nordestão I	Guamaré (RN)	Cabo (PE)	424,0	12	2	1985
Gasvol	Reduc (RJ) (D. Caxias)	Esvol (RJ) (V.Redonda)	101,0	14 e 18	1,5 e 5,1	1986
Gaspal	Esvol (RJ) (V.Redonda)	Mauá (SP)	325,0	22	2	1988
Santiago (Catu) x Camaçari	Santiago (BA) (Pojuca)	Camaçari (BA)	32,0	18	2	1992
Gasan	Cubatão (SP)	Capuava (SP)	42,0	12	1,3	1993
Gasbel	Reduc (RJ) (D. Caxias)	Regap (MG)	357,0	16	3,6	1996
Gasfor I	Guamaré (RN)	Pecém (CE)	383,0	10 e 12	2	1999
Gasalp	Pilar (AL)	Cabo (PE)	204,0	12	2,6	2000
Candeias x Dow	Candeias (BA) (S.F.Conde)	Dow química (BA)	15,0	14	1,5	2002
Ramal Termofortaleza I e II	Fortaleza (CE)	Termofortaleza (CE)	2,0			2003
Ramal Aracati	Aracati (CE)	Aracati (CE)	7,0			2004
Ramal UTE- Pernambuco	Cabo (PE)	Termopernambuco	12,0			2004
Santa Rita x S.Miguel do Taipu	Santa Rita (PB)	S. Miguel do Taipu (PB)	25,0	8	1,3	2005
Açu- Serra do Mel	Açu (RN)	Serra do Mel (RN)	31,0	14	2,32	2007
Catu-Carmópolis-Trecho 2	Itaporanga (SE)	Carmópolis (SE)	67,0	26	12	2007
Atalaia- Itaporanga	Atalaia (SE)	Itaporanga (SE)	29,0	14	3,1	2007

(continua)

Tabela 2.1 – Gasodutos de transporte existentes no Brasil						
Gasodutos Existentes no Brasil	Origem	Destino	Extensão (km)	Diâmetro (Pol)	Capacidade (MMm³/dia)	Início de Operação
Carmópolis – Pilar	Carmópolis (SE)	Pilar (AL)	177,0	26	16	2007
Dow (Candeias) Aratu-Camaçari	Candeias (BA) (S.F.Conde)	Camaçari (BA)	28,0	14	1,0	2007
Cacimbas – Vitória	Cacimbas (ES)	Vitória (ES)	130,0	16-26	20	2007
Campinas – RJ Paulínia-Taubaté	Paulínea (SP)	Taubaté (SP)	200,0	28	8,6	2007
Campinas – RJ (Taubaté-Japeri)	Taubaté (SP)	Japeri (RJ)	255,0	28	8,6	2008
Cabiúnas-Vitória (GASCAV)	Cabiúnas (RJ) (Macaé)	Vitória (ES)	303,0	28	20	2008
Catu-Carmópolis-Trecho 01	Catu (BA) (Pojuca)	Itaporanga (SE)	196,0	26	12	2008
Japeri-Reduc	Japeri (RJ)	Reduc (RJ)	45,0	28	20	2009
Gasoduto Coari – Manaus	Coari (AM)	Manaus (AM)	383,0	20	10,5	2009
Gasoduto Paulínia – Jacutinga	Paulínea (SP)	Jacutinga (MG)	93,0	14	5	2009
Ramal Terminal Ubu	Gas Cabiúnas-Vitória (ES)	UTG Sul Capixaba (ES)	10,0	10	2	2010
Gasduc III	Cabiúnas (RJ) (Macaé)	Reduc (RJ) (D.Caxias)	179,0	38	40	2010
Cacimbas – Catu	Cacimbas (ES)	Catu (BA) (Pojuca)	954,0	26	20	2010
Gasbel II	V.Redonda (RJ)	Betim (MG)	267,0	16-18	5	2010
Pilar – Ipojuca	Pilar (AL)	Ipojuca (PE)	189,0	24	5 a 15	2010
Caraguatatuba – Taubaté	Caraguatatuba (SP)	Taubaté (SP)	96,0	26	15	2011
Gaspal II	Guararema (SP)	Mauá (SP)	60,0	22	12	2011
Gasan II	Cubatão (SP)	Capuava (SP)	38,0	22	7	2011
Total - Transpetro			5.972,0			

(continua)

(continuação)

Tabela 2.1 – Gasodutos de transporte existentes no Brasil

Gasodutos Existentes no Brasil	Origem	Destino	Extensão (km)	Diâmetro (Pol)	Capacidade (MMm³/dia)	Início de Operação
Transportadora –TBG						
Corumbá –Campinas	Corumbá (MS)	Campinas (SP)	1.264,0	32	30,08	1999
Campinas-Guararema	Campinas (SP)	Guararema (SP)	153,0	24	12	1999
Campinas-Araucária	Campinas (SP)	Araucária (PR)	470,2	24	6	2000
Araucária – Biguaçu	Araucária (PR)	Biguaçu (SC)	277,2	20	4,8	2000
Biguaçu – Siderópolis	Biguaçu (SC)	Siderópolis (SC)	179,4	18	2,4	2000
Siderópolis – Porto Alegre	Siderópolis (SC)	Porto Alegre (RS)	249,4	16	1,8	2000
Total – TBG			2.593,2			
Transportadora –TSB						
Uruguaiana – P.Alegre Trecho 1	Divisa com Argentina	Uruguaiana (RS)	25,0	24	12	2000
Uruguaiana – P.Alegre Trecho 3	Canoas (RS)	Petroquimia Triunfo (RS)	25,0	24	12	2000
Total – TSB			50,0			
Transportadora Gás Ocidente						
Gasoduto Lateral Cuiabá	Divisa com Bolívia	Cuiabá (MT)	267,0	18	2,8	2002
Total Brasil			8.882,2			

Fonte: ABEGÁS – Julho/2012, adaptada pelo autor

2.5 Mapas e descrição dos gasodutos de transporte

2.5.1 Mapa dos gasodutos da América do Sul

A figura 2.5 ilustra o mapa da América do Sul com a indicação da malha dos gasodutos em operação, em estudo e em implantação pelas companhias brasileiras e estrangeiras.

Figura 2.5 – Mapa dos gasodutos da América do Sul
Fonte: ABEGÁS – 2013

2.5.1.1 Descrição dos principais gasodutos em operação no Brasil

A seguir indicamos os principais gasodutos de transporte existentes na malha brasileira e operados pela Transpetro.

- GARSOL (Gasoduto Urucu-Coari): capacidade de transporte de 6,85 milhões de m³/dia e extensão de 278 km e 18".
- GASCOM (Gasoduto Coari-Manaus): capacidade de transporte de 8,9 milhões de m³/dia e extensão de 383 km e 20".
- GASMEL (Gasoduto Alto Rodrigues-Serra do Mel): capacidade de transporte de 2,7 milhões de m³/dia e extensão de 31 km e 24".
- GASFOR (Gasoduto Guamaré-Pecém): capacidade máxima de transporte de 2 milhões de m³/dia, extensão de 213 km em 12" e 170 km em 10". Abastece os municípios atendidos por esse gasoduto com o GN Guamaré (RN) e com o GN oriundo do terminal de GNL de Pecém (CE).
- NORDESTÃO (Gasoduto Guamaré-Cabo): capacidade de transporte de 2,2 milhões de m³/dia e extensão de 425 km e 12". Abastece os municípios atendidos por esse gasoduto dos Estados do Rio Grande do Norte, Paraíba e Pernambuco com o GN processado em Guamaré (RN).
- Variante Nordestão: capacidade de transporte de 2,7 milhões de m³/dia, extensão de 33 km e 12".
- GASALP (Gasoduto Alagoas-Pernambuco): capacidade de transporte de 3,5 milhões de m³/dia, extensão de 204 km e 12". Abastece os municípios atendidos por esse gasoduto no Estado de Pernambuco com o GN de Pilar (AL).
- Gasoduto Pilar-Ipojuca: capacidade de transporte de 15 milhões de m³/dia, extensão de 190 km e 24". Abastece os municípios atendidos por esse gasoduto no estado de Pernambuco e interliga a EDG de Pilar com a EDG de Ipojuca.
- Gasoduto Catu-Pilar: capacidade de transporte de 4 milhões de m³/dia, extensão de 455 km e 26". Abastece os municípios atendidos por esse gasoduto desde a EDG de Catu na Bahia até a EDG de Pilar (AL).
- Gasoduto Catu-Itaporanga: capacidade de transporte de 12 milhões de m³/dia, extensão de 198 km e 26".
- Gasoduto Itaporanga-Carmópolis: capacidade de transporte de 12 milhões de m³/dia, extensão de 65 km e 26".

- Gasoduto Carmópolis-Pilar: capacidade de transporte de 10 milhões de m³/dia, extensão de 175 km e 26".
- Gasoduto Atalaia-Itaporanga: capacidade de transporte de 2 milhões de m³/dia, extensão de 29 km e 14".
- GASEB (Gasoduto Sergipe-Bahia): capacidade de transporte de 0,5 milhão de m³/dia, extensão de 229 km e 14". Abastece os municípios atendidos por esse gasoduto desde Atalaia, no Estado de Sergipe, até a EDG de Catu, no Estado da Bahia.
- Gasoduto Santiago-Camaçari: capacidade de transporte total de 10 milhões de m³/dia e extensão de 32 km, sendo um gasoduto em 14" e capacidade de 3,5 milhões de m³/dia que interliga a UPGN de Santiago à EDG de Camaçari e outro gasoduto em 18" e capacidade de 6,5 milhões de m³/dia que interliga a EDG de Catu com a EDG de Camaçari.
- Gasoduto Candeias-Camaçari: capacidade de transporte total de 6,2 milhões de m³/dia, sendo um de 12", 37 km e 2,8 milhões de m³/dia e outro em 14", 39 km com 3,4 milhões de m³/dia. Os gasodutos interligam a EDG de Candeias à EDG de Camaçari e abastecem os consumidores dessa região.
- Gasoduto Candeias-Aratu: capacidade de transporte de 2 milhões de m³/dia, extensão de 20 km e 12". Interliga a EDG de Candeias à EDG de Aratu.
- GASCAC (Gasoduto Cacimbas-Catu): capacidade de transporte de 20 milhões de m³/dia, extensão de 946 km e 26".
- Gasoduto Cacimbas-Vitória: capacidade de transporte de 20 milhões de m³/dia, extensão de 117 km e 26".
- GASCAV (Gasoduto Cabiúnas-Vitória): capacidade de transporte de 21 milhões de m³/dia, extensão de 301,4 km e 28".
- GASDUC III (Gasoduto Cabiúnas-Reduc): capacidade de transporte de 40 milhões de m³/dia, extensão de 183 km e 38", interliga-se com o *manifold* de C. Elísios.
- GASBEL (Gasoduto REDUC-REGAP): capacidade de transporte de 7 milhões de m³/dia, extensão de 357 km e 16".
- GASBEL II (Gasoduto V. Redonda-S. Brás do Suaçuí): capacidade de transporte de 5 milhões de m³/dia, extensão de 267 km e 18".
- GASVOL (Gasoduto Anel de Gás Reduc-V. Redonda): capacidade de transporte de 5 bilhões de m³/dia, extensão de 95 km e 18".
- GASJAP (Gasoduto Japeri-Manifold C. Elísios): capacidade de transporte de 25 milhões de m³/dia, extensão de 45 km e 28".

- GASCAR (Gasoduto Campinas-Rio): capacidade de transporte de 10 milhões de m³/dia, extensão de 448 km e 28".
- GASAN (Gasoduto RECAP-RPBC): capacidade de transporte de 2,7 milhões de m³/dia, extensão de 42 km e 12".
- GASPAL (Gasoduto ESVOL-RECAP): capacidade de transporte de 9,5 milhões de m³/dia, extensão de 325 km e 22".
- GASPAJ (Gasoduto Paulínia-Jacutinga): capacidade de transporte de 5 milhões de m³/dia, extensão de 80 km e 14".
- GASTAU (Gasoduto UTGCA-ETC S. J. Campos): capacidade de transporte de 20 milhões de m³/dia, extensão de 96 km e 28".

2.5.2   Mapa e diagrama de blocos da malha de gasodutos do Brasil

Na figura 2.6 está ilustrado o mapa da malha de gasodutos existentes no Brasil. Cabe destacar também a localização das UTEs existentes e os terminais de regaseificação de GNL.

Figura 2.6 – Mapa dos gasodutos do Brasil
Fonte: Cortesia da PETROBRAS G&E/2013

2.5.2.1   Diagrama de blocos da malha Norte

Observa-se que a malha de gasodutos Norte, indicada na figura 2.7, ainda não foi interligada com as demais malhas de gasodutos do Brasil.

Como destaque, pode-se citar que essa malha só possui um ponto de injeção de GN em Urucu-AM.

2.5.2.2   Diagrama de blocos da malha Nordeste Setentrional

A malha de gasodutos Nordeste Setentrional está indicada na figura 2.8 e interliga-se com a malha de gasodutos Nordeste Meridional.

Esta malha possui os pontos de injeção de GN, descritos a seguir:

a)   Unidade de produção de Guamaré-RN.
b)   Unidade de produção de Pilar-AL.
c)   Terminal de regaseificação de GNL TR-Pecém.

2.5.2.3   Diagrama de blocos da malha Nordeste Meridional

A malha de gasodutos Nordeste Meridional está indicada na figura 2.9 e interliga-se com a malha de gasodutos Nordeste Setentrional e com a malha de gasodutos Espírito Santo.

Esta malha possui os pontos de injeção de GN, descritos a seguir:

a)   Unidade de produção de Pilar-AL.
b)   Unidade de produção de Carmópolis-SE.
c)   Unidade de produção de Atalaia-SE.
d)   Unidade de produção de Manati-BA.
e)   Unidade de produção de Candeias-BA.
f)   Unidade de produção de Santiago-BA.
g)   Terminal de regaseificação de GNL TRBA.

2.5.2.4 Diagrama de blocos da malha Espírito Santo

A malha de gasodutos Espírito Santo está indicada na figura 2.10 e interliga-se com a malha de gasodutos Nordeste Meridional e com a malha de gasodutos Rio de Janeiro–Minas Gerais.

Esta malha possui os pontos de injeção de GN descritos a seguir:

a) Unidade de produção de Cacimbas-ES.
b) Unidade de produção de Lagoa Parda-ES.

2.5.2.5 Diagrama de blocos da malha Rio de Janeiro-Minas Gerais

A malha de gasodutos do Rio de Janeiro–Minas Gerais está indicada na figura 2.11 e interliga-se com a malha de gasodutos Espítiro Santo e com a malha de gasodutos Rio de Janeiro–São Paulo.

Esta malha possui os pontos de injeção de GN, descritos a seguir:

a) Unidade de produção da bacia de Campos-RJ.
b) Terminal de regaseificação de GNL TR-BGUA.

2.5.2.6 Diagrama de blocos da malha Rio de Janeiro-São Paulo

A malha de gasodutos do Rio de Janeiro–São Paulo está indicada na figura 2.12 e interliga-se com a malha de gasodutos Rio de Janeiro–Minas Gerais e com a malha de gasodutos GASBOL.

Esta malha possui os pontos de injeção de GN, descritos a seguir:

a) Unidade de produção da bacia de Santos-SP.
b) Ponto de interligação com GASBOL na REPLAN-SP.

2.5.2.7 Diagrama de blocos da malha Centro-Sul

É representada exclusivamente pelo gasoduto Bolívia-Brasil (GASBOL), cujo traçado está indicado na figura 2.13. Suas principais características e capacidades constam das tabelas 2.2 e 2.3, respectivamente.

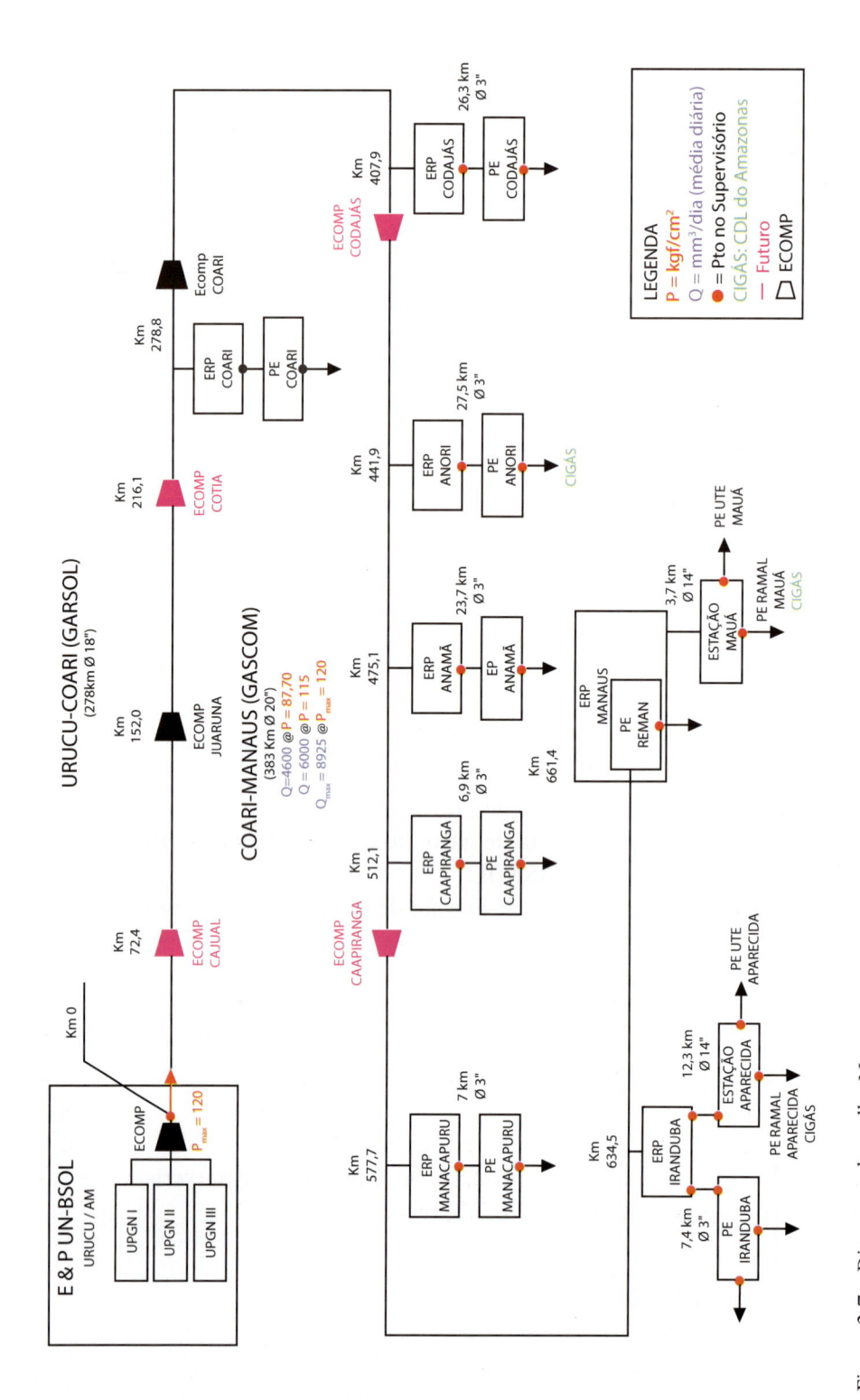

Figura 2.7 – Diagrama da malha Norte
Fonte: Cortesia da TRANSPETRO

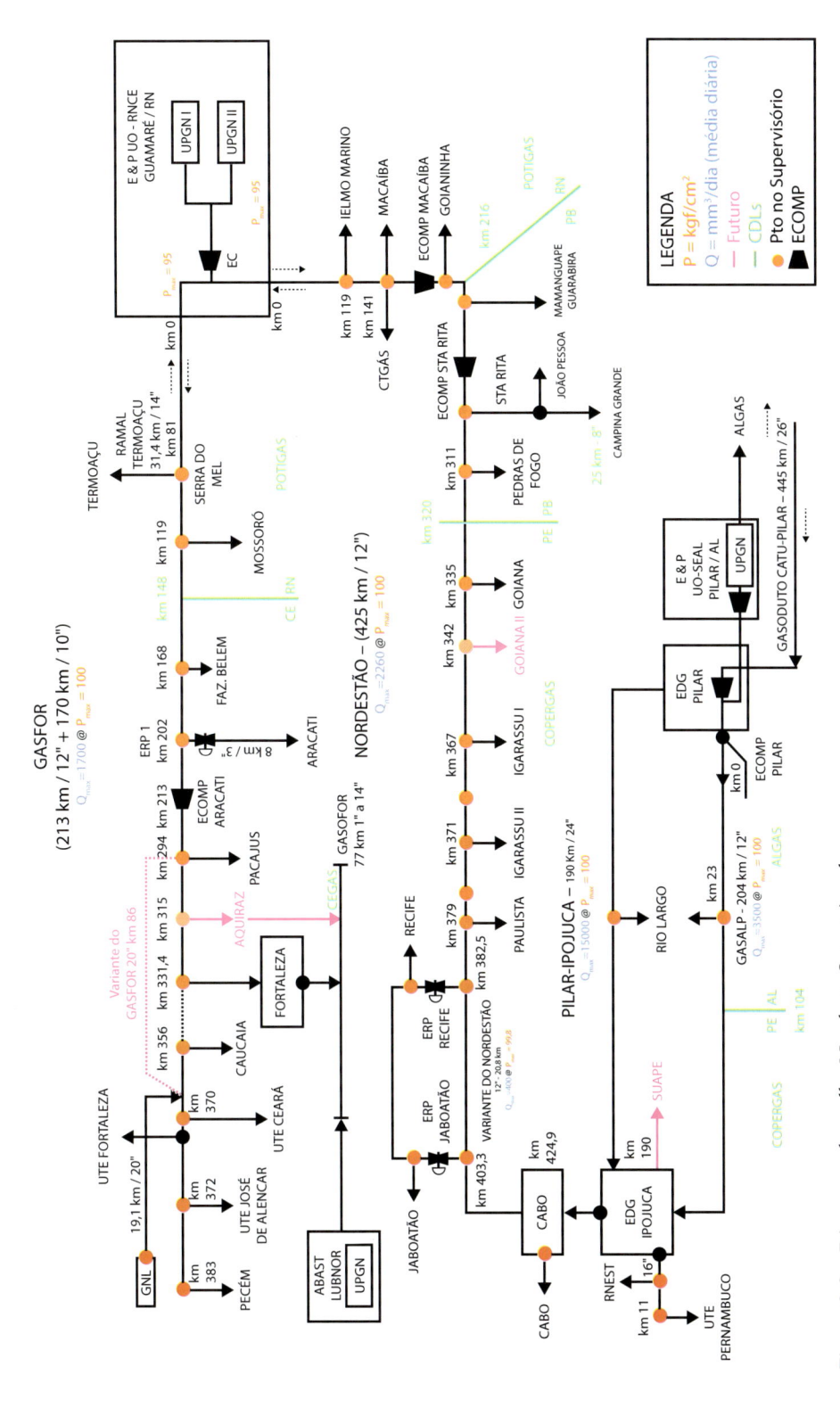

Figura 2.8 – Diagrama da malha Nordeste Setentrional
Fonte: Cortesia da TRANSPETRO

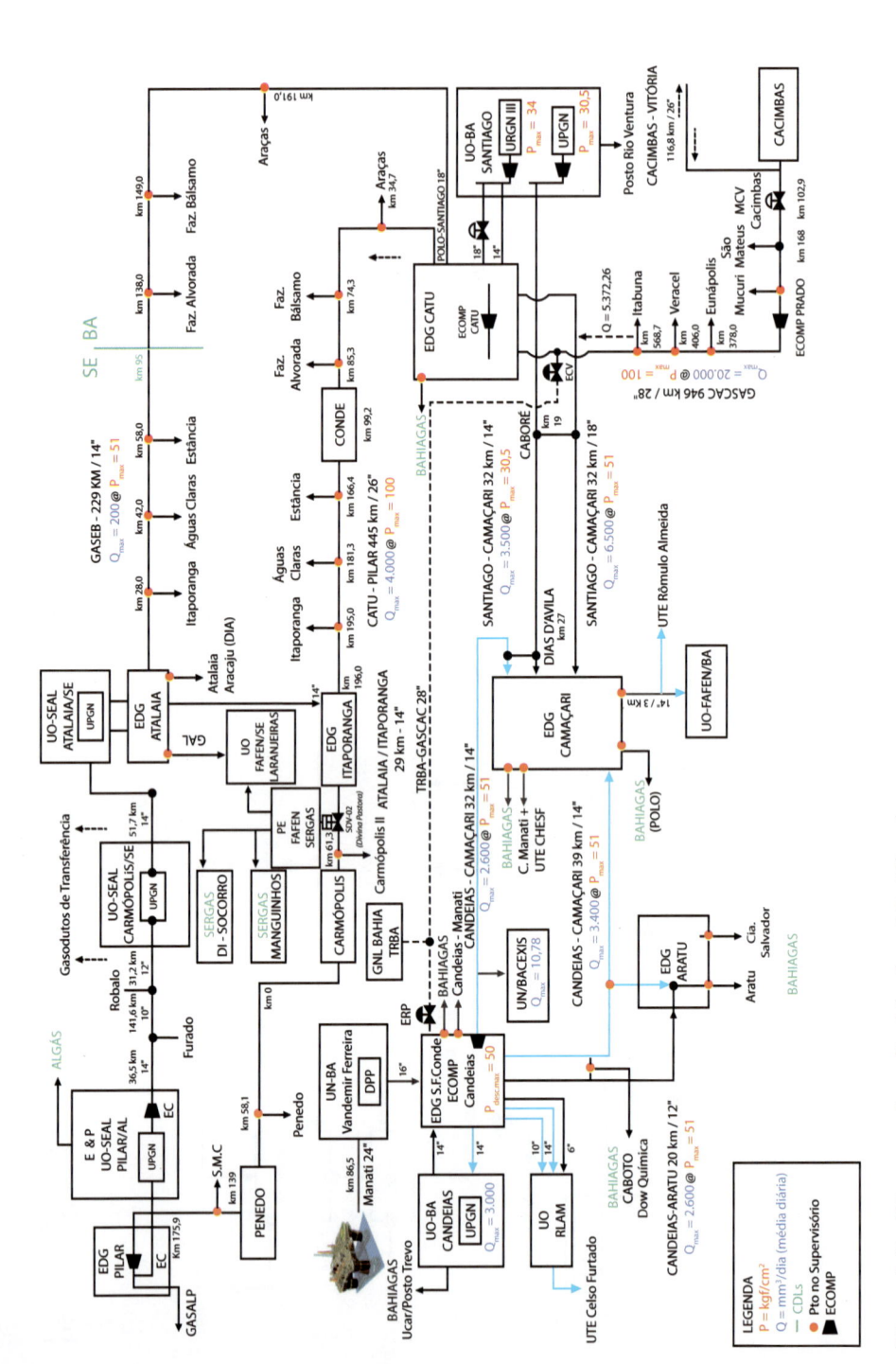

Figura 2.9 – Diagrama da malha Nordeste Meridional
Fonte: Cortesia da TRANSPETRO

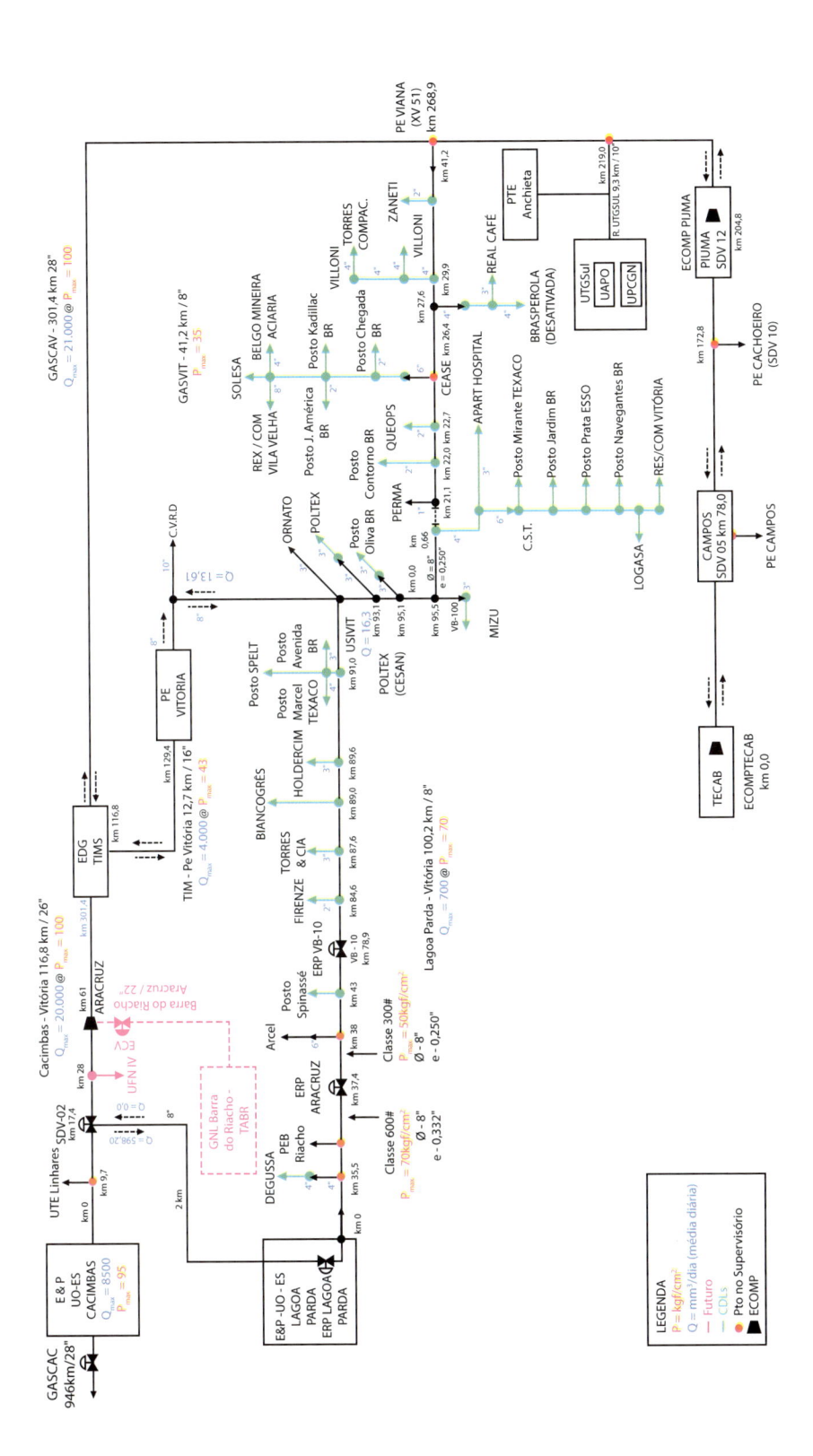

Figura 2.10 – Diagrama da malha Espírito Santo
Fonte: Cortesia da TRANSPETRO

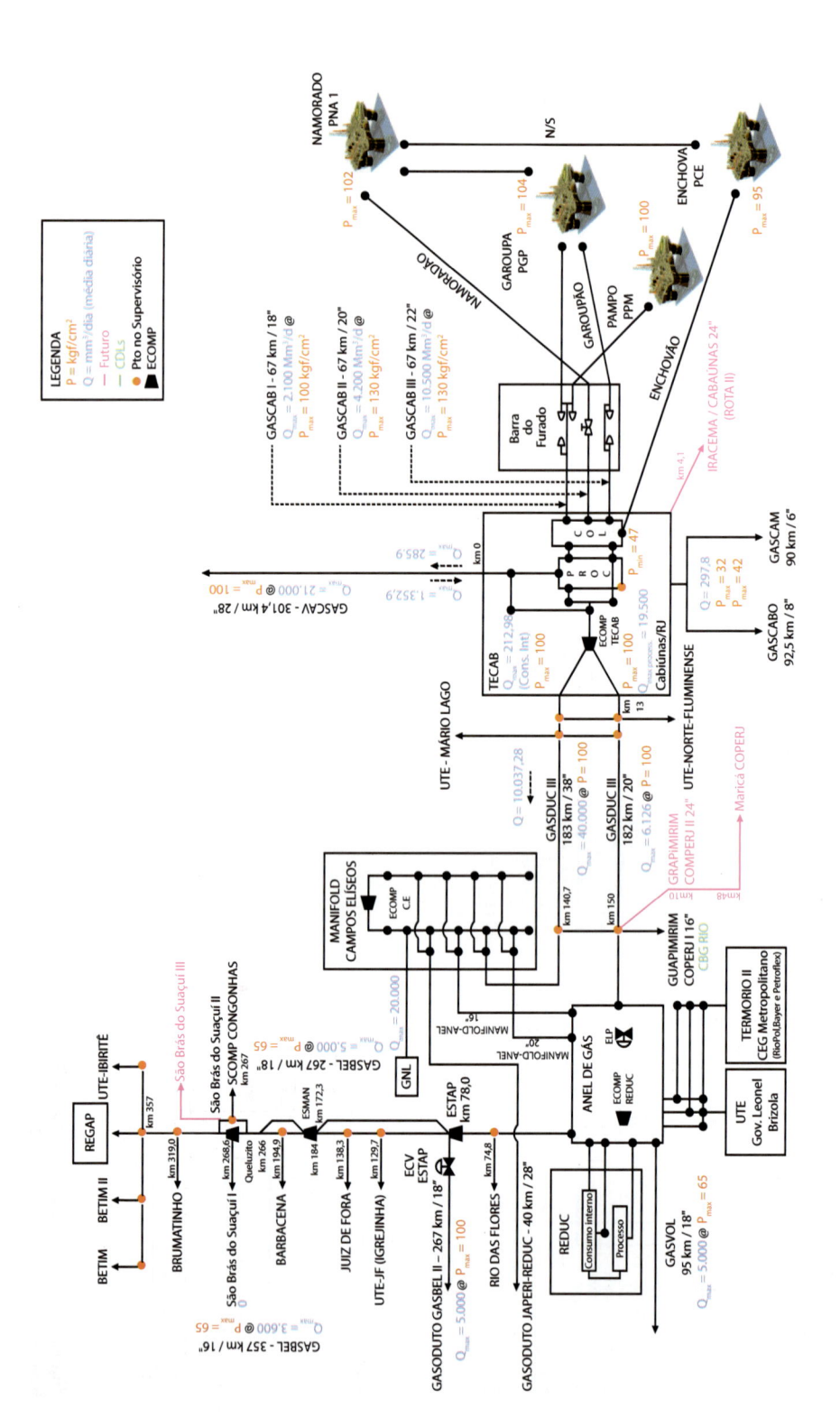

Figura 2.11 – Diagrama da malha Rio de Janeiro-Minas Gerais
Fonte: Cortesia da TRANSPETRO

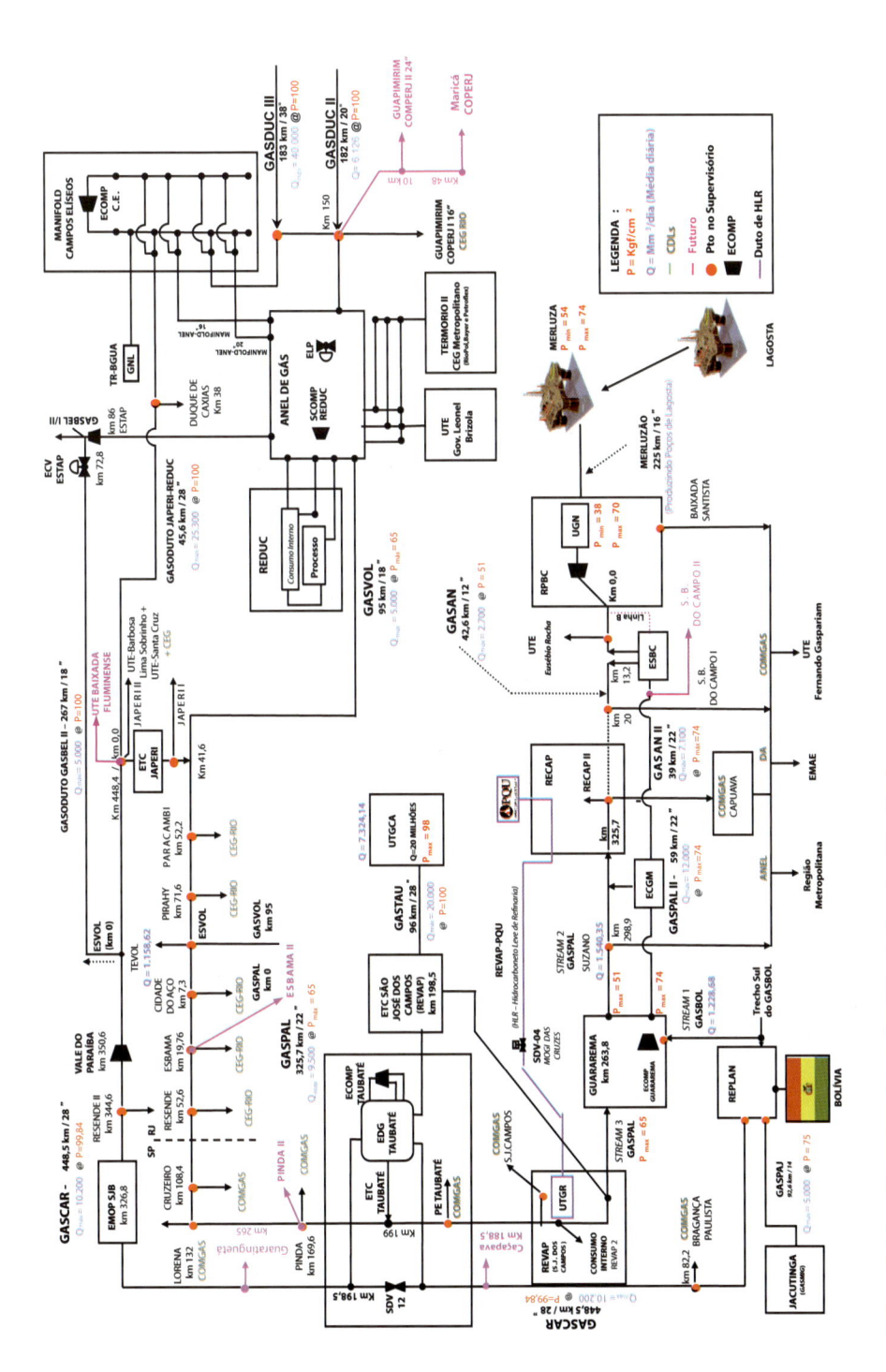

Figura 2.12 – Diagrama da malha Rio de Janeiro-São Paulo
Fonte: Cortesia da TRANSPETRO

Figura 2.13 – Diagrama da malha Centro-Sul

Tabela 2.2 Características das Estações de Medição – EMED	
Mutum (fronteira)	5 tramos de medição Medição placa de orifício (1) e ultrassom(4) Valores corrigidos por computador de vazão Capacidade: 40 MMm³/dia
Guararema (Inter-ligação com o Sistema Petrobras)	7 tramos de medição Medição por turbinas (8") Valores corrigidos por computação de vazão Capacidade: 14 MMm³/dia
Replan (interliga-ção GASCAR)	2 tramos de medição Medição por ultrassom (20") Valores corrigidos por computador de vazão Capacidade: 15 MMm³/dia
Paulinia-Jacutinga	2 tramos de medição Medição por ultrassom (6") Valores corrigidos por computador de vazão Capacidade: 6 MMm³/dia

Tabela 2.3 Capacidade dos Pontos de entrega

Existentes ●		Futuros ○
Tipo	Legenda	Capacidade
Tipo I	● I	4.500 a 112.000 Nm³/d
Tipo II	● II	13.600 a 255.000 Nm³/d
Tipo II modificado	● II M	23.200 a 432.500 Nm³/d
Tipo III	● III	3.200 a 432.000 Nm³/d
Tipo IV	● IV	39.500 a 990.000 Nm³/d
Tipo V	● V	96.000 a 1.800.000 Nm³/d
Tipo V modificado	● V M	96.000 a 2.500.000 Nm³/d
Tipo VI	● VI	96.000 a 3.600.000 Nm³/d

Fonte: Cortesia da TBG

2.6 Arquitetura típica de SCADA das estações dos gasodutos

A figura 2.14 ilustra uma arquitetura típica usada em empresas de transporte no Brasil. Essa arquitetura inclui a integração dos sistemas de medição com o CLP da estação, os computadores de vazão, o cromatógrafo, os analisadores e os sistemas de comunicação de dados.

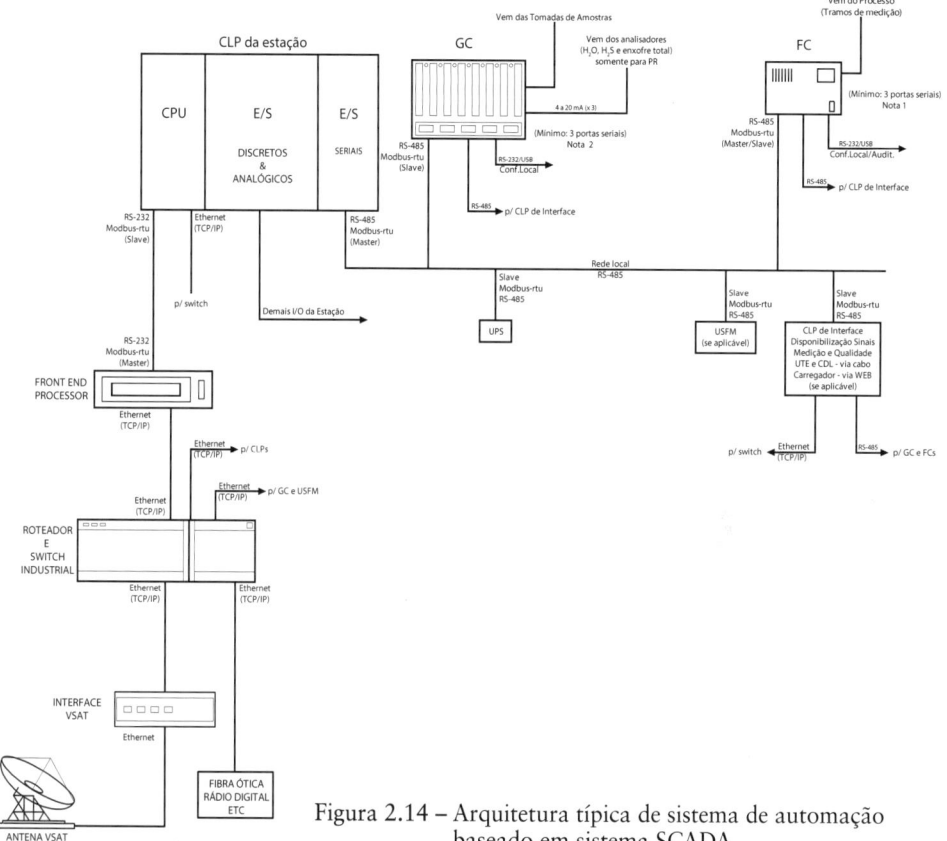

Figura 2.14 – Arquitetura típica de sistema de automação baseado em sistema SCADA

2.7 Principais tipos de medidores de vazão

Diferentes tecnologias para os medidores de vazão estão disponíveis comercialmente. Na seleção e no dimensionamento dos sistemas de medição é importante conhecer as principais características técnicas de cada tipo de medidor, de forma que seja possível a comparação entre eles visando à melhor escolha técnica e econômica para cada tipo de aplicação. Veja na tabela 2.4 as principais características dos medidores de vazão.

2.7.1 Características principais

Tabela 2.4 – Quadro indicativo das principais características dos medidores de vazão									
Tipo de Medidor	Fluído	Incerteza Típica (%)	Repeti-bilidade (%)	Rangea-bilidade	Nº Reynolds (mínimo)	DN (mm/pol)	Temp. Máx. (°C)	Pressão Máx. (bar)	Perda de carga ($q_{máx}$)
Pressão Diferencial (Placa de Orifício)	L,G,V	0,6 a 2	0,5	3 a 10:1	3.000	1 a 1.000 0.04 a 40"	1.000	500	8 x
Tubo Venturi	L, G	0,6 a 2	0,5	4 a 10:1	10.000	25 a 4.000 1 a 160"	1.000	600	4 x
Desloca-mento ou Rotativo	L, G	< 0,1 a 2	0,02	até 50:1	> 100	5 a 400 0,2 a 16"	250		2 x
Turbina	L,G,V	0,1 a 2	0,02	25:1	5.000	5 a 800 0,2 a 32"	500		2 x
Vortex	L,G,V	0,5 a 1	0,2	15:1	5.000	15 a 400 0,5 a 16"	400	250	2 x
Ultrassô-nico (Tempo de trânsito)	L,G,V	0,5 a 2	0,25	acima de 20:1	10.000	> 2 0,08"	200	200	~ 0
Coriolis	L,G,V	0,1 a 0,5	0,02	acima de 100:1	1.000	1 a 150 0,04 a 6"	400	400	8 x

Perda de carga= $v^2 / 2g$ L= Líquido;   G= Gás;   V= Vapor
Fonte: Referência [1], adaptada pelo autor

2.7.2 Desenvolvimento das tecnologias

O gráfico indicado na figura 2.15 ilustra o desenvolvimento das tecnologias de medidores de vazão para GN nos últimos 100 anos. Podemos destacar a origem da medição por diferencial de pressão, que é dos anos 1920 e ainda permanece em uso, apesar de outras tecnologias mais eficientes. Isto se deve a sua simplicidade e também à tradição.

Embora não representado, um novo medidor baseado na tecnologia consagrada "diferencial de pressão", denominado de *V Cone*, promete ter uma aceitação maior, principalmente depois da aprovação pela ISO 5167.

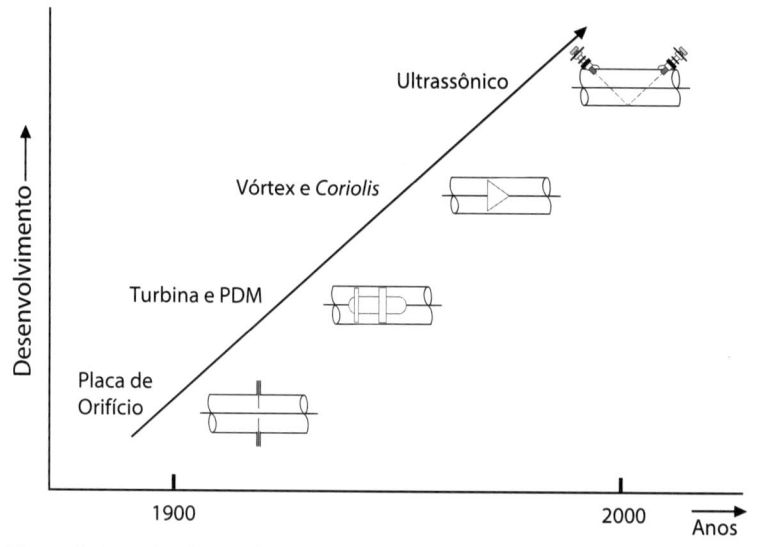

Figura 2.15 – Gráfico indicativo da evolução das diferentes tecnologias de medição de vazão

2.7.3 Aspectos construtivos e configurações físicas

2.7.3.1 Medidor tipo placa de orifício

As figuras 2.16 e 2.17 ilustram os diferentes aspectos construtivos das placas de orifício, baseados na tecnologia de diferencial de pressão, das normas ISO 5167 e reports 3 e 8 da AGA que orientam os diferentes tipos construtivos.

Requer trechos retos a montante e jusante do medidor, conforme prescreve o report 3 da AGA, bem como de computador de vazão para correção da vazão pelos parâmetros P, T e Z.

Essa tecnologia está consagrada no mundo e é muito difundida nos PE da malha de transporte de GN no Brasil.

a) Tomada simples de canto (DIN 19205 Part 1).
b) Tomada dupla de canto (DIN 19205 Part 1).
c) Tomada no flange (ISO 5167).
d) Medidor com tomadas de canto (ISO 5167).
e) Placa de orifício para inserção entre dois flanges (ISO 5167).
f) Tomadas na linha em D e D/2 (ISO 5167).

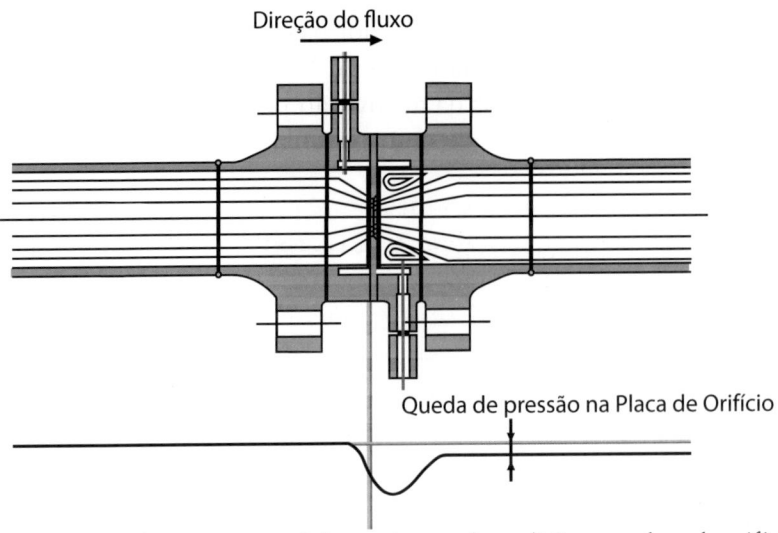

Figura 2.16 – Seção transversal de um sistema de medição com placa de orifício
Fonte: Referência [12]

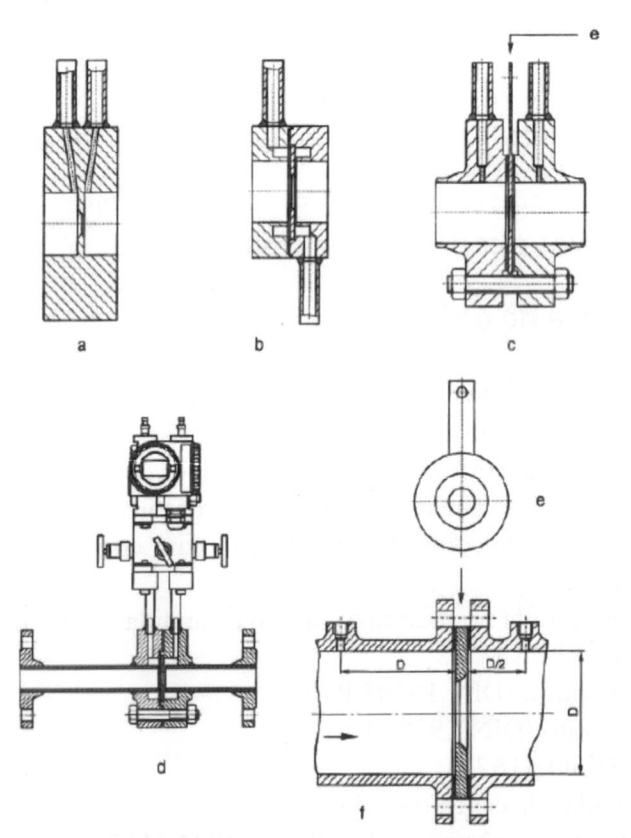

Figura 2.17 – Seção transversal de diferentes configurações de medidor tipo placa de orifício
Fonte: Referência [12]

2.7.3.2 Medidor tipo turbina

Os medidores de vazão tipo turbina possuem uma aplicação específica no Brasil na área de transportes dos PE do gasoduto Bolívia-Brasil, desde a sua construção na primeira década do ano 2000.

Sua tecnologia é consagrada no mundo, com relativa simplicidade construtiva e facilidade de calibração e recalibração no país. Para tanto, requer um gás limpo e seco, pois essa tecnologia utiliza partes móveis com eixos suportados por rolamentos de esferas, sujeitos a particulados e sólidos. Se o gás for limpo e a empresa operadora e/ou transportadora tiver planos de manutenção preditiva e preventiva adequados, esse medidor possuirá elevada durabilidade e funcionamento satisfatório.

O principal parâmetro de acompanhamento após a sua calibração é a verificação do fator K da turbina.

A vazão é proporcional à velocidade do fluxo do GN, através de pulsos gerados por sensores de proximidade instalados no corpo do medidor. Possui também um acoplamento magnético para o registro local de totalização da medição.

Requer trechos retos a montante e jusante do medidor, conforme prescreve os reports 7 e 8 da AGA, da norma NBR ISO 9951:2002, bem como de computador de vazão para correção da vazão pelos parâmetros P, T e Z.

A figura 2.18 ilustra uma vista em corte de um medidor de turbina típico e suas principais partes.

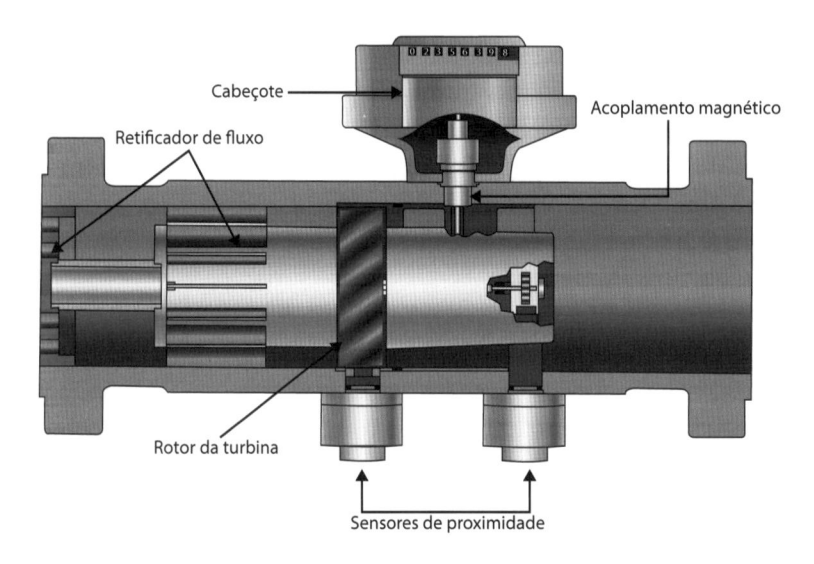

Figura 2.18 – Seção transversal de medidor tipo turbina
Fonte: Referência [12]

2.7.3.3   Medidor tipo *Coriolis*

Os medidores de vazão tipo *Coriolis* ainda não possuem uma aplicação específica e definida no Brasil para a área de transporte. Possivelmente pelo alto custo do investimento e pela relativa perda de carga imposta ao sistema.

Muito embora seja uma tecnologia que possui a melhor incerteza da medição entre as tecnologias conhecidas, é uma tecnologia relativamente recente e permite disponibilizar em linha, além da vazão mássica, a densidade (somente para líquidos) e a temperatura do GN.

Não requer trechos retos a montante e a jusante do medidor, conforme prescreve os reports 8 e 11 da AGA. Entretanto, requer o uso de computador de vazão para o cálculo da vazão volumétrica, bem como da compensação da vazão pelos parâmetros P, T e Z. Na figura 2.19 estão indicados alguns tipos construtivos de medidores *Coriolis*.

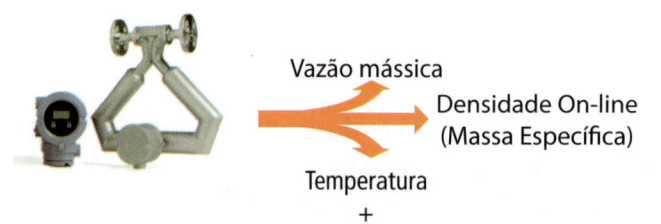

Vazão mássica
Densidade On-line (Massa Específica)
Temperatura
+
Vazão Volumétrica, Densidade Relativa, Concentração, Vazão Net

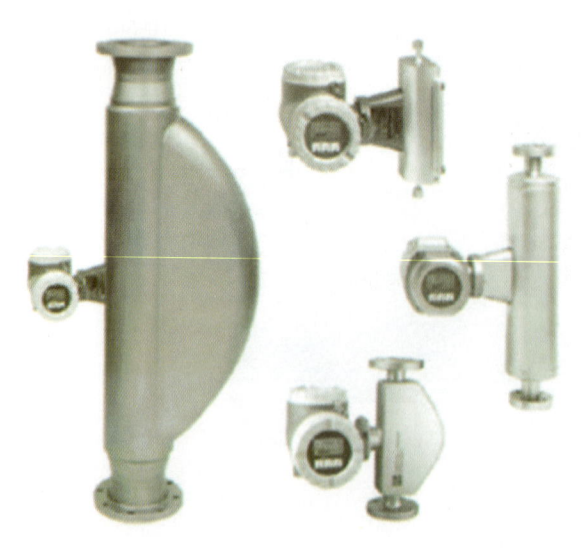

Figura 2.19 – Tipos construtivos de medidor *Coriolis*
Fonte: Courtesy of Endress+Hauser

2.7.3.4   Medidor tipo rotativo ou deslocamento positivo

Os medidores de vazão tipo rotativo ou deslocamento positivo possuem uma faixa de aplicação ainda restrita nos PE do Brasil para a área de transporte. Possivelmente por ser eletromecânico, requer um gás mais limpo do que medidores similares, isento de particulados e sólidos. Gera relativa perda de carga imposta ao sistema, devido ao tipo de tecnologia.

É uma tecnologia relativamente consagrada no mundo. Permite operar em altas pressões e com elevada rangeabilidade, o que o torna adequado para PE específicos, como de UTE. Não necessita de trechos retos a montante e a jusante do medidor, conforme prescreve a norma ANSI B109.3 e o report 8 da AGA; entretanto, requer o uso de computador de vazão para o cálculo da compensação da vazão pelos parâmetros P, T e Z.

Existem diferentes tipos de medidor de deslocamento no mercado. Basicamente, eles são constituídos em quatro modelos construtivos:

a)   Rotativos (medidor com elemento tipo engrenagem, parafuso ou palhetas).
b)   Recíprocos (medidor com elemento tipo pistão).
c)   Oscilantes (medidor com elemento rotativo).
d)   Nutação disco (medidor com elemento tipo disco oscilante).

Os tipos mais exatos desses medidores são encontrados no primeiro grupo. Uma palheta apertada varre um quarto de círculo, deslocando um volume fixo e conhecido. A figura 2.20 ilustra um corte transversal de um medidor tipo rotativo de palheta.

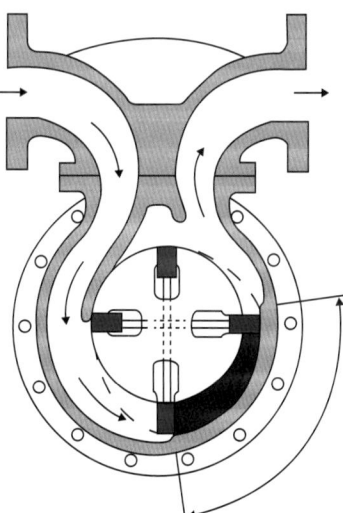

Figura 2.20 – Seção transversal de medidor de vazão de palhetas
Fonte: Referência [1]

2.7.3.5   Medidor tipo ultrassônico

Os medidores de vazão tipo ultrassônicos possuem uma aplicação ainda limitada no Brasil para a área de transporte, restrita nos PE. Não possuem peças móveis, não requerem um gás muito limpo e não impõem nenhuma perda de carga ao sistema.

É uma tecnologia recente, mas já consagrada no mundo e no Brasil. Permite operar em altas pressões, com elevada rangeabilidade, e acompanhar o seu diagnóstico de forma remota, tornando-o perfeito para uso nas linhas-tronco, nos PE e PR. Os trechos retos a montante e a jusante do medidor são relativamente pequenos, conforme prescreve as normas NBR 15855, ISO 17089 e reports 8, 9 e 10 da AGA, e requerem o uso de computador de vazão para o cálculo da compensação da vazão pelos parâmetros P, T e Z.

Ver figuras 2.21 a 2.23 para visualizar alguns aspectos construtivos.

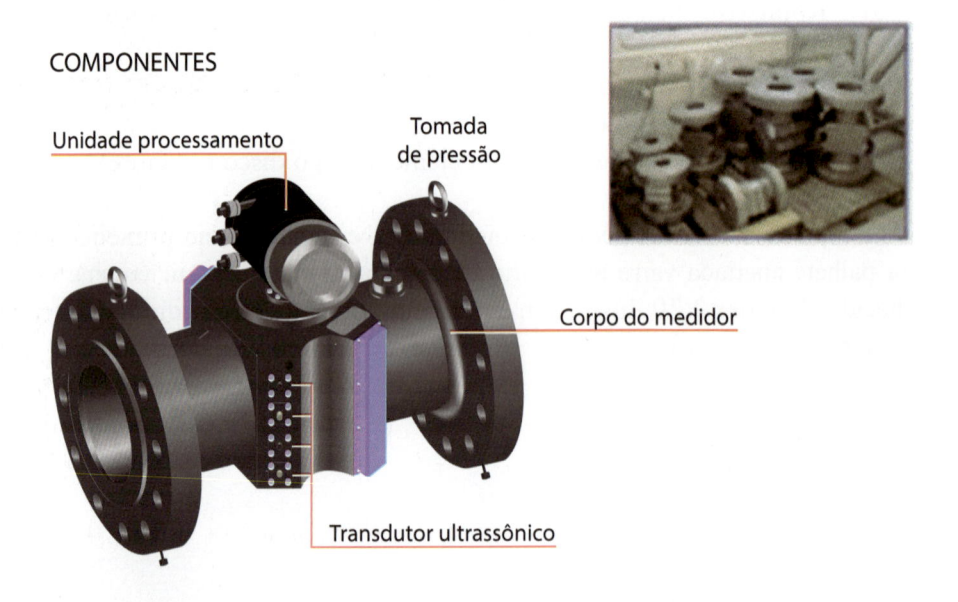

Figura 2.21 – Vista parcial do corpo de medidor
Fonte: Courtesy of SICK AG

UFSM com sensores normais: tem que parar para troca   UFSM com sensores removíveis: troca em operação

Figura 2.22 / 2.23 – *Ultrasonic Flow Meter* (UFSM)
Fonte: Cortesia de EMERSON

2.8   Princípio de funcionamento dos medidores de vazão

2.8.1   Placa de orifício

Os medidores de vazão tipo placa de orifício têm o seu princípio de funcionamento baseado na tecnologia diferencial de pressão, cuja vazão Q é proporcional à raiz quadrada da diferença de pressão quando um fluido passa por um orifício de restrição.

É a tecnologia mais antiga e consagrada no mundo para medição de vazão, tendo como únicos inconvenientes:

a)   baixa rangeabilidade;
b)   elevada perda de carga;
c)   impossibilidade de diagnosticar problemas;
d)   não linearidade;
e)   grande dependência das condições operacionais.

As equações básicas aproximadas do princípio de funcionamento estão indicadas a seguir, assim como na figura 2.24.

$$Q \sim K\sqrt{\Delta P} \quad \text{, sendo} \quad \begin{aligned} \Delta P &= P_1 - P_2 \\ \Delta Permanente &= P_1 - P_3 \end{aligned} \qquad \text{(Equações 2.1, 2.2 e 2.3)}$$

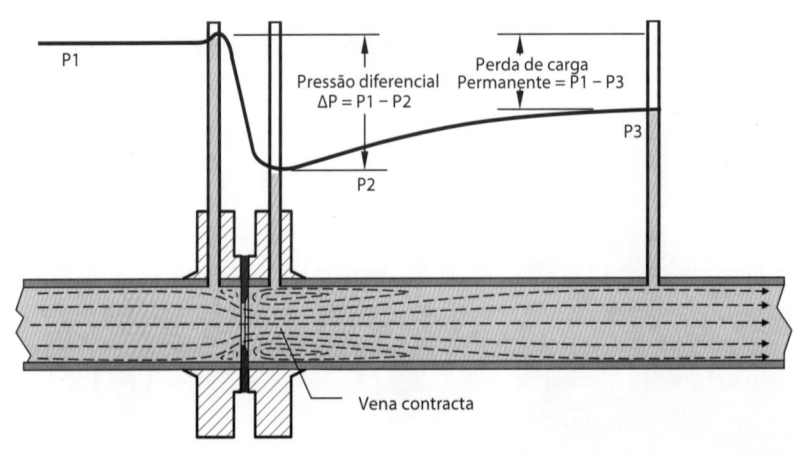

Figura 2.24 – Esquema funcional da teoria de medição através de placa de orifício
Fonte: Referência [12]

2.8.2 Turbina

O fluxo de volume é calculado a partir da rotação resultante da equação 2.4 a seguir.

$$Qv = Vm \cdot A = 2\pi \cdot n \cdot rm \cdot \cot \beta \cdot A \qquad \text{(Equação 2.4)}$$

na qual:
- Qv = vazão;
- Vm = velocidade média do fluxo;
- A = fluxo na seção reta;
- n = n° de rotações do rotor;
- rm = raio do rotor;
- β = ângulo da inclinação da lâmina.

Esta expressão muito simples mostra que o número e a forma das lâminas são os fatores mais importantes na velocidade do rotor. No entanto, a velocidade do fluxo não é constante ao longo do diâmetro da linha. Forças sobre as pás da turbina, por conseguinte, são complexas. A maior parte da velocidade é gerada próxima do centro e desloca-se para as extremidades.

Este equilíbrio de força motriz e de arrasto (o arrasto também vem de rolamentos) mantém o rotor a uma velocidade constante para uma velocidade de fluxo fixa.

A teoria demonstrou que uma expressão geral pode ser escrita para o número de pulsos gerados (n) como uma função da vazão (Q). Isso é expresso pela equação 2.5:

$$\frac{n}{Q} = A + \frac{B}{Q} - \frac{C}{Q^2} \qquad \text{(Equação 2.5)}$$

na qual:

- n = nº de pulsos gerados;
- A = constante que depende do momento da turbina;
- B = constante que depende da viscosidade e fluxo em torno das pontas das pás da turbina;
- C = constante que depende do sensor, das forças de arraste mecânico, da aerodinâmica e do rolamento.

2.8.3 Coriolis

2.8.3.1 Conceituação básica

O efeito *Coriolis* é uma força inercial, descoberta em 1835 por Gustave Gaspard de *Coriolis*, que demonstrou esse efeito com base em considerações das leis de Newton. Observa-se o efeito *Coriolis* na figura 2.25: a trajetória original é desviada para o oeste (no hemisfério Norte), por efeito da rotação da Terra.

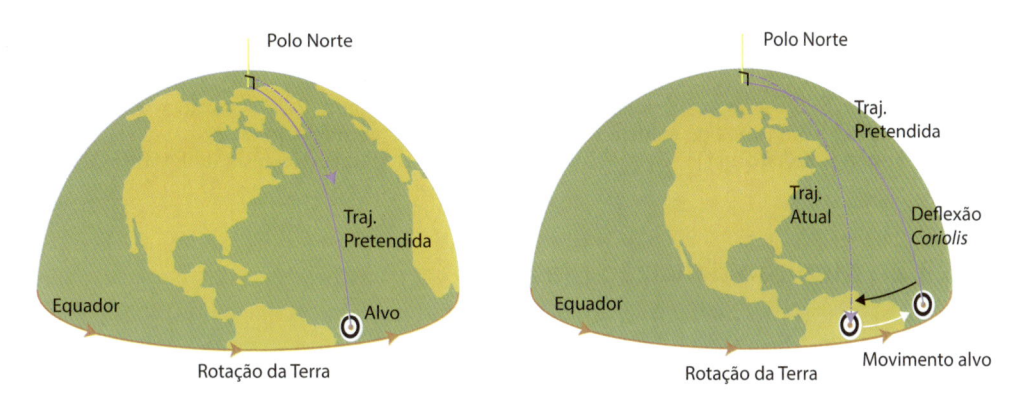

Figura 2.25 – Efeito *Coriolis*
Fonte: Referência [12]

Quando o fluido está em movimento, as partículas de massa se movem através do tubo de medição e são sujeitas a uma aceleração lateral imposta pelas forças de *Coriolis* (Fc) – ver equação 2.6.

Ao entrarem no tubo, as partículas de massa (m) se afastam do centro de rotação (Z_1) e retornam para o centro (Z_2) à medida que se aproximam da extremidade de saída. Consequentemente, as forças de *Coriolis* atuam em direções opostas à entrada e à saída do tubo de medição, e então começa o movimento de torção. Essa alteração na geometria do tubo de medição pela oscilação induzida é registrada como uma diferença de fase por meio de sensores (A, B) em cada extremidade do tubo. Essa diferença de fase ($\Delta\phi$) é diretamente proporcional à massa do fluido e à velocidade de fluxo (v), e também à massa do fluxo.

$$Fc = 2 \cdot m \cdot \omega \cdot v$$

(Equação 2.6)

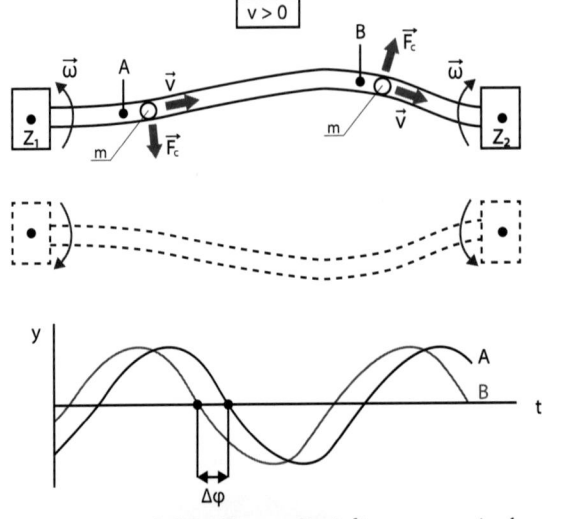

Figura 2.27 – Vazão = 0: vibrando sem torção

Figura 2.26 – Forças *Coriolis* e geometria da oscilação em tubos de medição
Fonte: Referência [1]

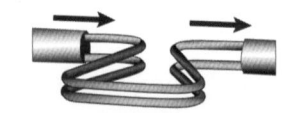

Figura 2.28 – Vazão ≠ 0: vibrando com torção
Fonte: Cortesia de EMERSON

2.8.3.2   Medição de vazão mássica

a)   Considerações básicas
- A bobina *drive* (excitação) faz os tubos de medição vibrarem na frequência natural.
- As bobinas *pick-up* (detecção) na entrada e saída captam a diferença de frequência.

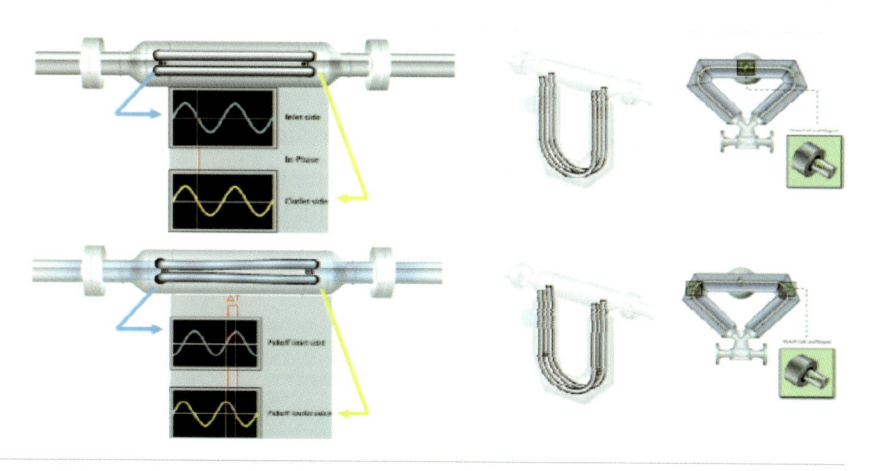

Figura 2.29 – Princípio de operação do medidor *Coriolis*
Fonte: Cortesia de EMERSON

b)   Teoria de operação da vazão mássica

O fator de calibração de vazão define a relação proporcional entre a vazão e a medição da defasagem das bobinas (excitação e captação).

- Utilizam fator para líquidos ou gases.
- Mantém a linearidade em toda a faixa de operação.

$$m = flow_{cal} \cdot \Delta t \qquad \text{(Equação 2.7)}$$

na qual:

- m = vazão mássica (g/s);
- $flow_{cal}$ = constante de calibração do medidor (g/s/µs);
- Δt = diferença de tempo entre sinais das bobinas de captação (µs).

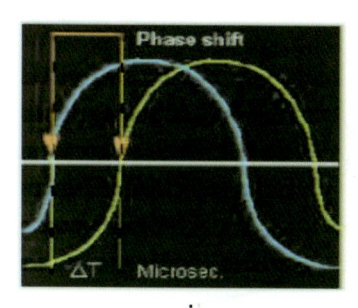

4.2745 | 4.74
Fator de | Coeficiente de
Calibração | temperatura

Figura 2.30 – Teoria de operação do medidor *Coriolis*
Fonte: Cortesia de EMERSON

2.8.3.3   Medição de densidade

A medição de densidade, utilizada em fluidos líquidos, é baseada na frequência natural, sendo inversamente proporcional à massa:

- Quando a massa é **incrementada,** a frequência natural do sistema é **decrementada.**
- Quando a massa é **decrementada,** a frequência natural do sistema é **incrementada.**

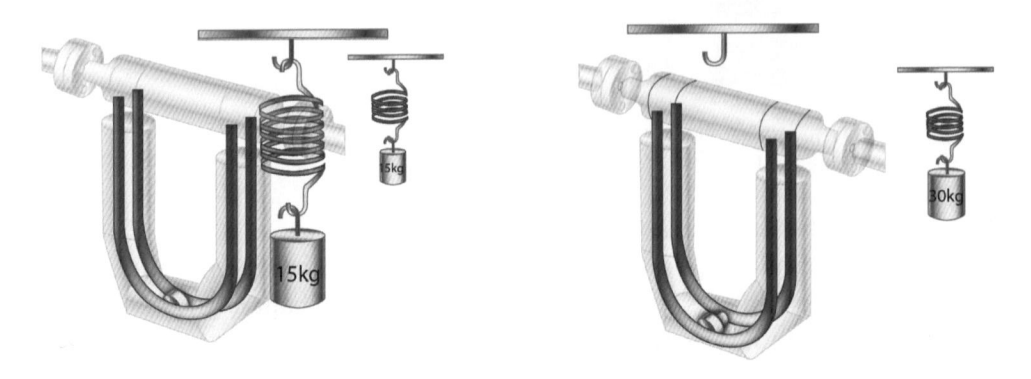

Figura 2.31 – Ilustração da teoria de medição de densidade
Fonte: Cortesia de EMERSON

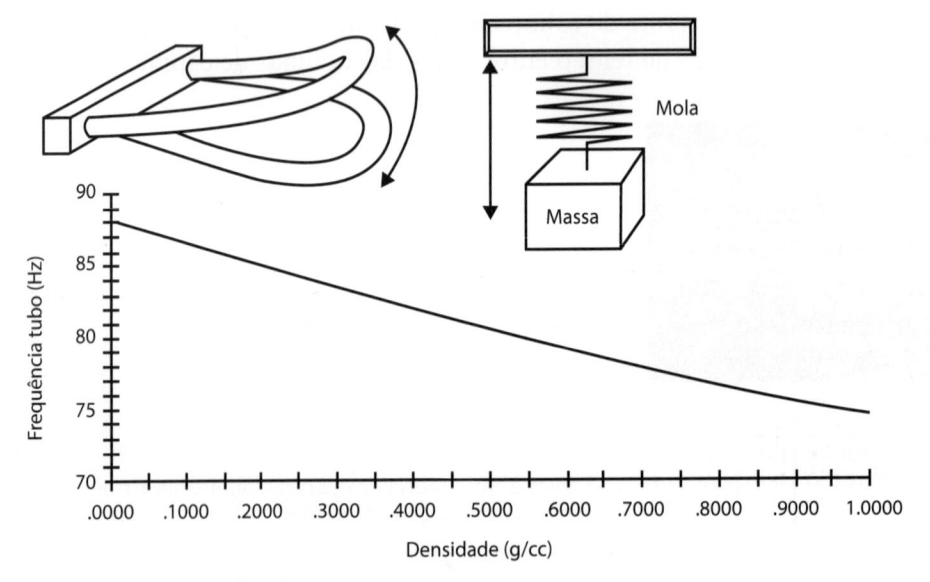

Figura 2.32 – Gráfico ilustrativo da teoria de medição de densidade
Fonte: Cortesia de EMERSON

2.8.3.4   Medição de temperatura

Para a medição de temperatura utiliza-se Pt100 a 3 fios (RTD) nos tubos de medição:

- Incerteza da medição: 1,0 °C.
- Utilizado para compensar a elasticidade dos tubos de medição.

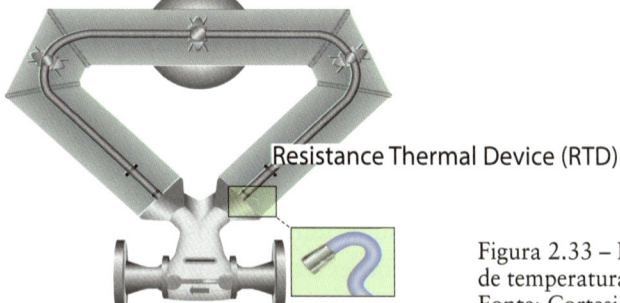

Resistance Thermal Device (RTD)

Figura 2.33 – Ilustração da teoria de medição de temperatura
Fonte: Cortesia de EMERSON

2.8.4   Ultrassônico

2.8.4.1   Método diferencial de tempo de trânsito

a)   Conceituação básica

Medidor de vazão ultrassônico usando diferença do tempo de trânsito. Pode-se dizer que esse medidor mede a diferença entre o tempo que o pulso ultrassônico leva ao se propagar a favor e contra o escoamento. Essa tecnologia determina a velocidade pela qual a onda sonora se propaga no gás, que depende da velocidade de escoamento do fluido e de sua direção.

Este método utiliza o fato de que a velocidade de propagação das ondas sonoras no fluido é diretamente influenciada pela velocidade desse fluido. Expresso em termos simples, nadar contra a corrente requer mais energia e tempo do que nadar no sentido do fluxo, e a medição de vazão ultrassônica utilizando o efeito de tempo de trânsito é baseada nesse simples fato físico.

Dois sensores montados na linha emitem e recebem simultaneamente sinais de ultrassons.

Na condição "fluxo zero", ambos os sensores recebem a onda ultrassônica transmitida ao mesmo tempo, ou seja, sem atraso do tempo de trânsito. Mas, com um fluido em movimento, as ondas ultrassônicas requerem comprimentos diferentes e tempo (dependente da vazão) para alcançar o outro sensor.

Se a distância entre os dois sensores é conhecida, então a diferença do tempo de trânsito medida é diretamente proporcional à velocidade do fluxo.

Ambos os sensores são ligados a um transmissor. O transmissor excita os sensores para gerar as ondas sonoras e mede o tempo de trânsito das referidas ondas que se propagam a partir de um sensor para o outro.

$$Q = K \frac{t_1 - t_2}{t_1 \times t_2}$$ (Equação 2.8)

na qual:

- t_1 = tempo de trânsito (no sentido do fluxo);
- t_2 = tempo de trânsito (no sentido contrário do fluxo);
- K = função (comprimento do caminho acústico, relação entre a distância do sensor radial e axial e da distribuição da velocidade – perfil do fluxo – através da seção).

Atualmente, uma variedade de tipos de sensores ultrassônicos está disponível para a instalação diretamente na linha ou são fornecidos pré-instalados em um carretel flangeado para montagem em um tramo de medição.

O anexo 3.1 apresenta uma folha de dados típica para a aquisição de um medidor ultrassônico.

b)   Tipos de sensores e concepção

Os sensores podem ser divididos em dois subgrupos aplicáveis tanto para a tecnologia *Doppler*, que está fora do uso normal da indústria, como para o método Diferença de Tempo de Trânsito:

- Sensores tipo *clamp-on*;
- Sensores tipo intrusivo.

Observar na figura 2.34 que a montagem direta ou por reflexão e localização dos sensores (transdutores ultrassônicos) depende do diâmeto do tubo de medição.

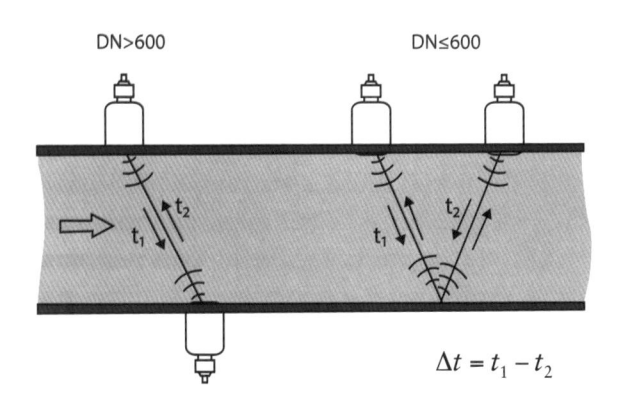

Figura 2.34 – Ilustração do princípio de funcionamento do UFSM por tempo de trânsito
Fonte: Referência [12]

$$\Delta t = t_1 - t_2$$

(Equação 2.9)

na qual:
- DN = diâmetro nominal da linha;
- DN = 600 mm (24 polegadas).

2.8.4.2 Princípio de operação

O princípio básico de operação dos medidores ultrassônicos por Tempo de Trânsito está indicado nas figuras 2.35 e 2.36, por meio das equações 2.11 a 2.14.

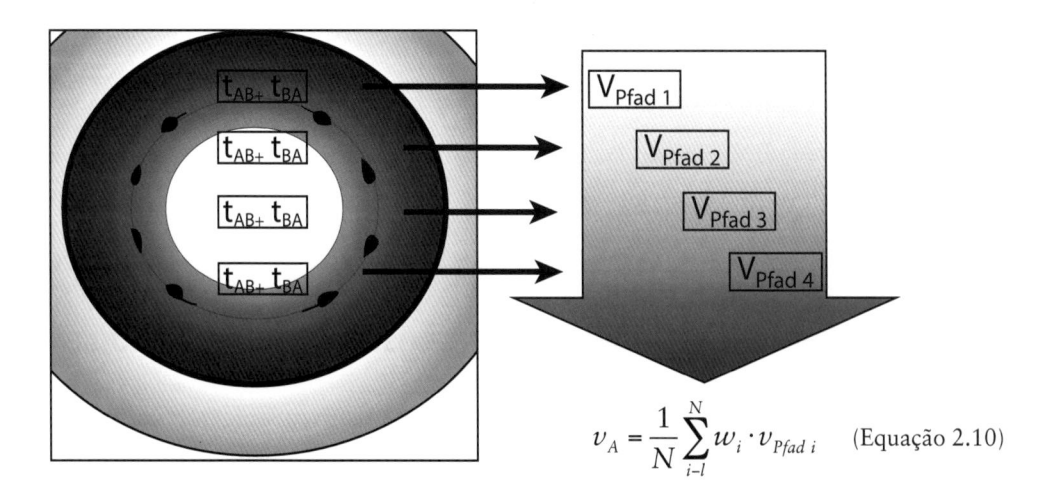

$$v_A = \frac{1}{N} \sum_{i-l}^{N} w_i \cdot v_{Pfad\ i}$$ (Equação 2.10)

Figura 2.35 – Vista interna de um medidor USFM
Fonte: Courtesy of SICK AG

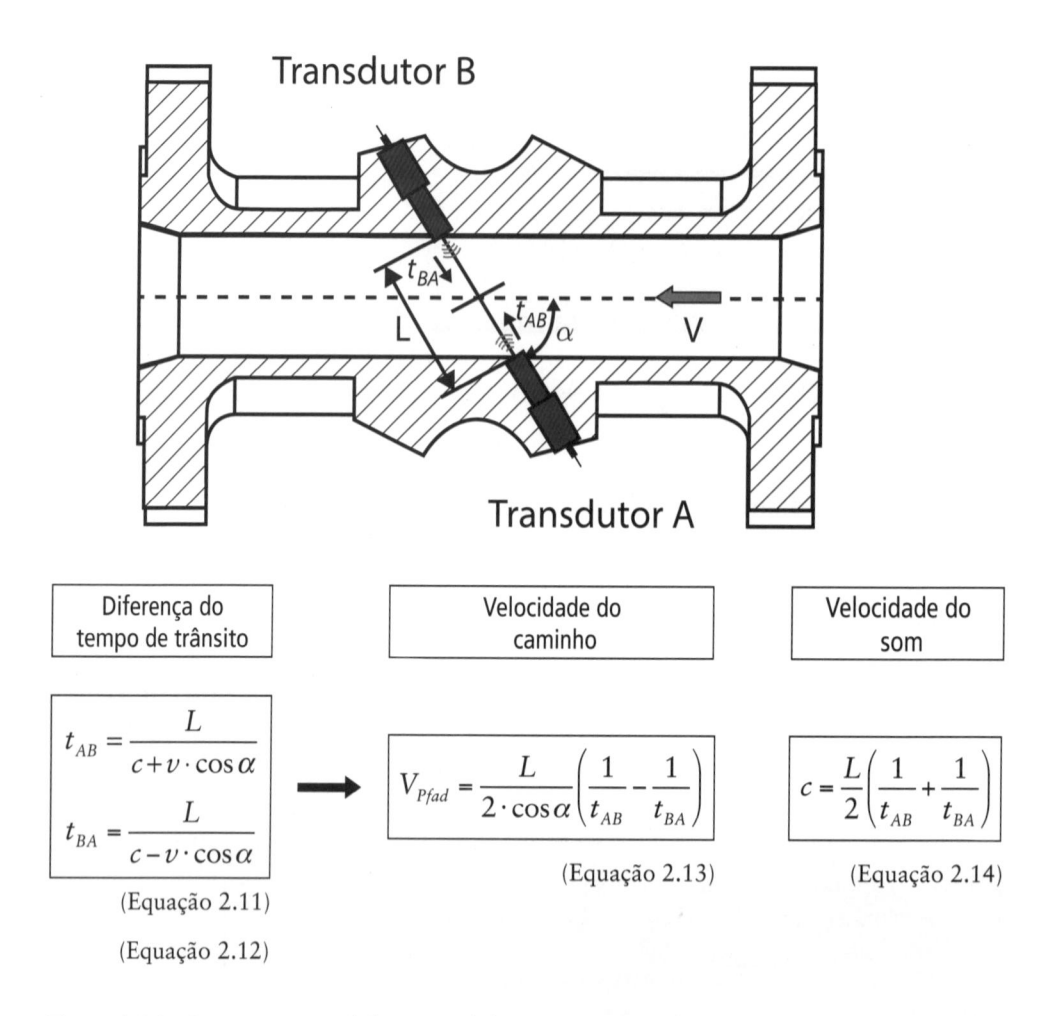

Diferença do tempo de trânsito

$$t_{AB} = \frac{L}{c + v \cdot \cos\alpha}$$

$$t_{BA} = \frac{L}{c - v \cdot \cos\alpha}$$

(Equação 2.11)

(Equação 2.12)

Velocidade do caminho

$$V_{Pfad} = \frac{L}{2 \cdot \cos\alpha}\left(\frac{1}{t_{AB}} - \frac{1}{t_{BA}}\right)$$

(Equação 2.13)

Velocidade do som

$$c = \frac{L}{2}\left(\frac{1}{t_{AB}} + \frac{1}{t_{BA}}\right)$$

(Equação 2.14)

Figura 2.36 – Seção transversal de um medidor USFM
Fonte: Courtesy of SICK AG

2.9   Medição operacional *versus* transferência de custódia

Conforme indicado na referência [10], os requisitos técnicos e as definições aplicadas à malha de transporte de GN no Brasil traduzem em sistemas de medição mais exatos. Em contrapartida, esse rigor torna o processo mais complexo e dispendioso.

2.9.1 Medição operacional – definição e requisitos

2.9.1.1 Definição

É aquela medição usada para balanço operacional durante o transporte ou transferência do produto, sem o compromisso fiscal (compra ou venda).

2.9.1.2 Locais de utilização da medição operacional

Onde é utilizada a medição operacional?
Nas linhas-tronco dos gasodutos junto às estações ou nos *scrapers*.

2.9.1.3 Tipo de medidor utilizado

No Brasil, são utilizados elementos primários baseados em tecnologia ultrassônica desde os anos 1990, conforme filosofia atual e práticas em uso nas instalações de transporte de GN.

2.9.1.4 Requisitos

Os principais requisitos recomendados para a aplicação da medição operacional, já considerando a atual regulamentação ANP/INMETRO, são apresentados a seguir.

a) Para a medição operacional, podem ser usados medidores ultrassônicos com 2 *paths* (caminhos), desde que possuam a incerteza máxima ≤ 1,5%;

b) Compensação PTZ para as condições-base no medidor, caso a unidade eletrônica do medidor possua os algoritmos de compensação da pressão estática, temperatura e fator de compressibilidade. Em caso contrário, deve ser utilizado um computador de vazão para essa função;

c) Atendimento das normas NBR 15855, ISO 17089 e aos reports 8, 9 e 10 da AGA.

2.9.2 Medição para transferência de custódia – definição e requisitos

2.9.2.1 Definição

É aquela medição utilizada com a finalidade fiscal, seja para a compra e o pagamento do produto (GN e/ou GNL) via importação, seja para a contabilização interna entre Cias., ou para a venda às Cias. Distribuidoras Locais de gás natural.

2.9.2.2 Locais de utilização da medição para transferência de custódia

É usada ou se recomenda a utilização da medição de custódia em todos os PE, em alguns PR e em determinados gasodutos estratégicos, geralmente interestaduais.

2.9.2.3 Tipos de medidores utilizados

Os medidores mais utilizados são elementos primários tipo placas de orifício, turbinas, rotativos e ultrassônicos.

2.9.2.4 Requisitos

Os principais requisitos recomendados para a implementação da medição de transferência de custódia são apresentados a seguir.

a) Atender às normas NBR 15855, ISO 17089 e 5167, ANSI B109.3, reports 3, 7, 8, 9 e 10 da AGA, entre outras;

b) Corrigir a Vazão e o Volume nas condições-base de Pressão e Temperatura (PT) do GN e/ou GNL para 1 Atmosfera ou 1,03323 kgf/cm²; 1,01325 bar ou 101,325 kPa e 20 °C;

c) Compensar as variações do fator de compressibilidade (Z) do GN e/ou GNL por meio da escrita da cromatografia no computador de vazão, de forma local ou remota via sistema de supervisão;

d) Permitir configurações, auditoria e emissão de relatórios em linha pelo Transportador e/ou Carregador.

2.9.2.5 Filosofia da medição

A filosofia atual da medição de transferência de custódia na malha de transporte brasileira leva em consideração a utilização de duas tecnologias distintas, descritas a seguir.

A malha de gasodutos de transporte operada pela Transpetro considera os seguintes aspectos:

• Utiliza N + 1 tramos de medição em paralelo, dimensionados para a vazão contratual da estação, sendo N o número de tramos operacionais, e opera segundo o conceito do tramo reserva, substituir qualquer outro, em caso de defeito ou parada/retirada para recalibração ou manutenção;

- Utiliza elementos primários através de placas de orifício, retificadores de fluxo e transmissor para extensão de faixa, independente da vazão, em cada tramo;
- Utiliza um computador de vazão para todos os tramos ou *skid* de medição da estação;
- Exige certificado metrológico de todo o sistema de medição, incluindo o cálculo da incerteza global.

Por sua vez, a malha de gasodutos de transporte operada pela TBG considera os seguintes aspectos:

- Utiliza 2 + 1 tramos de medição, dimensionados para a vazão contratual da estação. O medidor reserva é instalado de tal forma que pode ser alinhado em série com qualquer um dos dois medidores operacionais existentes para uma verificação em linha, ou substituição no caso de defeito ou necessidade de recalibração;
- Utiliza elemento primário através de turbinas, independente da vazão;
- Utiliza um computador de vazão para cada tramo de medição ou *skid* da estação;
- Exige certificado metrológico de todo o sistema de medição, incluindo o cálculo da incerteza global.

Desse modo, quase a totalidade das instalações de medição de custódia de GN em operação na malha de transporte brasileira nos PR e PE usam placas de orifício ou turbinas como elemento primário, independentemente da vazão e *range* operacional.

A tendência, em especial após a publicação da Resolução Conjunta ANP/INMETRO de 10 de junho de 2013, que trata, entre outros pontos, do aumento da periodicidade de calibração e inspeção dos sistemas de medição, é permitir a implementação em maior escala da tecnologia de medição ultrassônica para as instalações de transferência de custódia ou fiscal nas Cias. de GN do Brasil.

Recomendação para utilização de medidores ultrassônicos em EMED de alta vazão com os principais requisitos:

- Possuir um tramo de medição reserva, de iguais características ao tramo de serviço;

- Incerteza global do sistema < 0,7%, com 4 *paths* no mínimo e atender às normas NBR 15855, ISO 17089 e aos reports 8, 9 e 10 da AGA;
- *Range* * de medição operacional acima de 1:20;
- Computador de vazão para a compensação PTZ de cada tramo;
- Certificado de calibração em alta pressão emitido por laboratórios com capacidade e competência reconhecida, como NMi, PTB, TCC ou CEESI, com o cálculo da incerteza total do sistema e que possuam acreditação pelo ILAC.

2.9.2.6 Instalações de medição de transferência de custódia de gás natural no Brasil

a)   Placas de orifício

Recomenda-se ter sua aplicação limitada a sistemas que trabalhem com uma vazão entre 200 e 400 mil m³/dia, em situações em que o *range* de medição fique em até 1:3 (rangeabilidade da placa).

Caso o *range* de medição seja outro, deve ser considerada a utilização de placas de orifício com transmissor de pressão diferencial para extensão de faixa (até o limite de 1:10) ou então adotar outra tecnologia (preferencial).

Para o dimensionamento da placa, recomenda-se adotar:

- $0,2 \leq \beta \leq 0,6$;
- $\Delta p = 2.500$ mm de H_2O para a vazão de cálculo, sempre que possível;
- A sua instalação é orientada pela norma ISO 5167 e pelo report 3 da AGA.

b)   Turbinas

Recomenda-se ter sua aplicação limitada a sistemas que trabalhem em uma faixa* de operação intermediária, com uma vazão entre 200 e 1.000 m³/dia.

- O *range* de medição deve ser maior ou igual a 1:10 até 1:25;
- Usadas onde se deseja uma incerteza menor ou em substituição às placas de orifício;
- A sua instalação é orientada pelo report 7 da AGA.

---

* Os termos "faixa" e "*range*" são denominações comumente usadas na indústria, embora o VIM recomende o uso do termo "intervalo"

c) Medidor de deslocamento positivo (rotativo)

São recomendados para serem utilizados em sistemas que trabalhem em uma faixa de operação mais baixa, com uma vazão de até 200 mil m³/dia e/ou que trabalhem com alta pressão.

- DN do trecho menor ou igual a 6 polegadas (150 mm);
- Admite-se também sua utilização substituindo a placa de orifício em que a vazão normal de operação esteja na faixa de 200 a 400 mil m³/dia e o *range* de medição seja maior ou igual a 1:10;
- A sua instalação é orientada pela norma ANSI B109.3.

d) Medidores ultrassônicos

São recomendados para serem utilizados em sistemas que trabalhem em uma faixa de operação mais elevada, com uma vazão acima de 1.000 mil m³/dia.

- Quando se deseja uma incerteza menor que a obtida pelos demais tipos de medidores;
- *Range* de medição maior ou igual a 1:20;
- A sua instalação é orientada pelas normas NBR 15855, ISO 17089 e os reports 8, 9 e 10 da AGA.

2.9.2.7 Instalações de medição de transferência de custódia de gás natural liquefeito no Brasil

Tipicamente, as seguintes tecnologias de medidores são utilizadas em instalações de GNL, conforme tabela 2.5.

O caso indicado é usado nos navios de Armazenamento e Regaseificação de GNL (FSRU) que compõem os terminais de GNL, denominados Não Convencionais, e também na planta de liquefação de GNL em operação no Brasil.

Tabela 2.5 – Quadro típico dos principais sistemas de medição de um FSRU					
Fluido	Sistema de medição	Serviço	Tipo de medidor	Incerteza expandida	Normas de referência
GNL	Tanques de armazenamento de GNL	Sistema de Transferência de Custódia	Medidor de nível de micro-ondas (radar) com sensores criogênicos de pressão e temperatura ou, alternativamente, capacitivos	≤ 1,5 % (notas 3 e 5)	ISO 10976 OIML / GIIGNL OCIMF
GNL	Entrada do FSRU	Medição Operacional	Medidor de vazão ultrassônico (tempo de trânsito) flangeado e transdutor criogênico ou, alternativamente, tubo Venturi	≤ 1,5 % (notas 1 a 4)	ASME MFC-3M ISO- 5167
GN/BOG	Retorno de GNL para o navio de transporte	Medição Operacional	Medidor de vazão ultrassônico (tempo de trânsito) flangeado e transdutor criogênico ou, alternativamente, tubo Venturi	≤ 1,5 % (notas 1 a 4)	NBR 15855 ASME MFC-3M ISO- 5167
GN	Consumo interno do FSRU	Sistema de Transferência de Custódia	Medidor de vazão ultrassônico (tempo de trânsito) flangeado	≤ 0,7 % (notas 1 a 5)	NBR 15855 ISO 17089 AGA 8, 9 e 10
GN	Saída para o ramal do gasoduto	Sistema de Transferência de Custódia	Medidor de vazão ultrassônico (tempo de trânsito) flangeado	≤ 0,7 % (notas 1 a 5)	NBR 15855 ISO 17089 AGA 8, 9 e 10

Notas:
(1) 4 (quatro) caminhos no mínimo;
(2) A compensação deve ser feita por computador de vazão em cada tramo de medição;
(3) Os transdutores devem ser removidos sem interrupção do serviço de medição;
(4) A composição do gás natural deve ser feita por sistema de análise cromatográfica em linha;
(5) Todos os equipamentos de medição de custódia devem possuir certificação de acordo com a OIML e/ou OCIMF.

Importante: Os medidores de transferência de custódia devem ser calibrados de acordo com os requisitos da OIML e do International Group of Liquefied Natural Gas Importers (GIIGNL).

Observação: Ainda não estão disponíveis normas técnicas internacionais que tratam das questões relativas aos procedimentos de calibração dos medidores ultrassônicos criogênicos para serviços de transferência de custódia de GNL e BOG.

2.9.2.8 Medição de custódia de gás natural liquefeito em navios de regaseificação

O sistema de medição de custódia encontrado nos navios FSRU e nos navios de transporte de GNL denomina-se CTS (Custody Transfer System). É um sistema consagrado internacionalmente para essa finalidade e baseia-se em medidores de nível, sendo suportado pela norma ISO 10976. Usa normalmente dois tipos distintos de tecnologia para efetuar a medição do nível nos tanques de GNL desses navios, o qual é convertido em volume utilizando-se os parâmetros do tanque, a densidade e outras variáveis de processo. As tecnologias utilizadas no CTS dos navios são:

- Medição de nível tipo flutuador.
- Medição de nível tipo radar ou micro-ondas.

Ambas as tecnologias são semelhantes a aquelas utilizadas nos tanques de petróleo e seus derivados, exceto a utilização de materiais específicos para produtos criogênicos – ver figuras 2.37 e 2.38.

a) Medidor de nível tipo flutuador

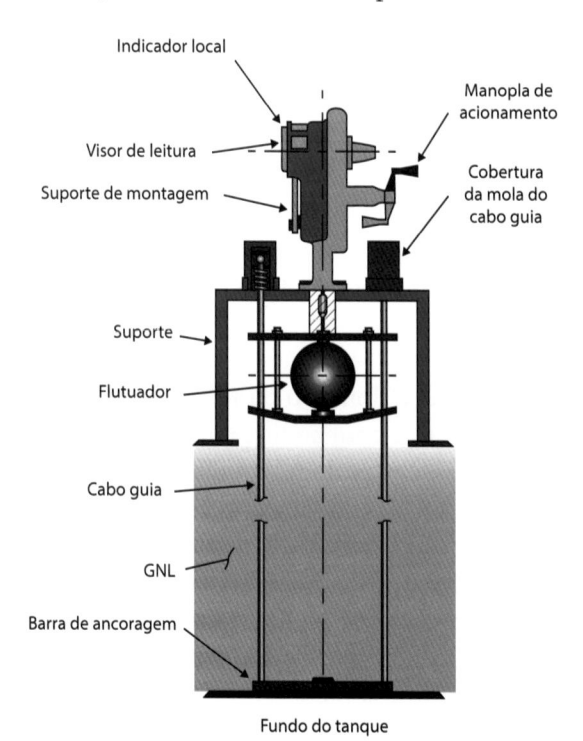

Figura 2.37 – Medidor de nível de tanque de GNL com dispositivo flutuante
Fonte: Referência [12]

b)   Medidor de nível tipo radar (micro-ondas)

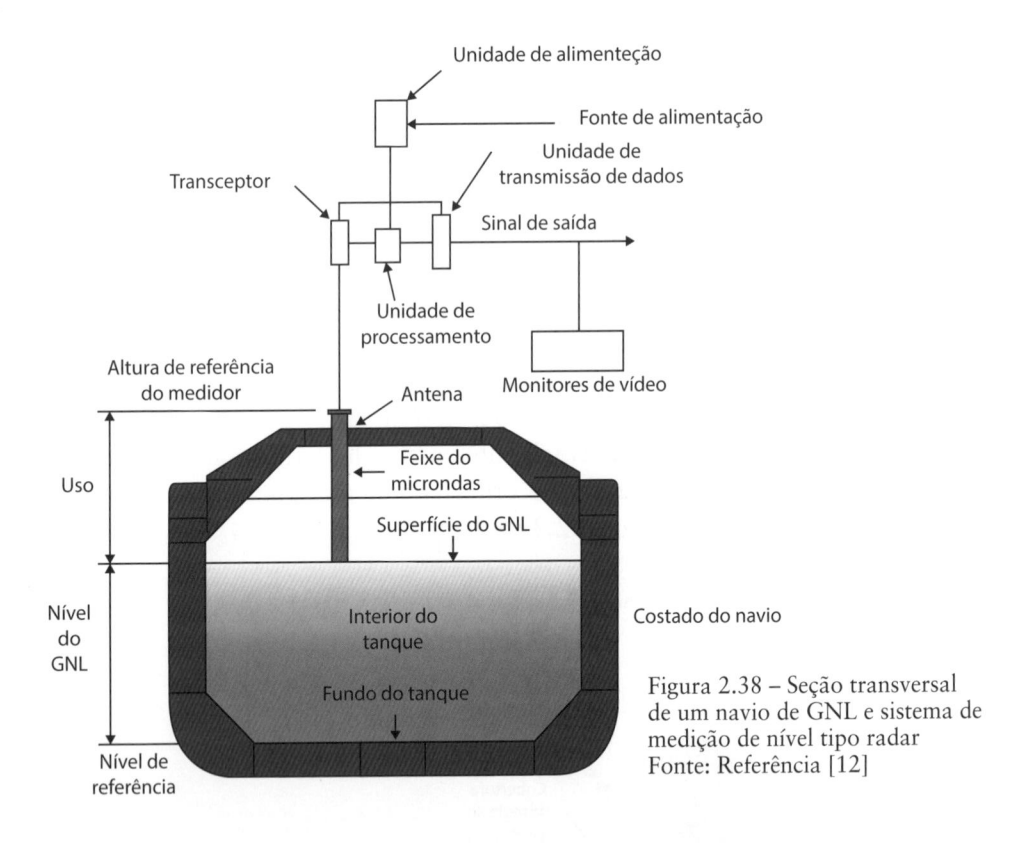

Figura 2.38 – Seção transversal de um navio de GNL e sistema de medição de nível tipo radar
Fonte: Referência [12]

2.9.2.9   Comparações entre a medição ultrassônica *versus* placa de orifício

Em função da simplicidade, abrangência e domínio da tecnologia da medição por placa de orifício, não é difícil deparar com análises que indicam que uma instalação de medição utilizando-se dessa tecnologia é melhor e de menor custo que uma instalação que usa a tecnologia ultrassônica. Acontece que nem sempre isso é verdadeiro, pois dependendo da situação ocorre justamente o oposto, visto que várias considerações e parâmetros devem ser comparados de forma a indicar a tecnologia mais adequada.

a)   Principais vantagens do medidor ultrassônico

Apresenta-se a seguir as principais vantagens da utilização da medição ultrassônica e seus desdobramentos.

- Maior exatidão e melhor incerteza do sistema de medição (maior retorno do investimento).
- Maior estabilidade e melhor repetibilidade da medição (menor custo de manutenção).
- Maior rangeabilidade dos elementos primários (menor número de medidores por tramo).
- Maior disponibilidade e confiabilidade da medição (menor necessidade de intervenção).
- Maior vida útil do sistema de medição (menor custo do investimento ao longo do tempo).
- Menor custo operacional (menor custo de manutenção e intervenção para reparo).
- Menor perda de carga (maior velocidade no sistema de medição).
- Menor consumo de energia no sistema de transporte (redução da potência de sistema de compressão).
- Melhor gestão da operação e manutenção da medição (obtenção de diagnósticos operacionais e de falha).
- Redução do número de tramos de medição, o comprimento dos trechos retos e, consequentemente, reduzir a área requerida e menor custo total da estação de medição.

b)   Principais desvantagens do medidor ultrassônico

A seguir descrevemos as principais desvantagens do medidor ultrassônico.

- Maior custo de investimento do elemento primário (medidor) se comparado com a placa de orifício e outras tecnologias equivalentes.
- Maior dificuldade de aceitação de alguns operadores, pela falta de conhecimento e treinamento.
- Maior dificuldade para calibração no Brasil (laboratórios acreditados).
- Maior necessidade se negociar a aceitação nos contratos com os clientes Cias. Distribuidoras Locais (CDL).

Nota: Um sistema de medição com a tecnologia de pressão diferencial usando-se placas de orifício é um dos mais utilizados em medições fiscais e de transferência de custódia de gás natural no Brasil.

2.10   Instalações de transferência de custódia no Brasil

Conforme diretrizes das Cias. de transporte de GN, todas essas instalações efetuam a correção da vazão e volume por meio de computadores de vazão.

2.10.1   Instalação com placa de orifício

As placas de orifício são medidores com instalação amplamente difundida nos PE da malha de transporte operada pela Transpetro e, graças a sua baixa rangeabilidade, implica em elevados DN dos trechos retos e também em maior número de tramos de medição.

2.10.1.1   Estação de medição com dois tramos

No caso a seguir (figura 2.39), essas placas são específicas para montagem utilizando-se porta-placas, dispositivo que facilita a sua remoção para os serviços de inspeção e manutenção. Observe que, nesse caso, os trechos retos foram construídos utilizando-se aço inoxidável.

Figura 2.39 – Foto de instalação típica com placa de orifício e porta-placas

2.10.2 Instalação com medidor rotativo

Os medidores rotativos são medidores com instalação restrita e limitada a poucos PE, especialmente quando se deseja alta pressão aliada com alta rangeabilidade. Uma das grandes vantagens dessa tecnologia é não requerer elevados trechos retos a montante e a jusante do elemento primário.

2.10.2.1 Estação de medição com dois tramos

No caso apresentado na figura 2.40, esses medidores recebem o GN direto na pressão do gasoduto de 100 kgf/cm² (9.807 kPa), e pode-se observar que os trechos retos de medição são de pequeno comprimento, ocupando assim pequeno espaço na estação.

Figura 2.40 – Foto de instalação típica com medidor rotativo

2.10.3 Instalações com medidor ultrassônico

Indicamos a seguir, nas figuras 2.41 e 2.42, duas instalações de PE destinadas à medição de transferência de custódia e que utilizam a correção da vazão e volume por computadores de vazão dedicados. No primeiro caso é possível observar a unidade eletrônica acoplada ao corpo do USFM, o indicador/transmissor de pressão conectado à tomada no carretel do medidor e o indicador/transmissor de temperatura conectado em tomada a montante do medidor. Pode-se visualizar os pequenos comprimentos dos trechos retos dos medidores na figura 2.41, assim como o abrigo contra a insolação para os medidores na figura 2.42.

2.10.3.1   Estação de medição com dois tramos

Figura 2.41 – Foto de instalação típica de USFM de 4 *paths*

2.10.3.2   Estação de medição com dois tramos de 12 polegadas (300 mm)

Figura 2.42 – Foto de instalação típica de USFM de 4 *paths* e proteção contra incidência solar

2.10.3.3 Estação de medição em *skid* no terminal de gás natural liquefeito

Na figura 2.43 é possível visualizar a foto do *skid* completo da EMED com tecnologia de USFM composto de 3 tramos de 12 polegadas (300 mm) em operação e 1 tramo de reserva, sendo de 7 milhões m³/dia/tramo. Essa EMED totaliza 21 milhões de m³/dia de GN, nas condições-base e 1 atmosfera.

Salienta-se que a EMED opera na pressão nominal de 100 kgf/cm² (9807 kPa), que é a pressão de serviço do ramal do gasoduto.

Figura 2.43 – Foto de *skid* típico de EMED com 4 tramos de medição de USFM

2.11 Instalação de medição operacional no Brasil

2.11.1 Instalação com medidor ultrassônico

Conforme diretrizes das Cias. de GN, normalmente essas instalações não efetuam a correção da vazão e volume por computadores de vazão, mas usando o algoritmo simplificado instalado em CLP.

O medidor ultrassônico para aplicações operacionais é um medidor de menor custo, pois tipicamente são requeridos apenas 2 *paths*, sem a necessidade de medidor reserva e de computador de vazão. Nesse caso, sua aplicação restringe-se aos *scrapers* dos gasodutos, somente para o controle ou balanço operacional da medição da malha.

Na figura 2.44 observa-se a foto de estação *Scraper* de gasoduto.

Figura 2.44 – Foto de *skid* típico de USFM com 1 tramo de medição operacional

2.12   Testes de aceitação dos sistemas de medição de vazão

2.12.1   Considerações

É mandatório que, em todos os sistemas de medição de vazão, em especial para transferência de custódia, tenhamos uma metodologia para aceitação desses sistemas, seja em fábrica (TAF), após a sua fabricação, seja no campo (TAC), após a sua montagem, antes da entrega para a operação.

Recomenda-se a elaboração, pelo cliente, pela empresa de engenharia ou pelo fornecedor, de um conjunto de documentos, denominados de Procedimentos de TAF e Procedimentos de TAC, os quais devem incluir uma descrição da inspeção e dos testes que serão realizados na fábrica e posteriormente no campo.

É prática recomendada que em cada um desses procedimentos haja, em anexo, uma lista de verificação (ou *checklist*) que deve ser preenchida durante os testes e assinada pelas partes após sua conclusão e aceite.

2.12.2 Conceituação de aceitação de sistema de medição – simplificado

O conceito simplificado de aceitação dos sistemas de medição tem menor custo e é rápido de executar, mas algumas etapas importantes e críticas relacionadas com as questões metrológicas nas fases de projeto, inspeção, bem como na certificação do sistema de medição, não são consideradas.

Cabe observar que algumas empresas ainda o utilizam em pequenos sistemas de medição. Para maiores detalhes veja a figura 2.45.

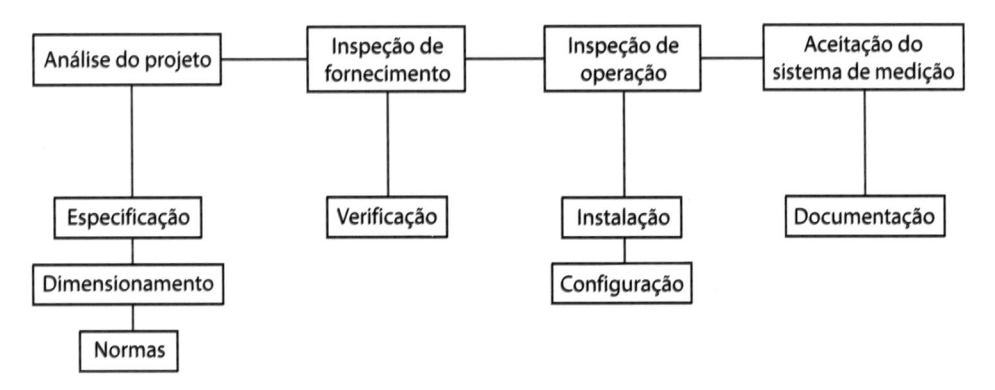

Figura 2.45 – Diagrama de blocos de TAF e TAC de sistema de medição: conceito simplificado

2.12.3 Conceituação de aceitação de sistema de medição – completo

O conceito completo de aceitação dos sistemas de medição é mais complexo, mais demorado de executar e de maior custo, porém, os ganhos em qualidade compensam. Trata-se de uma evolução natural do conceito antigo. Neste caso, foram introduzidas no processo as etapas faltantes no conceito simplificado, enfatizadas em negrito a seguir e destacadas na figura 2.46.

- Análise do projeto: **Avaliação preliminar da incerteza;**
- Inspeção de fornecimento: **Medição e certificação de conformidade;**
- Inspeção de operação: **Calibração;**
- Estimativa da incerteza de medição: **modelo matemático, fontes de incerteza e estimativa;**
- Certificação do sistema de medição: **Calibração periódica.**

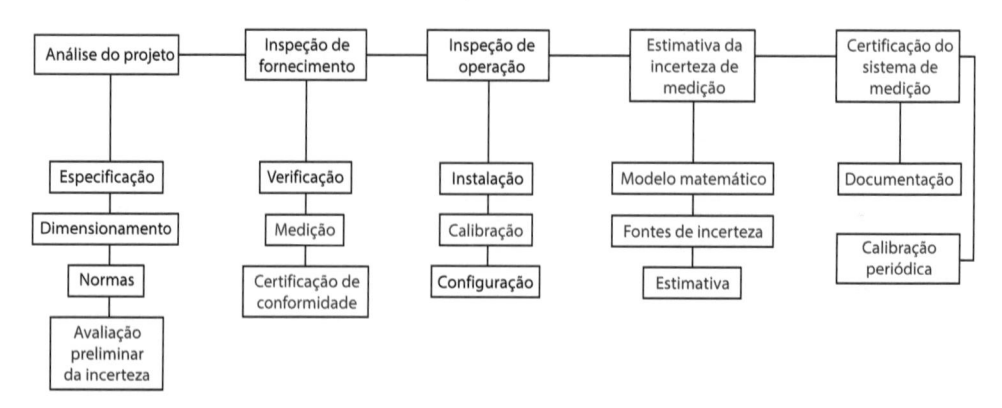

Figura 2.46 – Diagrama de blocos de TAF e TAC de sistema de medição: conceito completo

3

Computadores de vazão para GN e GNL

3.1 Histórico e definição

3.1.1 Histórico

O grande problema da medição de gás natural está no fato de que o gás é compressível, e varia seu volume com o aumento ou diminuição da pressão e temperatura. Assim, para normalizarmos a medição da vazão, é necessário estabelecer valores de referência.

No começo do século XX, na Europa e nos Estados Unidos, começou a venda de gás para uso público e introduziu-se o conceito da normalização dessa medição. A associação norte-americana American Gas Association (AGA) foi responsável pela publicação dos primeiros artigos que definiam como se efetuar a normalização da vazão de um gás natural, incluindo a compensação pelas variações de pressão e temperatura.

No Brasil, os contratos de venda de gás utilizam como referência a temperatura de 20 °C com uma pressão de 1 (uma) atmosfera.

O governo brasileiro aprovou algumas tecnologias para medição da vazão de gás, e atualmente estão liberados, para uso em transferência de custódia, os elementos primários do tipo diferencial de pressão, os rotativos, os ultrassônicos e os mássicos de efeito *Coriolis*.

Os medidores baseados na tecnologia diferencial de pressão Vcone são promissores e acredita-se que, oportunamente, venham a substituir as placas de orifício nas EMED dos PE.

Antes da utilização de equipamentos elétricos e eletrônicos no campo, as medições de vazões com a finalidade fiscal eram efetuadas basicamente com o uso de registradores de carta circular e elementos primários do tipo placa de orifício.

Esses equipamentos utilizavam células mecânicas que mediam a pressão diferencial gerada entre as tomadas antes e depois das placas, transformando essa diferença em uma saída mecânica, tipicamente um eixo de torção.

Para a medição de pressão estática utilizavam-se elementos helicoidais e/ ou capsulares compatíveis com as faixas de medição. Para a medição de temperatura utilizavam-se sistemas capilares com enchimento de gás, que sofriam expansão em seu volume quando o gás do escoamento entrava em contato com o bulbo sensor. Esses capilares eram ligados também aos elementos helicoidais, que se deformavam em função das variações de volume do gás de enchimento.

Desse modo, esses elementos eram conectados a penas individuais, de forma que, com o uso de cartas gráficas, registravam simultaneamente as variações da pressão diferencial, pressão estática e temperatura.

O operador, de posse dessas três variáveis, elaborava planilhas dos valores, considerando que a vazão instantânea de operação era diretamente proporcional à raiz quadrada do produto da pressão diferencial e da pressão estática.

Integrando a área sob o gráfico da variação da vazão instantânea ao longo do tempo, obtinha-se a vazão totalizada de operação. Utilizando-se os valores de pressão, temperatura e composição do gás, obtinham-se os demais coeficientes necessários para a compensação da vazão de operação.

Apesar de o sistema de medição utilizar ações manuais, todas as operações podiam ser auditadas a qualquer momento. Um eventual questionamento do consumidor sobre os valores da medição podia ser rebatido mostrando-se os registros da carta circular e os cálculos efetuados a partir dos valores da pressão diferencial, estática e temperatura, ou seja, todo o processo era assim documentado. Desde 1930, a AGA publicou diversos artigos que definiam os algoritmos de compensação de pressão e temperatura.

Os computadores de vazão sofreram uma grande evolução desde o seu lançamento no mercado, no início dos anos 1960 (1ª geração). Foram inicialmente projetados para manipular as equações da AGA e construídos com base nos multiplicadores, divisores e extratores de raiz quadrada.

Em seguida, vieram os computadores de vazão transistorizados na década de 1970 (2ª geração). Com a evolução da microeletrônica e o início da eletrônica digital, nos anos 1980-1990 até 2013 (3ª geração), os computadores de vazão foram dotados de microprocessadores com maior velocidade de processamento dos dados aquisitados, maior confiabilidade, maior disponibilidade e maior capacidade de armazenamento de informações, além de melhor precisão nos cálculos dos algoritmos de vazão, compensação, além de diferentes tipos de interface e protocolos de comunicação, entre outras facilidades.

Com a introdução dos medidores eletrônicos, não bastava mais ter um visor com os valores da medição. Era necessária uma forma de se auditar como o equipamento efetuou a medição, garantindo a possibilidade da auditoria local, remota e sua capacidade de se comunicar com outros dispositivos locais ou de sistemas externos à estação de GN.

3.1.2 Definição

O computador de vazão é um dispositivo eletrônico concebido para prover a solução instantânea e contínua das equações de vazão dos elementos primários do sistema de medição e efetuar os cálculos de compensação da vazão e volume em linha, além de outras funções.

Construtivamente, o computador de vazão é uma máquina digital para aplicações industriais. Se instalado no campo, obedece a requisitos severos, como suportar elevadas temperaturas ambientais e umidade. Independentemente da instalação, possui baixo consumo de energia elétrica. É dotado de uma ou mais CPU, de um conjunto de memórias do tipo não volátil ou retentiva, usadas para o armazenamento do sistema operacional dedicado, do programa aplicativo e dos parâmetros de configuração. Na memória volátil, que não retém seu conteúdo, ficam armazenados os dados de trabalho. Possui baterias de longa duração, tipicamente de 2 anos, para o relógio de tempo real e para *backup* das funcionalidades básicas, o que permite sua operação mesmo sem a energia principal da estação. Alguns modelos desses computadores são dotados também de vários níveis de senha de acesso, geralmente classificadas como fabricante, engenharia e usuário operacional.

O computador de vazão recebe os sinais analógicos ou digitais proporcionais a pressão diferencial (caso de elementos primários baseados em pressão diferencial), temperatura, pressão estática, e/ou pulsos proporcionais à vazão utilizados para calcular, totalizar, indicar e armazenar a vazão volumétrica compensada ou não compensada e a vazão mássica.

Cuidados especiais devem ser tomados para utilização dos sensores de pulso, pois requerem um correto sincronismo da faixa de frequência entre o computador de vazão e o medidor em questão, que deve ser igual ou muito próxima entre si, para evitar a perda dos pulsos e, consequentemente, erros na vazão.

Da mesma forma, deve ser observada a atualização periódica ou, nos casos mais complexos, o sincronismo automático do relógio desses computadores com o sistema de automação ou com a utilização de GPS. Esse procedimento visa minimizar as diferenças do volume totalizado nas transferências.

Alguns fabricantes dispõem de sensores digitais multivariáveis para aplicações em elementos primários baseados em pressão diferencial. Assim como no caso dos medidores ultrassônicos, é possível a utilização desses sensores digitais, uma solução mais efetiva, pois é mais precisa do que as demais.

A vazão instantânea e a sua totalização são indicadas em painéis ou visores frontais do computador de vazão, na forma de indicadores digitais, contadores eletromecânicos ou eletrônicos.

O computador ainda é dotado de interfaces, saídas ou portas do tipo analógicas, discretas e digitais (seriais RS-232, RS-485 ou USB e Ethernet) para sua configuração e integração com sistemas de supervisão, monitoração e controle (*SCADA*).

O computador de vazão é necessário para efetuar a correção da vazão e volume do gás natural, utilizando os valores atuais de pressão (P), de temperatura (T) e do fator de compressibilidade (Z), segundo as condições-base de temperatura e pressão ou de referência e conforme algoritmo certificado, correspondente ao elemento primário que está sendo utilizado.

Além disso, segundo as normas aplicáveis, permite armazenar de forma íntegra todos os valores de processo por um período de 35 dias, para auditoria.

Em outras palavras, o computador de vazão pode ser considerado como sua *caixa registradora*.

3.2   Tipos de computadores de vazão

3.2.1   Quanto ao tipo de elemento primário

Os computadores de vazão devem ser capazes de aceitar, entre outros, os seguintes elementos primários:

a)   placa de orifício;
b)   Venturi/bocal;
c)   Vcone;
d)   turbina;
e)   deslocamento positivo (rotativo);
f)   vórtex;
g)   *Coriolis*;
h)   ultrassônico.

Os computadores de vazão devem atender aos seguintes tipos de classificação:

a)   **Para medidores do tipo não lineares**: com tecnologias de pressão diferencial ao escoamento do gás, ou seja, placa de orifício, Venturi e Vcone.
b)   **Para medidores do tipo lineares**: com tecnologias que são proporcionais à velocidade do escoamento e ao volume deslocado do gás, ou seja, turbina, *Coriolis*, deslocamento positivo ou rotativo, vórtex e ultrassônico.

3.2.2   Quanto ao tipo de programação ou algoritmo utilizado

Os computadores de vazão são efetivamente dispositivos digitais que, quanto a sua modalidade de programação, podem ser classificados em dois tipos básicos, a saber:

a)   Tipo programável: computador de vazão que faz quase qualquer cálculo que seja programado.
b)   Tipo dedicado: computador de vazão que manipula apenas uma aplicação selecionada ou predefinida.

3.2.3 Computadores de vazão utilizados em instalações de gás natural no Brasil

Os computadores de vazão em uso nas instalações de gás natural no Brasil são, na maioria, adequados à tecnologia de placas de orifício, em seguida para uso com os medidores de turbinas e à tecnologia ultrassônica e, finalmente, adequados para a tecnologia dos medidores rotativos. Nas figuras 3.1 a 3.4 visualizam-se as fotos de alguns *flow computers* (FC) instalados nas estações de GN.

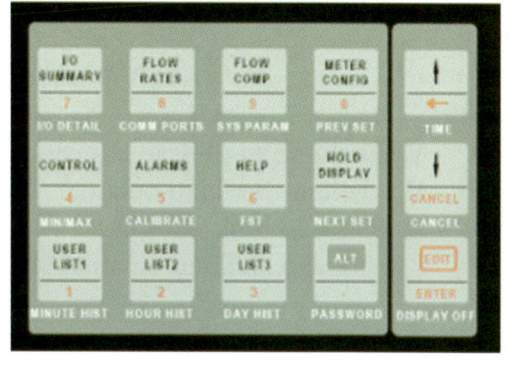

Fonte: Cortesia de Emerson

Figura 3.1 – Vista da unidade eletrônica   Figura 3.2 – Vista do *display* para acesso e configuração local

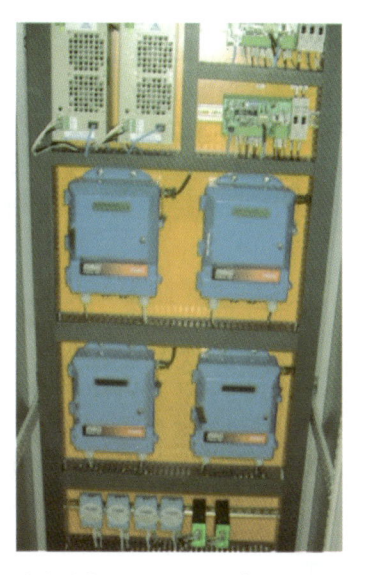

Fonte: Cortesia da PETROBRAS G&E

Figura 3.3 – Montagem típica de 2 FC em painel   Figura 3.4 – Montagem típica de 4 FC em painel

3.3   Compensação de vazão e volume

A compensação da vazão e do volume do GN é importante e necessária para corrigir essa grandeza das condições atuais, operacionais ou de fluxo para as condições básicas ou de referência. Essa correção acontece em todos os países do mundo. A forma como ela se efetua é esclarecida nos itens seguintes e de acordo com as equações indicadas.

3.3.1   Conceituação básica

3.3.1.1   Lei de *Boyle*

$$V_b = V_f \times \frac{P_f}{P_b}$$
(Equação 3.1)

na qual:
- V_b = volume na pressão básica;
- V_f = volume do fluxo ou atual pelo medidor;
- P_b = pressão básica absoluta;
- P_f = pressão do fluxo ou atual absoluta.

3.3.1.2   Lei de *Charles*

$$V_b = V_f \times \frac{T_b}{T_f}$$
(Equação 3.2)

na qual:
- V_b = volume na temperatura básica;
- V_f = volume do fluxo ou atual pelo medidor;
- T_b = temperatura básica, absoluta (K);
- T_f = temperatura do fluxo ou atual, absoluta (K).

3.3.1.3   Lei dos gases perfeitos

$$V_b = V_f \times \frac{P_f \times T_b}{P_b \times T_f}$$
(Equação 3.3)

na qual:
- V_b = volume na temperatura básica;
- V_f = volume do fluxo ou atual pelo medidor;
- P_b = pressão básica absoluta;
- P_f = pressão do fluxo ou atual, absoluta;
- T_b = temperatura básica, absoluta (K);
- T_f = temperatura do fluxo ou atual, absoluta (K).

3.3.1.4 Compressibilidade

Um gás perfeito deveria seguir a equação da lei do gás ideal precisamente quando fosse comprimido. Entretanto, como o gás não tem comportamento perfeito, ocorre um erro quando a equação é usada nas aplicações atuais de medição.

O grau de erro depende da composição do gás que está sendo medido, da medição de temperatura e da medição de pressão. A aberração ocorre porque o gás torna-se compactado (compressível) com o aumento da pressão, tendo assim mais moléculas em um dado volume.

A definição do fator de compressibilidade é a razão entre o volume de uma massa arbitrária de gás a uma pressão e temperatura especificadas e o volume da mesma massa de gás submetida às condições calculadas pela lei dos gases ideais, conforme a equação 3.4.

$$Z = \frac{V_m(real)}{V_m(ideal)}$$ (Equação 3.4)

A correção para essa condição é o fator de compressibilidade acrescentada à equação do gás ideal.

$$V_b = V_f \times \frac{P_f \times T_b \times Z_b}{P_b \times T_f \times Z_f}$$ (Equação 3.5)

na qual:
- Z_b = fator de compressibilidade nas condições básicas;
- Z_f = fator de compressibilidade nas condições de fluxo ou atuais.

3.3.1.5 Compensação

Em serviços de medição de gás, a maioria dos medidores de vazão mede ou infere o volume real, tomando como referência a vazão volumétrica nas condições nominais de operação.

Quando as condições reais do processo se afastam das condições nominais de projeto de operação, ocorrem grandes variações no volume real, o que resulta em grande incerteza na medição de vazão.

Um modo de resolver esse problema seria manipular a vazão mássica, medindo-se a vazão volumétrica e a densidade do fluido, conforme a equação 3.6.

$$W = r \times Q$$ (Equação 3.6)

na qual:
- W = vazão mássica;
- Q = vazão volumétrica;
- r = densidade.

A medição da densidade de um gás fluindo é relativamente cara, demorada e pouco confiável. A prática mais comum é inferir o valor da densidade a partir dos valores da pressão estática absoluta e da temperatura de processo. Assim, aplicando-se a lei do gás real indicada na equação 3.7, temos:

$$V_f = V_n \left(\frac{Z_f}{Z_n} \right) \left(\frac{P_n}{P_f} \right) \left(\frac{T_f}{T_n} \right)$$

(Equação 3.7)

Os *subscripts* "n" correspondem às condições nominais, e os "f" correspondem às condições de fluxo ou atuais.

Quando as condições nominais de operação são conhecidas, podem ser resumidas em uma constante K, e a expressão fica simplificada como indicada na equação 3.8:

$$V_f = K \times V_n \left(\frac{Z_f \times T_f}{P_f} \right)$$

(Equação 3.8)

Para se efetuar a compensação da temperatura e pressão reais de um processo que se afastaram da temperatura e pressão nominais, basta simplesmente multiplicar pelo fator indicado na equação 3.9:

$$\left(\frac{P_f}{Z_f \times T_f} \right)$$

(Equação 3.9)

Na qual o fator simplificado P/ZT compensa a variação da pressão e temperatura (que determina a densidade), variando das condições nominais de projeto para as condições reais de operação. Assim, calcula-se o volume requerido nas condições nominais para provocar o efeito da mesma vazão nas condições reais.

Isso significa, por exemplo, que, se P/ZT for 1,10, o gás nas condições reais é 1,10 mais denso do que o gás nas condições nominais e, portanto, 10% a mais de gás flui realmente através do sistema de medição linear que está medindo, assumindo as condições nominais de operação. A figura 3.5 apresenta um sistema típico de vazão compensada.

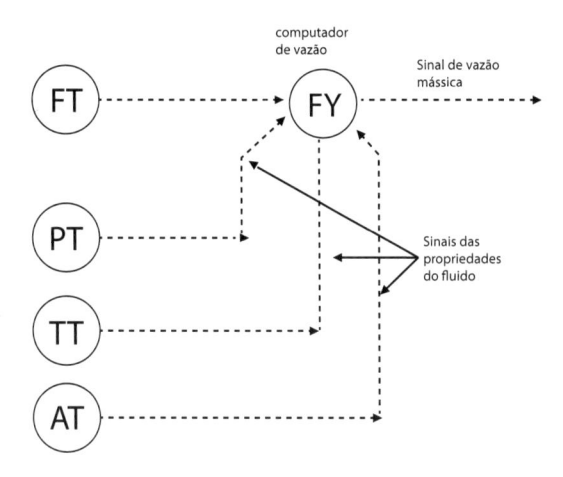

Figura 3.5 – Fluxograma típico de sistema de vazão compensada

Nas condições nominais de operação, o fator P/ZT é usado para corrigir o volume real, antes de as não linearidades serem compensadas. Assim, esses fatores são tratados do mesmo modo que a densidade nas equações do medidor. Quando a vazão variar não linearmente com a densidade do gás, a vazão também vai variar não linearmente com o fator P/ZT.

Dessa forma, em um sistema de medição com placa de orifício, o fator de compensação é a raiz quadrada de P/ZT, pois a vazão volumétrica é proporcional à raiz quadrada da densidade.

A compensação da pressão e temperatura usa a hipótese de o fator de compressibilidade ser constante nas condições de operação próximas das condições nominais e despreza os efeitos da compressibilidade. Para se medir a vazão volumétrica compensada, usa-se a equação 3.10, aplicável em medidores lineares.

$$V_f = V_n \left(\frac{Z_n}{Z_f} \right) \left(\frac{P_f}{P_n} \right) \left(\frac{T_n}{T_f} \right)$$

(Equação 3.10)

Quando o fator de compressibilidade nas condições reais não se afasta do fator nas condições nominais, temos a equação 3.11:

$$V_f = V_n \left(\frac{P_f}{P_n} \right) \left(\frac{T_n}{T_f} \right)$$

(Equação 3.11)

Para um medidor com saída proporcional ao quadrado da vazão, tem-se a equação 3.12:

$$V_f = V_n \sqrt{ \left(\frac{P_f}{P_n} \right) \left(\frac{T_n}{T_f} \right) }$$

(Equação 3.12)

Observar que a equação da vazão compensada é o inverso da equação da lei dos gases ideais, justamente para eliminar os efeitos da pressão e da temperatura. Ou seja, como a vazão volumétrica depende da pressão e temperatura de um fator (ZT/P), deve-se multiplicá-la por um fator de compensação (P/ZT) para se ter uma vazão volumétrica compensada.

3.3.2   Equações para o cálculo da vazão volumétrica

Os elementos primários de medição do tipo diferenciais de pressão, turbina, ultrassônico, entre outros, dependem da velocidade de escoamento do fluido para a determinação da vazão. A vazão e o volume registrado nas condições atuais, de fluxo ou operacionais requerem que a pressão e temperatura sejam corrigidas para as *condições básicas ou de referência.*

3.3.2.1   Lei básica dos gases ou equações de estado

Os *subscripts* "b" correspondem às condições básicas, e os "f" correspondem às condições de fluxo ou atuais.

O relacionamento da lei básica dos gases é indicado na equação 3.13.

Para as condições de fluxo ou atuais:

$$\left(P_f\right)\left(V_f\right) = \left(Z_f\right)(N)(R)\left(T_f\right)$$ (Equação 3.13)

Para as condições básicas:

$$\left(P_b\right)\left(V_b\right) = \left(Z_b\right)(N)(R)\left(T_b\right)$$ (Equação 3.14)

na qual:
- P = pressão absoluta;
- V = volume;
- Z = fator de compressibilidade;
- N = número de mols do gás;
- T = temperatura absoluta;
- R = constante universal do gás.

Sendo R uma constante do gás que é independente da pressão e temperatura, e para o mesmo número de mols do gás (N), as duas equações podem ser combinadas, resultando na equação 3.15:

$$V_b = V_f \left(\frac{P_f}{P_b}\right)\left(\frac{T_b}{T_f}\right)\left(\frac{Z_b}{Z_f}\right)$$ (Equação 3.15)

3.3.2.2 Taxa de vazão nas condições de fluxo

A equação 3.16 representa a taxa de vazão nas condições de fluxo ou atuais.

$$Q_f = \frac{V_f}{t}$$ (Equação 3.16)

na qual:
- Q_f = taxa de vazão volumétrica nas condições de fluxo;
- V_f = volume medido nas condições de fluxo durante o intervalo de tempo t;
- t = tempo.

3.3.2.3 Taxa de vazão nas condições básicas

A equação 3.17 representa a taxa de vazão nas condições básicas.

$$Q_b = Q_f \left(\frac{P_f}{P_b} \right) \left(\frac{T_b}{T_f} \right) \left(\frac{Z_b}{Z_f} \right)$$ (Equação 3.17)

3.3.2.4 Relação do fator de pressão

A equação 3.18 representa a relação entre a pressão de operação e a pressão básica.

$$\text{Relação do fator de pressão} = \frac{P_f}{P_b}$$ (Equação 3.18)

na qual:
- $P_f = P_s + P_a$;
- P_s = pressão do fluxo medida no manômetro;
- P_a = pressão atmosférica em unidade absoluta;
- P_b = pressão básica, em unidade absoluta.

3.3.2.5 Relação do fator de temperatura

A equação 3.19 representa a relação entre a temperatura básica e a temperatura de operação.

$$\text{Relação do fator de temperatura} = \frac{T_b}{T_f}$$ (Equação 3.19)

na qual:
- T_b = temperatura básica, em unidade absoluta;
- T_f = temperatura de fluxo, em unidade absoluta;
- E a temperatura absoluta: K = °C + 273,15.

3.3.2.6   Relação do fator de compressibilidade

A equação 3.20 representa a relação entre a compressibilidade básica e a compressibilidade de operação.

$$\text{Relação do fator de compressibilidade } = \frac{Z_b}{Z_f} \qquad \text{(Equação 3.20)}$$

na qual:
- Z_b = fator de compressibilidade nas condições básicas;
- Z_f = fator de compressibilidade nas condições de fluxo ou atuais.

3.3.2.7   Rangeabilidade

A rangeabilidade da grandeza vazão pode ser expressa na relação entre o valor máximo pelo valor mínimo da medição de vazão, para uma mesma classe de exatidão.

$$\text{Rangeabilidade} = \frac{Q_{max}}{Q_{min}} \qquad \text{(Equação 3.21)}$$

3.3.2.8   Erros de medição de temperatura devido à não compensação

Temperatura (°C)	Erro (%)
-20	-13
-10	-11
-5	-7
0	-6
5	-4
10	-2
15,6*	0
20	+2
25	+4
30	+6
40	+8
45	+9
50	+10

* Condição padrão (standard)   Fonte: Referência [14]

3.4 Condições básicas ou de referência

3.4.1 Condição normal, padrão e real

Em um sistema de medição de fluido compressível, é mandatório definir as condições sob as quais está sendo medida sua vazão volumétrica. A mesma vazão de um fluido compressível pode ser expressa por valores totalmente diferentes, em função das condições especificadas.

As *condições normais de temperatura e pressão* (cuja sigla é CNTP no Brasil) referem-se à condição com temperatura de 0 °C e pressão de 1 atmosfera.

Esta condição é geralmente empregada para medidas de gases em condições atmosféricas (ou de atmosfera-padrão). O equivalente de CNTP em inglês é NTP (*Normal Temperature and Pressure*).

Há duas condições de temperatura e pressão comumente utilizadas no Brasil:

- CNTP, com valores de temperatura e pressão de 273,15 K (0 °C) e 101,325 Pa (pressão normal), respectivamente. A União Internacional de Química Pura e Aplicada (IUPAC) recomenda que o uso desta pressão igual a 1 atm (pressão atmosférica normal) seja descontinuado.
- CPTP (condições-padrão de temperatura e pressão) refere-se à STP (do inglês, *Standard Temperature and Pressure*), com valores de temperatura e pressão de 273,15 K (0 °C) e 100 kPa = 1 bar, respectivamente.

3.4.2 Resumo das condições do Brasil

3.4.2.1 Condições normais de temperatura e pressão (CNTP)

a) Temperatura: 0 °C (273,15 K).
b) Pressão: 760 mmHg = 101,325 kPa = 1 atm.

3.4.2.2 Condições básicas ou de referência conforme portarias da ANP

a) Temperatura: 20 °C (293,15 K).
b) Pressão: 1 atm = 101,325 kPa = 1,033227 kgf/cm²

3.4.3   Condições básicas ou de referência no mundo

As condições básicas são usadas para a correção do GN a partir das condições atuais. Na tabela 3.1 é possível consultar essas condições em algumas localidades no mundo. Observar as notas 1 e 2, aplicáveis ao Brasil, e também que em todos os casos a pressão básica é sempre de 1 atmosfera ou 101,325 kPa.

Tabela 3.1 – Condições de referência para o GN no mundo		
Local	**Temperatura básica**	**Pressão básica**
Alemanha	0 °C	101,325 kPa
Argentina	15 °C	101,325 kPa
Austrália	0 °C	101,325 kPa
Áustria	0 °C	101,325 kPa
Bélgica	0 °C	101,325 kPa
Brasil	0 °C e 20 °C (Notas 2 e 3)	101,325 kPa
Canadá	15 °C	101,325 kPa
China	20 °C	101,325 kPa
Dinamarca	0 °C	101,325 kPa
Egito	15 °C	101,325 kPa
Espanha	0 °C	101,325 kPa
Estados Unidos	15 °C (Nota 1)	101,325 kPa
Finlândia	15 °C	101,325 kPa
França	0 °C	101,325 kPa
Holanda	0 °C	101,325 kPa
Hong Kong	15 °C	101,325 kPa
Hungria	0 °C	101,325 kPa
Índia	0 °C	101,325 kPa
Indonésia	0 °C	101,325 kPa
Inglaterra	15 °C	101,325 kPa
Irã	15 °C	101,325 kPa
Irlanda	15 °C	101,325 kPa
Itália	0 °C	101,325 kPa
Japão	0 °C	101,325 kPa
Noruega	15 °C	101,325 kPa
Nova Zelândia	15 °C	101,325 kPa
Paquistão	15 °C	101,325 kPa
Romênia	15 °C e 0 °C	101,325 kPa
Rússia	20 °C e 0 °C	101,325 kPa
Suécia	0 °C	101,325 kPa

Fonte: Norma ISO 13443
Nota 1 – Estados Unidos: 15,6 °C ou 60 °F.
Nota 2 – Brasil: 0 °C refere-se à condição normal.
Nota 3 – Brasil: 20 °C refere-se à condição básica ou de referência conforme portarias da ANP.

3.5   Referências de cálculos

3.5.1   Cálculo da vazão mássica das placas de orifício

A sistemática de cálculo da vazão mássica e da vazão volumétrica, conforme ISO 5167 para placas de orifício, é definida nas equações 3.22 e 3.23.

$$q_{Vb} = \frac{q_m}{\rho_b}$$
(Equação 3.22)

$$q_m = \frac{C}{\sqrt{1-\beta^4}} \, \varepsilon_1 \frac{\pi}{4} d^2 \sqrt{2\Delta p \cdot \rho_1}$$
(Equação 3.23)

nas quais:
- C = coeficiente de descarga;
- q_{vb} = vazão volumétrica nas condições básicas (m³/s);
- q_m = vazão mássica instantânea (kg/s);
- ε_1 = coeficiente de redução (fator de expansão);
- d = diâmetro do orifício da placa (m);
- β = relação entre o diâmetro do orifício da placa e o diâmetro interno do conduto;
- Δp = pressão diferencial ($P_1 - P_2$);
- P_1 = pressão estática a montante da placa (Pa);
- P_2 = pressão estática a jusante da placa (Pa);
- ρ_1 = massa específica nas condições de operação, a montante da placa (kg/m³);
- ρ_b = massa específica nas condições básicas (kg/m³).

3.5.2   Cálculo do volume dos medidores do tipo turbina

A sistemática de cálculo de volume de uma turbina e o cálculo de sua correção está demonstrada nas equações 3.24 e 3.25 e em conformidade com o report 7 da AGA.

$$V_b = C \times K_f \times N$$
(Equação 3.24)

$$C = \frac{\rho}{\rho_b} = \frac{P}{P_b} \frac{T_b}{T} \frac{Z_b}{Z}$$
(Equação 3.25)

nas quais:

- V_b = volume corrigido nas condições básicas de T_b e P_b (m³);
- C = fator de correção;
- K_f = coeficiente da turbina (m³/pulso);
- N = quantidade de pulsos;
- P = pressão absoluta nas condições de operação da turbina (Pa);
- P_b = pressão absoluta nas condições básicas (Pa);
- ρ = massa específica nas condições de operação da turbina (kg/m³);
- ρ_b = massa específica nas condições básicas (kg/m³);
- T = temperatura nas condições de operação (K);
- T_b = temperatura nas condições básicas (K);
- Z = fator de compressibilidade nas condições de operação da turbina;
- Z_b = fator de compressibilidade nas condições básicas.

3.5.3 Cálculo da velocidade dos medidores do tipo ultrassônico

A sistemática de cálculo da velocidade do USFM por tempo de trânsito é demonstrada nas equações 3.26 a 3.28, conforme figura 3.6, e em conformidade com a norma ISO 17089 e os reports 9 e 10 da AGA.

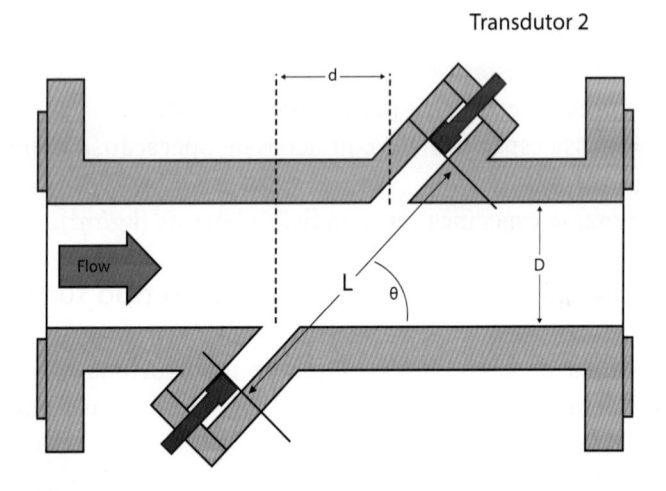

Figura 3.6 – Corte transversal de USFM

- a) Sinais de ultrassom percorrendo a distância L, entre dois transdutores: #1 montante, #2 jusante.
- b) O fluido tem uma componente da velocidade na trajetória do sinal = V.cosθ.

c) Tempo de trânsito a montante:

$$t_{ab} = \frac{L}{c - V.\cos\theta}$$ (Equação 3.26)

d) Tempo de trânsito a jusante:

$$t_{ba} = \frac{L}{c + V.\cos\theta}$$ (Equação 3.27)

e) Velocidade do fluido:

$$V = \frac{L^2}{2d}\left(\frac{\Delta t}{t_{ab}.t_{ba}}\right)$$ (Equação 3.28)

nas quais:
- L = distância entre as faces de cada par de transdutores;
- D = diâmetro interno do medidor;
- d = distância horizontal entre cada par de transdutores;
- t = tempo de trânsito entre cada par de transdutores;
- Δt = diferença do tempo de trânsito;
- V = velocidade do fluido;
- c = velocidade do som no meio;
- θ = menor ângulo entre a trajetória do caminho acústico e a horizontal do medidor.

3.5.4 Cálculo da densidade, densidade relativa e massa específica

Sistemática de cálculo da densidade do GN conforme a norma ISO 6976.

3.5.4.1 Densidade do gás natural (real)

$$\rho(t,p) = \frac{\rho^0(t,p)}{Z_{mix}(t,p)}$$ (Equação 3.29)

na qual :
- ρ^0 = densidade do GN ideal, sendo função da temperatura e pressão;
- Z_{mix} = fator de compressibilidade do GN real, sendo função da temperatura, pressão e composição.

3.5.4.2 Densidade relativa do gás natural (real)

$$d(t,p) = d^0 \frac{Z_{ar}(t,p)}{Z_{mix}(t,p)}$$ (Equação 3.30)

na qual:
- $d°$ = densidade relativa do GN ideal, sendo função da temperatura e pressão;
- Z_{mix} = fator de compressibilidade do GN real, sendo função da temperatura, pressão e composição.

3.5.4.3   Massa específica do gás natural (real)

$$\rho = \frac{1}{Z} \times \frac{P}{RT} \times M$$ (Equação 3.31)

$$\rho = \rho_b \frac{P}{P_b} \frac{T_b}{T} \frac{Z_b}{Z}$$ (Equação 3.32)

nas quais:
- P = pressão absoluta nas condições de operação (Pa);
- P_b = pressão absoluta nas condições básicas (Pa);
- ρ = massa específica nas condições de operação (kg/m³);
- ρ_b = massa específica nas condições básicas (kg/m³);
- T = temperatura nas condições de operação (K);
- T_b = temperatura nas condições básicas (K);
- Z = fator de compressibilidade nas condições de operação;
- Z_b = fator de compressibilidade nas condições básicas;
- R = constante universal do gás;
- M = massa da mistura dos componentes do gás (mol).

3.5.5   Cálculo do volume energético do gás natural e gás natural liquefeito

3.5.5.1   Volume energético do gás natural

Com o volume medido obtido pelos computadores de vazão e o valor do poder calorífico, é possível determinar o volume energético a 9400 kcal/m³, normalmente usado nas transações comerciais de compra e venda de GN no Brasil, conforme equação 3.33 e modelo indicado na figura 3.7.

$$V_{@9400\frac{KCal}{m^3}}\left[m^3\right] = \frac{V_{med}[m^3]PCal\left[\frac{KCal}{m^3}\right]}{9400\frac{KCal}{m^3}}$$ (Equação 3.33)

3.5.5.2 Modelo para o cálculo da energia transferida de gás natural liquefeito

Conforme definido pela norma ISO 10976, na figura 3.7 é indicado o modelo para o cálculo da energia transferida de GNL.

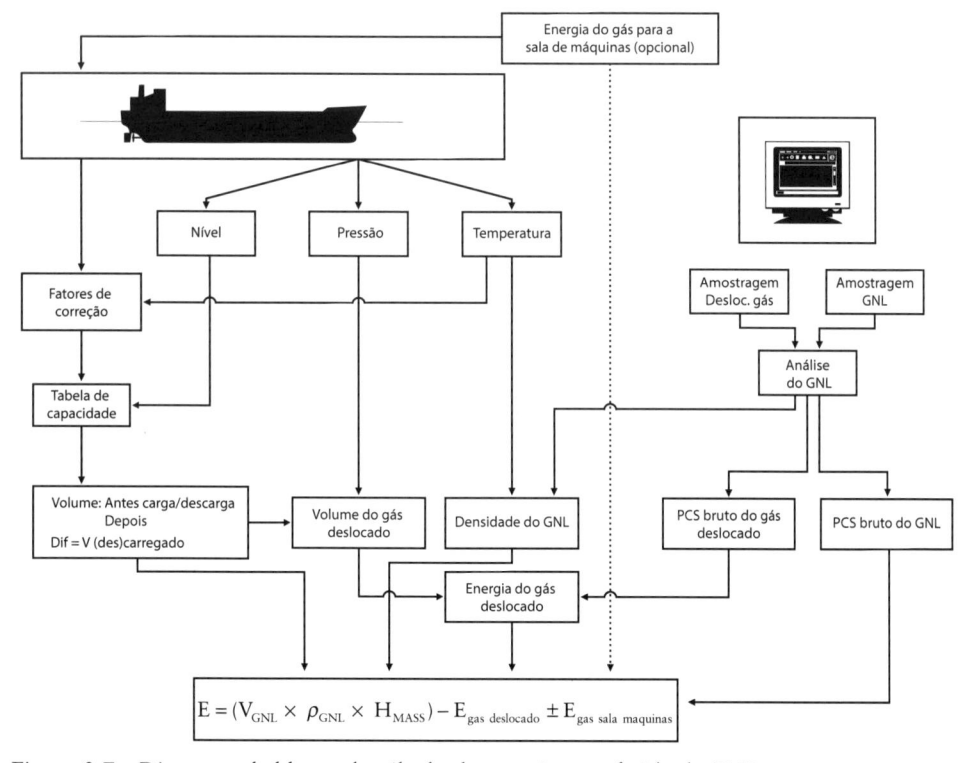

Figura 3.7 – Diagrama de blocos de cálculo da energia transferida de GNL
Fonte: Referência [12]

3.5.5.3 Cálculo da energia transferida do gás natural liquefeito

Em todos os casos, a energia transferida pode ser calculada com a seguinte equação:

$$E = (V_{GNL} \times \rho_{GNL} \times H_{MASS}) - E_{gas\ deslocado} \pm E_{gas\ sala\ maquinas}\ \text{se aplicável,}$$

(Equação 3.34)

na qual:

- E = a energia líquida total transferida do sistema de carregamento do navio de transporte de GNL, ou do sistema de descarga do navio de transporte de GNL, em MJ;

- V_{GNL} = volume de GNL carregado ou descarregado, em m³;
- ρ_{GNL} = densidade de GNL carregada ou descarregada, em kg/m³;
- H_{MASS} = poder calorífico (superior) bruto do GNL carregado ou descarregado, em MJ/kg;
- $E_{gás\ deslocado}$ = energia líquida do gás deslocado, em MJ, que pode ser qualquer um a seguir:

  – gás enviado de volta para terra ou outro navio, pelo navio de transporte de GNL, quando este estiver recebendo GNL; ou

  – gás recebido pelo navio de transporte de GNL em seus tanques, quando estiver na fase de descarregamento de GNL.
- $E_{gás\ sala\ máquinas}$ = se aplicável, é a energia do gás consumida, em MJ, pela máquina do navio de transporte de GNL, durante o período entre a abertura e o fechamento da transferência de custódia, sendo:

  – (+) durante a fase de carregamento de GNL; e

  – (–) durante a fase de descarregamento de GNL.

No comércio internacional, a energia transferida é mais frequentemente expressa em milhões de *British Thermal Units* (10^6 Btu ou MMBtu), embora não seja a unidade de energia do SI.

Assim, para efeito de conversão, deve-se usar a equação 3.35:

$$E = 1/K_{GNL} \times (E_L - E_D \pm E_E) \qquad \text{(Equação 3.35)}$$

na qual:
- E = energia transferida, em MMBtu;
- E_L = energia líquida, em MJ;
- E_D = energia do gás deslocado, em MJ;
- E_E = energia do gás consumida pela máquina do navio, em MJ;
- K_{GNL} = o fator de correção de MJ para MMBtu é 1 055.056, para a temperatura de referência de 15 °C.

Nota: A quantidade de energia total deve ser calculada de acordo com as condições específicas (a condição de referência, por exemplo, a pressão de referência e a temperatura). O cálculo deve ser o gás real ou gás ideal conforme contrato. Na norma ISO 13443, as condições definidas são: cálculo como gás real em 288,15 Kelvin (15 ° C) e 101,325 kPa ou 1 atm.

3.6 Velocidades do gás natural nos sistemas de medição

3.6.1 Considerações básicas

Em todos os sistemas de medição de vazão é importante conhecer a velocidade de escoamento nas linhas de GN, e em alguns medidores essa variável é considerada preponderante, devido ao tipo de tecnologia utilizada, por exemplo, nos medidores USFM, nas placas de orifício etc.

De qualquer modo, é necessário conhecer a velocidade de escoamento do fluido, pois existem vários aspectos que são dependentes dessa variável. Citamos a seguir algumas velocidades utilizadas como diretrizes em diferentes pontos dos sistemas de transporte de GN no Brasil, para efeito de dimensionamentos em geral:

a)   Nos gasodutos de transporte em geral: 10 a 12 m/s.
b)   Nas linhas a montante e jusante das válvulas reguladoras (máxima vazão e mínima pressão): 20 m/s.
c)   Nos módulos de medição ou EMED das estações de GN: 25 m/s.

Outro ponto importante é que, utilizando a velocidade como parâmetro básico de dimensionamento de linhas e medidores em vez das vazões volumétricas, tem-se a real definição do escoamento.

3.6.2 Modelagem do cálculo da velocidade de escoamento do gás natural em tubulações

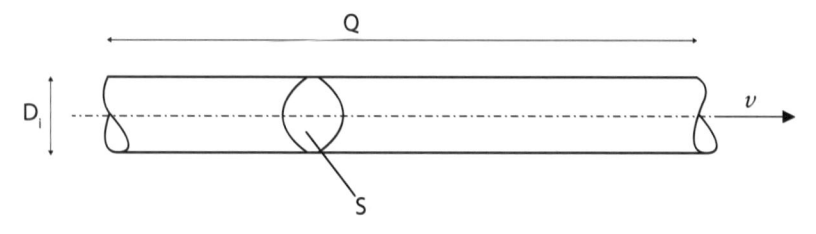

Figura 3.8 – Ilustração da seção transversal de trecho de tubulação de sistema de medição

na qual:
- D_i = diâmetro interno da linha de GN (m);
- S = área da seção transversal da linha de GN (m²);
- v = velocidade de escoamento do GN (m/s);
- Q = vazão volumétrica do GN nas condições básicas (m³/h).

3.6.3   Compensação baseada nas variáveis de estado

No diagrama indicado na figura 3.9, é ilustrada a filosofia da compensação da vazão e volume, baseada nas variáveis de estado (P, T e Z), também denominado de *Equations of State* (EOS), de um sistema de medição de GN.

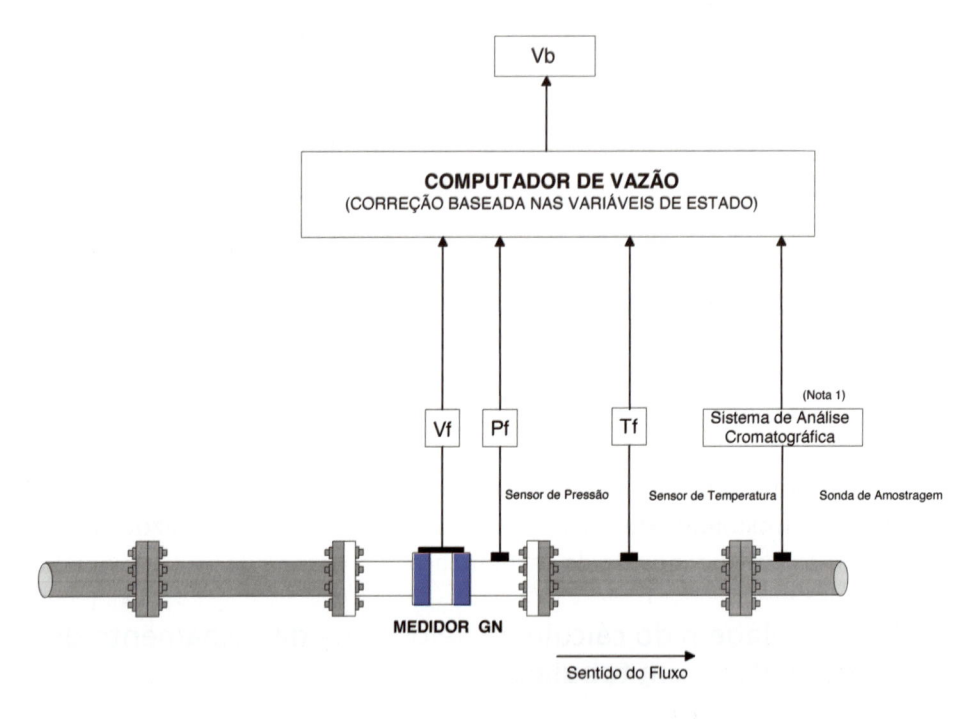

Figura 3.9 – Diagrama de blocos de compensação da vazão e volume

Nota 1 – O Sistema de Análise Cromatográfica é composto pela sonda de amostragem, cromatógrafo, analisador de umidade, condicionador de amostras, cilindros de gases de referência e de arraste.
Nota 2 – O Sistema de Análise Cromatográfica pode fornecer os dados da composição do GN de forma local ou remota.

3.6.3.1   Equações utilizadas

Nos itens a seguir as equações utilizadas serão descritas.

3.6.3.1.1   Definição da equação de compensação

Pela equação 3.36, é possível definir a equação de compensação do volume e vazão baseada nas variáveis de estado:

$$\frac{P_1 V_1}{T_1} = \frac{P_2 V_2}{T_2}$$ (Equação 3.36)

na qual:

- P_1 = pressão nas condições de fluxo ou atuais;
- V_1 = vazão volumétrica nas condições de fluxo ou atuais;
- T_1 = temperatura nas condições de fluxo ou atuais;
- P_2 = pressão nas condições básicas;
- V_2 = vazão volumétrica nas condições básicas;
- T_2 = temperatura nas condições básicas.

Fazendo-se as equivalências a seguir:

- $P_1 = P_f$
- $V_1 = V_f$
- $T_1 = T_f$
- $P_2 = P_b$
- $V_2 = V_b$
- $T_2 = T_b$

E, colocando-se V_b em evidência, temos:

$$V_b = V_f \frac{P_f T_b}{P_b T_f}$$ (Equação 3.37)

Conforme abordado anteriormente, para o cálculo da correção ou compensação do volume e/ou vazão, faz-se necessário efetuar o inverso da equação de estado dos gases. Assim, temos:

$$V_b = V_f \frac{P_b T_f}{P_f T_b}$$ (Equação 3.38)

Equação completa para o cálculo do volume e/ou vazão básica em m³/h, corrigida pela temperatura, pressão e os fatores de compressibilidade, adotada nos computadores de vazão:

$$Q_b = V_b = V_f \frac{P_b T_f}{P_f T_b 24} K$$ (Equação 3.39)

na qual:

- P_b = pressão básica (atm): 1;
- P_f = pressões de fluxo (kgf/cm²) – exemplos de valores típicos na malha de GN: 60, 70, 80, 90 e 100;
- T_b = temperatura básica (K): 293,15 $\rightarrow$ 20 °C;

- T_f = temperaturas de fluxo ou atuais (K) – exemplos de valores típicos: 5, 10, 20, 30, 40 e 50 °C;
- V_f = vazão volumétrica nas condições de fluxo ou atuais (milhões m³/dia);
- V_b = vazão volumétrica nas condições básicas (m³/h);
- Z_f = fator de compressibilidade nas condições de fluxo ou atuais;
- Z_b = fator de compressibilidade nas condições básicas;
- K = índice de compressibilidade (Z_f/Z_b).

Obs.: Tipicamente os gasodutos da malha de transporte no Brasil operam na faixa de pressão de 58 a 100 kgf/cm² (ou 5688 a 9807 kPa) e na faixa de temperatura entre 5 °C e 50 °C.

Nota: A constante 24 na equação permite transformar a vazão ou volume diário em horário.

3.6.3.1.2 Cálculo do fator de compressibilidade

No cálculo do fator de compressibilidade, o computador de vazão poderá utilizar o método de cálculo da composição detalhada, segundo a norma ISO 12213-2 (*Calculation using molar composition analysis*), por meio da equação AGA#8-92 D, indicada a seguir.

$$Z = 1 + B\rho_m - \rho_r \sum_{n=13}^{18} C_n^* + \sum_{n=13}^{58} C_n^* \left(b_n - c_n k_n \rho_r^{k_n} \right) \rho_r^{b_n} \exp\left(-c_n \rho_r^{k_n}\right) \quad \text{(Equação 3.40)}$$

3.6.3.1.3 Cálculo do índice de compressibilidade

$$K = \frac{Z_f}{Z_b} \qquad \text{(Equação 3.41)}$$

3.6.3.1.4 Cálculo da seção reta da tubulação

$$S = \pi \frac{(D_i)^2}{4} \qquad \text{(Equação 3.42)}$$

3.6.3.1.5 Cálculo da velocidade de escoamento na tubulação

$$v = \frac{Q}{S} * \frac{1}{3.600} \qquad \text{(Equação 3.43)}$$

3.6.4 Caso real de cálculo dos parâmetros relacionados à velocidade de escoamento na tubulação

3.6.4.1 Procedimentos básicos

a) Passo 1: Determinação do diâmetro interno da linha ou tubulação de GN.
Diâmetro da linha de GN de 12 polegadas (300 mm) # 900 (SC 80) → D_i = 0,2889 m.

b) Passo 2: Determinação da seção transversal interna da linha de GN.
Conforme equação 3.42 e figura 3.8 → S = 0,0656 m².

c) Passo 3: Definição dos valores básicos ou de referência:
Conforme itens 3.4.1 e 3.4.2 → T_b = 20 °C e P_b = 1 atm.

d) Passo 4: Obtenção dos dados da composição do GN.

Nesse exemplo, os dados foram obtidos via *web*, do Sistema de Informações e Qualidade de Medição Fiscal do *gas chromatograph* (GC) – veja a tabela 3.2.

Tabela 3.2 – Dados da composição do GN (carga de GNL típica)			
Dados de composição			
Metano	89,4652 (% molar)	Pentano	0,0000 (% molar)
Etano	9,7750 (% molar)	N-Pentano	0,0000 (% molar)
Propano	0,6307 (% molar)	Hexano	0,0000 (% molar)
I-Butano	0,0424 (% molar)	Nitrogênio	0,0135 (% molar)
N-Butano	0,0720 (% molar)	Dióxido de carbono	0,0000 (% molar)
I-Pentano	0,0011 (% molar)	Oxigênio	0,0000 (% molar)

e) Passo 5: Determinação do fator de compressibilidade do GN na condição básica.
Para a composição da tabela 3.2 e conforme equações 3.40 e 3.41 → Z_b = 0,9977 – ver tabela 3.3.

Tabela 3.3 – Resultado de Z_b para as condições básicas		
Z_b	T_b (°C)	P_b (atm)
0,9977	20	1

f) Passo 6: Determinação dos índices e fatores de compressibilidade do GN nas condições de fluxo.

Para a composição da tabela 3.2 e conforme equações 3.40 e 3.41 → Z_f – ver tabela 3.4.

Tabela 3.4 – Resultado de Z_f para diferentes condições operacionais

T_f	P_f = 60 kgf/cm²		P_f = 70 kgf/cm²		P_f = 80 kgf/cm²		P_f = 90 kgf/cm²		P_f = 100 kgf/cm²	
(°C)	Z_f	K	Z_f	K	Z_f	K	Z_f	K	Z_f	K
5	0,8320	0,8339	0,8054	0,8073	0,7802	0,7820	0,7569	0,7586	0,7362	0,7379
10	0,8435	0,8454	0,8191	0,8210	0,7959	0,7977	0,7745	0,7763	0,7554	0,7571
20	0,8637	0,8657	0,8429	0,8448	0,8233	0,8252	0,8051	0,8070	0,7888	0,7906
30	0,8809	0,8829	0,8631	0,8651	0,8463	0,8433	0,8308	0,8327	0,8168	0,8187
40	0,8956	0,8977	0,8802	0,8822	0,8658	0,8678	0,8526	0,8546	0,8406	0,8425
50	0,9083	0,9104	0,8951	0,8972	0,8827	0,8847	0,8713	0,8733	0,8610	0,8630

g) Passo 7: Determinação das vazões volumétricas do GN nas condições básicas.

Para a composição da tabela 3.2 e conforme equações 3.39 e 3.41 → Q_b – ver tabela 3.5.

Tabela 3.5 - Resultados de Q_b para diferentes condições operacionais e V_f = 10 milhões m³/dia

T_f	P_f = 60 kgf/cm²	P_f = 70 kgf/cm²	P_f = 80 kgf/cm²	P_f = 90 kgf/cm²	P_f = 100 kgf/cm²
(°C)	Q_b (m³/h)	Q_b (m³/h)	Q_b (m³/h)	Q_b (m³/h)	Q_b (m³/h)
5	5495	4559	3865	3451	2917
10	5671	4720	4013	3470	3047
20	6012	5029	4298	3736	3294
30	6340	5325	4569	3987	3528
40	6659	5609	4828	4226	3750
50	6969	5887	5079	4457	3964

h) Passo 8: Determinação das velocidades do GN para diferentes condições operacionais.

Para a composição da tabela 3.2 e conforme equações 3.39 a 3.43 → v – ver tabela 3.6.

Tabela 3.6 – Resultados de v para diferentes condições operacionais e v_f = 10 milhões m³/dia				
T_f (°C)	P_f = 60 kgf/ cm²	P_f = 70 kgf/ cm²	P_f = 80 kgf/ cm²	P_f = 90 kgf/ cm²	P_f = 100 kgf/ cm²
	v (m/s)	v (m/s)	v (m/s)	v (m/s)	v (m/s)
5	23	19	16	15	12
10	24	20	17	15	13
20	25	21	18	16	14
30	27	23	19	17	15
40	28	24	20	18	16
50	30	25	22	19	17

3.6.4.2 Influência da temperatura e pressão na velocidade de escoamento

Gráfico I: Veloc x Tf - 10 Milhões m³/dia

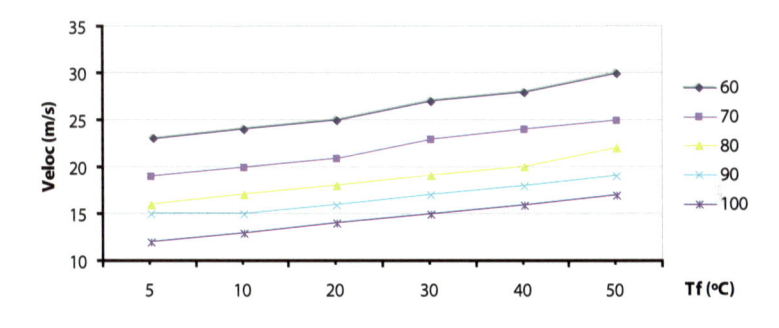

Figura 3.10 – Gráfico consolidado de velocidade × temperatura operacional

Obs.: A temperatura é diretamente proporcional e possui pequena influência em v, enquanto a pressão é inversamente proporcional, e seu efeito é relevante no cálculo da v.

3.7 Requisitos técnicos

Os requisitos apresentados devem ser interpretados como recomendações e boas práticas de engenharia e conter informações para a elaboração de especificação técnica para aquisição de computadores de vazão, visando à compensação da vazão e volume do GN.

O anexo 3.2 apresenta a folha de dados típica para aquisição de um computador de vazão.

3.7.1 Requisitos gerais em uso nas instalações de gás natural no Brasil

Em alguns casos, o que muda na unidade eletrônica do computador de vazão é somente o algoritmo de correção ou compensação de vazão ou volume.

a) Os computadores de vazão devem atender às normas NBR, ISO, ANSI e API, entre outras, e aos Reports AGA;

b) Calcular a vazão e volume nas condições-base de pressão e temperatura (PT) do gás natural e/ou GNL de 1 atmosfera ou 1,03322 kgf/cm² ou 1,01325 bar a 20 °C, para medição fiscal, custódia ou faturamento;

c) Compensar as variações do coeficiente de compressibilidade (Z) do gás natural através da escrita da cromatografia no computador de vazão, de forma local ou remota via sistema de supervisão;

d) Utilizar sensores multivariáveis e/ou transmissores independentes;

e) Permitir configurações, auditoria e emissão de relatórios *on-line* pelo Transportador e/ou Carregador;

f) Os computadores de vazão devem possuir *software* e *hardware* certificado por organismo de reconhecimento internacional, com recursos para validação (aprovação de modelo pelo INMETRO);

g) Utilizar sempre que possível as redes digitais e evitar o uso de conversores A/D, para minimizar os erros de conversão;

h) Os computadores de vazão devem apresentar o registro de validação dos cálculos efetuados, demonstrando a sua adequação aos padrões, normas, algoritmos, tabelas e demais características necessárias ao correto processamento;

i) Os computadores de vazão devem permitir que, por meio do *software* e a qualquer momento, os algoritmos possam ser testados e validados, garantindo desta forma a confirmação de que não ocorreram alterações em decorrência de uso contínuo ou de manipulação pelos usuários, de forma a garantir a sua inviolabilidade.

3.7.2 Requisitos funcionais

3.7.2.1 Considerações básicas

Os requisitos funcionais referem-se basicamente aos aspectos de *hardware* e *software* envolvidos nos sistemas de medição.

a) Possuir microprocessador dedicado, memórias internas do tipo não volátil capazes de armazenar sob a forma de pilhas circulares (FIFO – *First Imput First Output*), acumulando-se as variáveis de processo a cada minuto, hora e dia, e armazenando por no mínimo 35 dias os dados históricos, além dos programas de usuário, alarmes e eventos, os quais devem ser mantidos íntegros por um período superior a 2 (dois) anos;

b) Efetuar leitura integral de todas as variáveis de 4 tramos de medição em 1 s;

c) Possuir *software* certificado e validação dos cálculos efetuados, adequação aos padrões, normas, algoritmos, tabelas e demais características necessárias ao correto processamento;

d) Possuir dispositivo ou sistemática que permita a sincronização periódica do RTC (*Real Time Clock*) do computador de vazão, de acordo com as condições contratuais de data e hora;

e) Possuir, no mínimo, as seguintes portas de comunicação:
   – 1 (uma) serial para integração com o *SCADA* da Operadora via rede local de automação e cromatógrafo (se houver);
   – 1 (uma) serial para configuração local ou remota e para obtenção dos relatórios de auditoria e faturamento;
   – 1 (uma) serial para integração com o Sistema de Gerenciamento da Qualidade & Medição Fiscal via *web* pela intranet da Carregadora.

3.7.2.2 Computador de vazão para medição com placas de orifício

a) Utilizar sensor multivariável + transmissor de pressão diferencial (para extensão de faixa) + elemento de temperatura do tipo RTD (Pt 100);

b) Ou alternativamente: transmissores (pressão, pressão diferencial e temperatura) + transmissor de pressão diferencial (para extensão de faixa);

c) Um computador de vazão para todos os tramos de medição;

d) Capaz de executar a correção da vazão conforme as normas aplicáveis NBR 14978, API MPMS 21.1, ISO 5167 e report 3 da AGA; o cálculo do coeficiente de compressibilidade (Z) conforme a ISO 12213 e o report 8 da AGA; o cálculo da massa específica e do poder calorífico conforme a ISO 6976.

3.7.2.3 Computador de vazão para medidores de deslocamento positivo ou rotativo

a) Utilizar transmissores de pressão estática e temperatura ou elemento de temperatura do tipo RTD (Pt 100);

b) Um computador de vazão para cada tramo de medição;

c) Capaz de executar a correção da vazão conforme as normas aplicáveis NBR 14978, API MPMS 21.1 e ANSI B109.3; o cálculo do coeficiente de compressibilidade (Z) conforme a ISO 12213 e o report 8 da AGA; o cálculo da massa específica e poder calorífico conforme a ISO 6976.

3.7.2.4 Computador de vazão para medidores ultrassônicos

a) Transmissores de pressão estática e temperatura ou elemento de temperatura do tipo RTD (Pt 100);

b) Um computador de vazão para cada tramo de medição;

c) Capaz de executar a correção da vazão conforme as normas aplicáveis NBR 15855, API MPMS 21.1, ISO 17089 e report 9 da AGA; o cálculo de velocidade do som conforme o report 10 da AGA; o cálculo do coeficiente de compressibilidade (Z) conforme a ISO 12213 e o report 8 da AGA; o cálculo da massa específica e poder calorífico conforme a ISO 6976.

3.7.2.5 Computador de vazão para medidores turbinas

a) Transdutores de vazão + transmissor de pressão estática + elemento de temperatura do tipo RTD (Pt 100) ou transmissor de temperatura;

b) Um computador de vazão para cada tramo de medição;

c) Capaz de executar a correção da vazão conforme as normas aplicáveis NBR 15855, API MPMS 21.1 e report 7 da AGA; o cálculo do coeficiente de compressibilidade (Z) conforme a ISO 12213 e o report 8 da AGA; o cálculo da massa específica e poder calorífico conforme a ISO 6976.

3.7.2.6 Computador de vazão para medidores *Coriolis*

a) Transdutores de vazão + transmissor de pressão estática + elemento de temperatura do tipo RTD (Pt 100) ou transmissor de temperatura;

b) Um computador de vazão para cada tramo de medição;

c) Capaz de executar a correção da vazão conforme as normas aplicáveis NBR 15855, API MPMS 21.1 e report 11 da AGA; o cálculo do coeficiente de compressibilidade (Z) conforme a ISO 12213 e o report 8 da AGA; o cálculo da massa específica e poder calorífico conforme a ISO 6976.

3.8 Instalação e integração

3.8.1 Instalação e integração com placa de orifício

3.8.1.1 Configuração típica de integração do computador de vazão

De um modo geral, a configuração típica de instalação e integração dos computadores de vazão, também denominados de elementos terciários, segue a figura 3.11, considerando a recomendação de um segundo transmissor de pressão diferencial para ampliar a faixa de medição do elemento primário, no caso a placa de orifício. Nessa denominação, os transmissores de pressão diferencial e de extensão de faixa, assim como o transmissor ou elemento de temperatura, constituem os elementos secundários. Na figura 3.12, visualiza-se a característica funcional do aumento de faixa ou da rangeabilidade de um sistema de medição através de placa de orifício.

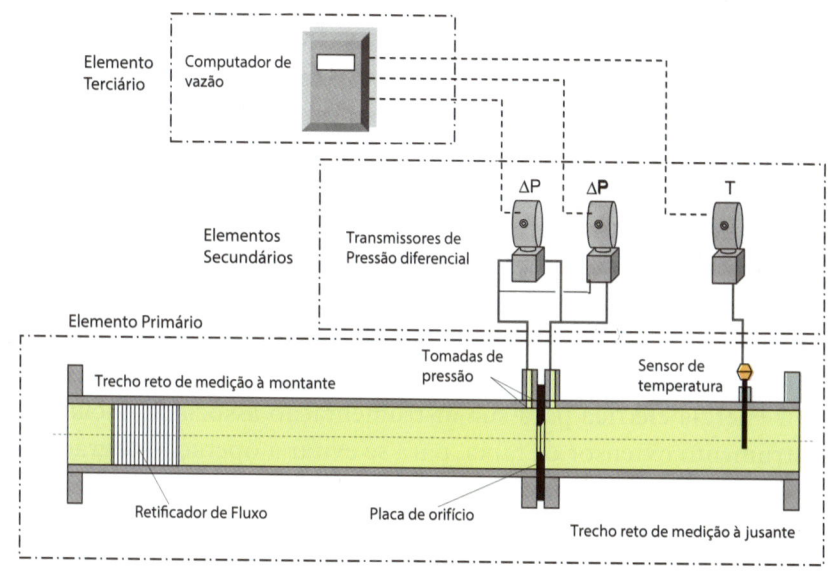

Figura 3.11 – Diagrama de blocos de integração dos sistemas de medição com placa de orifício

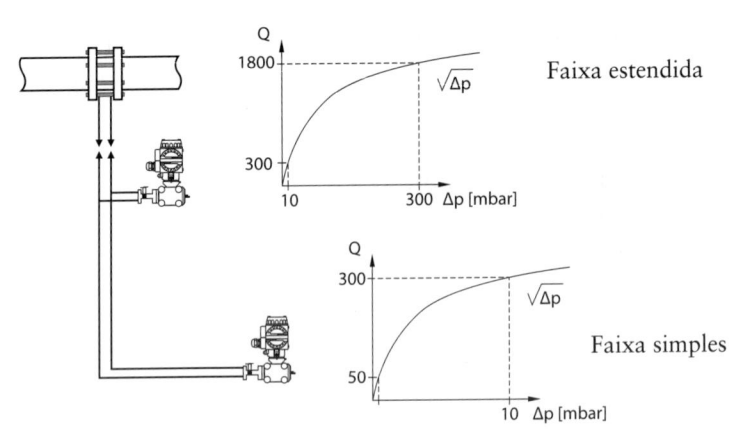

Figura 3.12 – Diagrama ilustrativo da ampliação de faixa em placa de orifício
Fonte: Referência [1]

3.8.1.2   Requisitos de instalação e montagem do computador de vazão

a)   Nas instalações que utilizem placas de orifício, é possível e admitido o uso de um único computador de vazão para todos os tramos de medição;

b)   Recomenda-se que a unidade eletrônica do computador de vazão seja montada no abrigo da estação, para evitar o efeito das condições climáticas. O computador de vazão é sua caixa registradora;

c)   Alimentação em 24 V cc através de fontes supridas pelo UPS (*Uninterruptible Power Supply System*) da estação ou diretamente através de sistemas autônomos;

d)   Recomenda-se possuir sistema reserva de suprimento de energia através de baterias recarregáveis, dimensionadas para um tempo compatível com a confiabilidade do suprimento de energia elétrica do local;

e)   Suprir energia elétrica para sua instrumentação associada, incluindo o instrumento extensor de faixa, para se evitar a operação degradada do computador de vazão, quando faltar alimentação principal do UPS;

f)   Possuir certificados de laboratórios acreditados, dos sensores de campo e/ou transmissores, de forma a permitir sua operação segura em área classificada, além de manter esses elementos devidamente calibrados.

3.8.1.3 Instalação dos trechos retos

Em conformidade com o report 3 da AGA, na tabela 3.7, é possível consultar o comprimento mínimo recomendado (em múltiplos do diâmetro interno Di) para o trecho reto a montante, a partir do β da placa de orifício e das condições de montagem do sistema de medição.

Os valores dessa tabela são aplicáveis, considerando-se a não utilização do condicionador ou retificador de fluxos, instalado a montante da placa de orifício.

Observar a recomendação de boa prática de engenharia para se adotar β na faixa de 0,2 a 0,6.

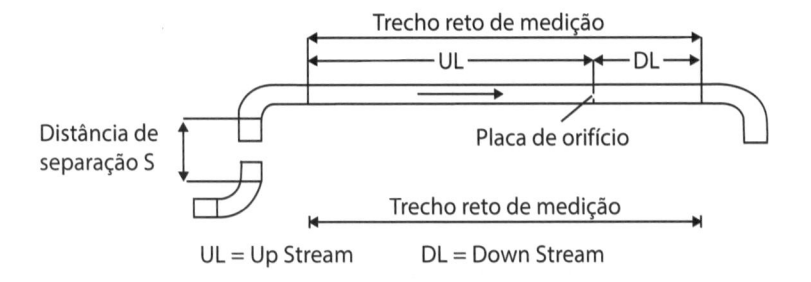

UL = Up Stream   DL = Down Stream

3.8.2 Instalação e integração com medidores ultrassônicos

De um modo geral, a configuração típica de instalação e integração dos computadores de vazão podem ser orientadas pelas figuras 3.13 a 3.15, considerando-se as recomendações para serviço de medição operacional e de medição fiscal, respectivamente.

3.8.2.1 Configuração típica de integração do computador de vazão – operacional

Na figura 3.13, observa-se que o uso do computador de vazão pode ser dispensado se for conveniente para a aplicação, visto que é uma solução mais econômica. Nesse caso, todos os cálculos necessários, inclusive de compensação da vazão e/ou volume, serão efetuados internamente no CLP ou de forma remota ou na unidade eletrônica do USFM, se este for capaz. Em geral, nessa configuração não é requerido o uso de medidor reserva, além de essa medição normalmente ser utilizada nas linhas-tronco dos gasodutos.

Medição & qualidade do GN e GNL aplicadas à malha de transporte

Tabela 3.7 – Comprimento mínimo de trechos retos desobstruídos a montante da placa de orifício								
Mínimo trecho reto desobstruído a montante da placa de orifício (s/ condicionador de fluxo)								
(comprimento em múltiplos de diâmetros internos Di)								
β (d/Di)	Cotovelo 90° simples Dois cotovelos 90° no mesmo plano com S > 30 Di Dois cotovelos 90° em planos perpendiculares com S > 15 Di	Dois cotovelos 90° no mesmo plano com espaçador em configuração S, com S ≤ 10 Di	Dois cotovelos 90° no mesmo plano em configuração S com 10 Di < S ≤ 30 Di	Dois cotovelos 90° em planos perpendiculares com S<5Di (*)	Dois Cotovelos 90° em planos perpendiculares com 5 Di ≤ S ≤ 15 Di	Tê 90° simples utilizado como cotovelo mas não como um elemento diferencial	Cotovelo 45° simples Dois cotovelos 45° no mesmo plano com S ≥ 22 Di	Válvula gaveta aberta em 50% pelo menos	Redução concêntrica
	UL	UL	UL	UL	UL	UL	UL	UL	UL
≤ 0,20	6	10	10	50	19	9	30	17	6
0,30	11	10	12	50	32	9	30	19	6
0,40	16	10	13	50	44	9	30	21	6
0,50	30	30	18	95	44	19	30	25	7
0,60	44	44	30	95	44	29	30	30	9
0,67	44	44	44	95	44	36	44	35	11
0,75	44	44	44	95	44	44	44	44	13
Comprimento recomendado para range máximo β ≤ 0,75	44	44	44	95	44	44	44	44	13

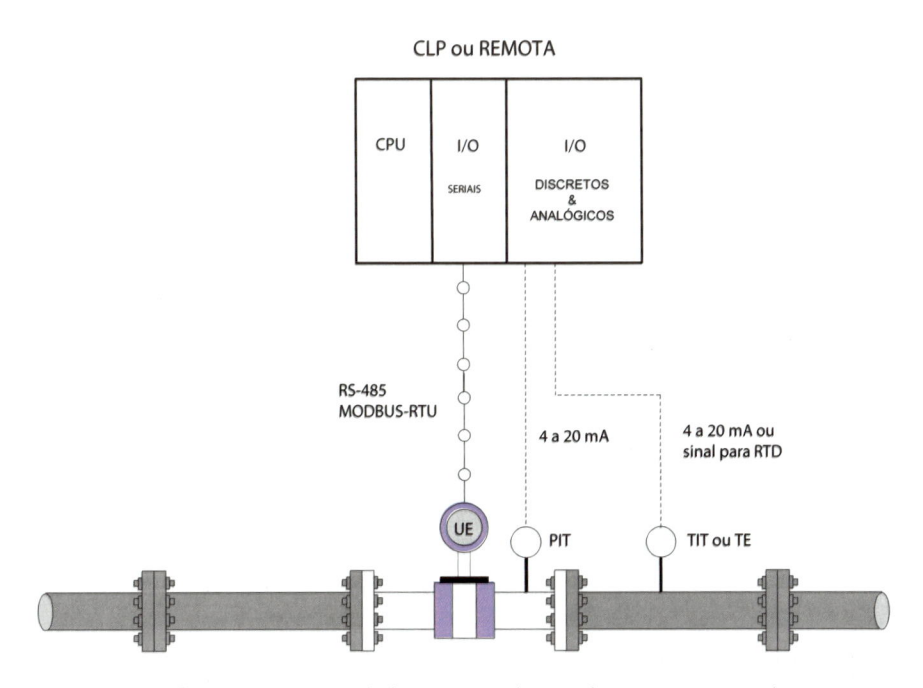

Figura 3.13 – Configuração recomendada para instalações de USFM para medição operacional

3.8.2.2 Configuração típica de integração do computador de vazão – fiscal-1

Na figura 3.14, apenas os cálculos de totalização da medição dos tramos são efetuados no CLP ou de forma remota da estação. Todos os demais cálculos necessários, inclusive de compensação da vazão e/ou volume, serão efetuados internamente em cada computador de vazão do medidor.

Observa-se que esta configuração utiliza sinais digitais de vazão ou volume, entre cada USFM e o seu respectivo computador de vazão, consequentemente com menor número de conversões (A/D e D/A), o que garante assim menor incerteza global da medição.

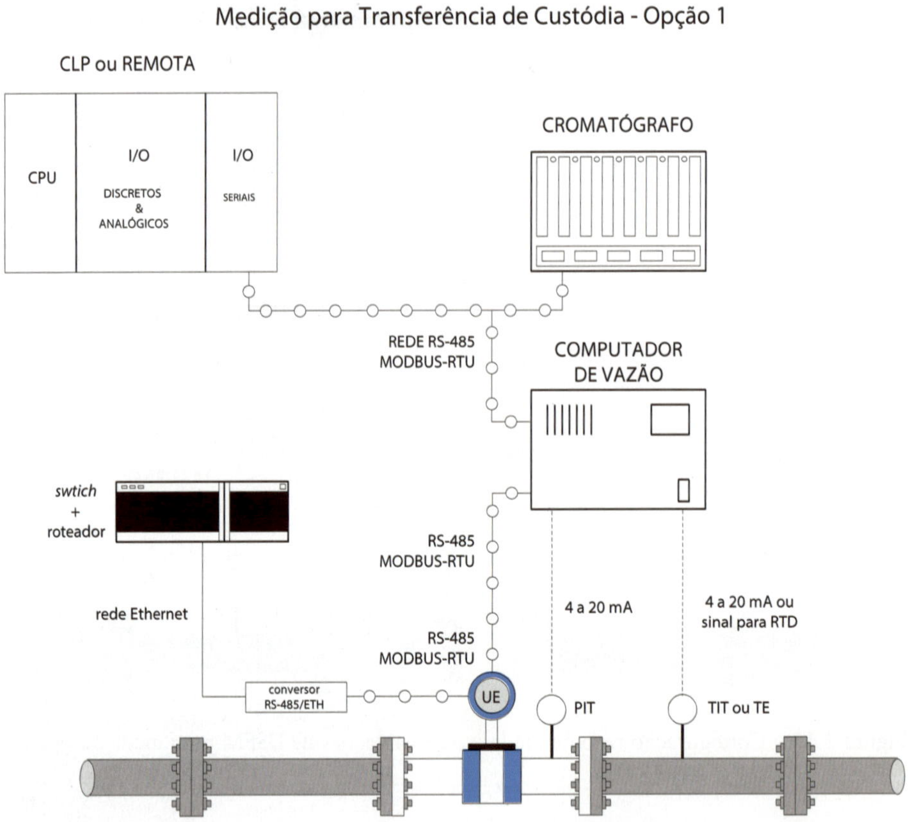

Figura 3.14 – Configuração recomendada para instalações de USFM para medição fiscal: sinais digitais

3.8.2.3   Configuração típica de integração do computador de vazão – fiscal-2

Na figura 3.15, da mesma forma que na figura 3.14, apenas os cálculos de totalização da medição dos tramos são efetuados no CLP ou de forma remota da estação. Todos os demais cálculos necessários, inclusive de compensação da vazão e/ou volume, serão efetuados internamente em cada computador de vazão do medidor.

O que diferencia essa configuração da anterior é que na aquisição dos sinais de vazão ou volume, entre cada USFM e o seu respectivo computador de vazão, esta ação é efetuada na forma de pulsos, sendo uma modalidade mais simples, porém, acrescenta mais erros no processo de medição.

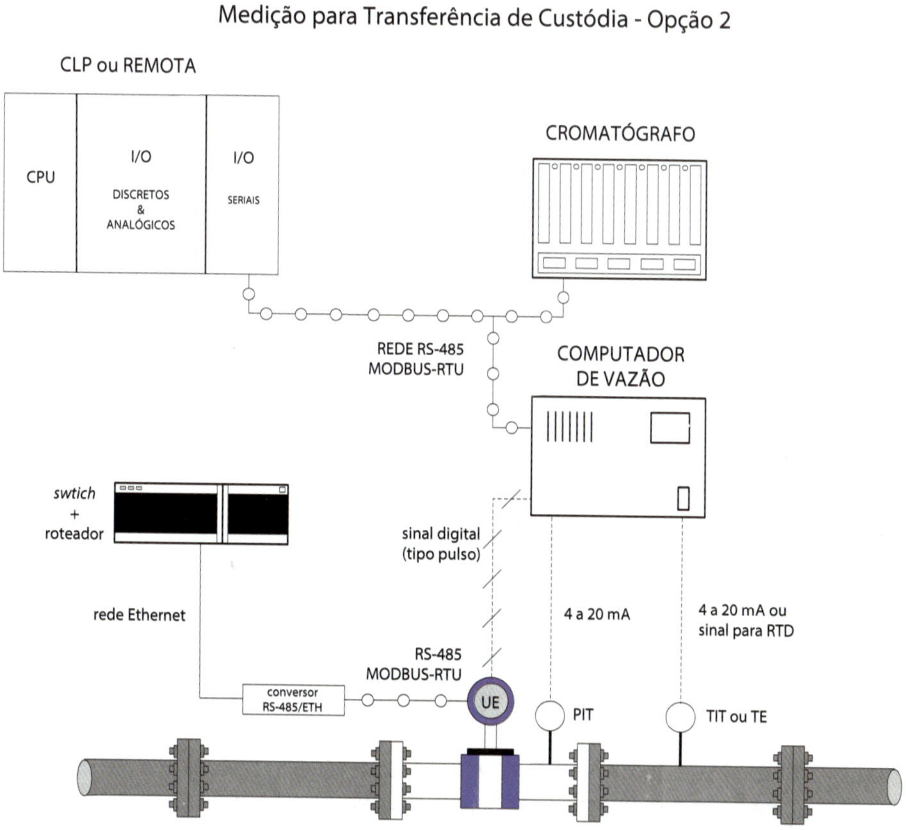

Medição para Transferência de Custódia - Opção 2

Figura 3.15 – Configuração recomendada para instalações de USFM para medição fiscal: sinais de pulso

3.8.2.4   Instalação dos trechos retos

Em conformidade com a norma NBR 15855 e o report 9 da AGA, nas figuras 3.16 e 3.17, é possível consultar o comprimento mínimo recomendado (em múltiplos do diâmetro interno Di) para os trechos retos a montante e jusante do medidor USFM, considerando-se condições de operação do sistema de medição Unidirecional e Bidirecional.

Os valores de Di das figuras são aplicáveis considerando-se a utilização do condicionador de fluxo, instalado a montante do USFM para a situação Unidirecional (ver figura 3.16) e a utilização de dois condicionadores de fluxo, um a montante e outro a jusante na situação Bidirecional (ver figura 3.17).

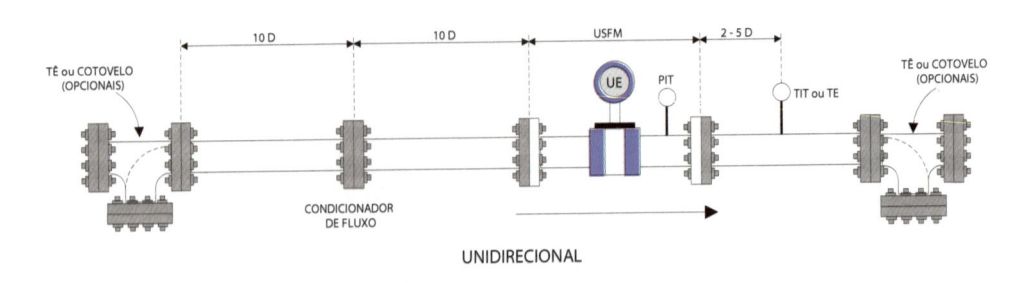

Figura 3.16 – Configuração recomendada para instalação Unidirecional de USFM conforme NBR 15855 e AGA#9

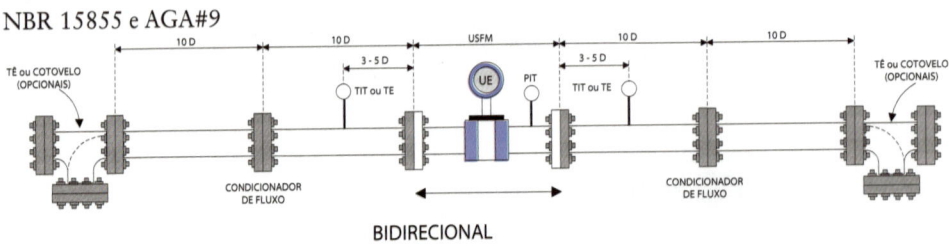

Figura 3.17 – Configuração recomendada para instalação Bidirecional de USFM conforme NBR 15855 e AGA#9

3.8.3 Integração com o centro de controle operacional e o centro de supervisão comercial

Graças à filosofia de operação desassistida das estações de GN, as variáveis de processo e outras variáveis auxiliares são requisitadas automaticamente pelo sistema SCADA e disponibilizadas ao Centro de Controle Operacional de Gás da Transportadora e ao Centro de Supervisão Comercial da Carregadora.

Dependendo do modelo de transporte do GN aplicado, é possível e necessário que essa integração se faça de duas maneiras, como a seguir descrito ou de outra forma aderente a outro modelo.

3.8.3.1 Integração com o centro de controle operacional

O Centro de Controle Operacional de uma Cia. Operadora e/ou Transportadora de uma malha de gasodutos necessita receber todas as variáveis relacionadas com o processo de uma estação de GN, além de outras variáveis auxiliares, visando à sua operação com segurança, seja um PE, um PR, uma ECOMP ou uma estação de válvulas.

Por meio do SCADA é possível efetuar a supervisão remota integral de todas essas variáveis operacionais, além de permitir, quando necessário, efetuar comandos de abrir ou fechar de algumas válvulas, bem como mudar o ajuste do controle PID (Proporcional, Integral e Diferencial) de algumas válvulas de controle de pressão ou vazão, quando previsto no projeto.

Na figura 2.4 (capítulo 2) é possível visualizar um diagrama de blocos simplificado do modelo de transporte citado, envolvendo duas empresas. Nesse caso, a Cia. Operadora é a responsável pela aquisição das informações operacionais dos gasodutos e demais estações de GN.

Observar na figura 2.14 (capítulo 2), que os computadores de vazão são integrados entre si, com o CLP da estação, com o cromatógrafo de gás (se houver) e outros equipamentos em rede local digital RS-485. O CLP é integrado com um sistema de comunicação exclusivo da Operadora.

3.8.3.2 Integração com o centro de supervisão comercial

No Centro de Supervisão Comercial de uma Cia. Carregadora de uma malha de gasodutos, tipicamente, são requeridas todas as variáveis relacionadas com o processo de medição fiscal, envolvendo os computadores de vazão e cromatógrafos de gás das estações de PE e PR, cujo papel é apenas de supervisão dessas variáveis para o suporte ao faturamento do GN que foi comprado via PR e aquele vendido nos PE. Para essa finalidade, recomenda-se adotar um sistema de comunicação independente do sistema de controle operacional, sem intervenção manual e com certificação ISO, de forma a permitir a integridade das informações. É comum utilizar a rede Intranet/via *web* da Cia. Carregadora para operação desse sistema.

Da mesma forma, na figura 2.14 (capítulo 2) é possível visualizar uma arquitetura típica de sistema de automação envolvendo duas empresas, e, nesse caso, a Cia. Carregadora é a responsável pela aquisição das Informações de Qualidade e Medição Fiscal da estação.

Observar que os computadores de vazão são integrados entre si e com o cromatógrafo de gás (se houver), em rede local digital RS-485 segregada, e estes com o sistema de aquisição de qualidade e medição fiscal.

3.8.3.3 Principais variáveis recomendadas dos computadores de vazão ao centro de controle

a) Temperatura instantânea e média (última hora e dia anterior), em °C.
b) Pressão estática instantânea, média (última hora e anterior), em kgf/cm².
c) Vazão instantânea e média (última hora), em mil m³/h.

d) Volume acumulado (última hora, dia corrente, dia anterior, mês corrente, mês anterior e totalizado), em mil m^3.

e) Energia acumulada do dia anterior, mês corrente e mês anterior, em kW/h.

f) Densidade e massa específica da última análise e média do dia anterior.

g) Fator de compressibilidade da última análise.

h) Dados da composição do GN.

i) Data e hora de todas as leituras.

4

Sistema de análise cromatográfica

4.1 Histórico e desenvolvimento

A cromatografia é uma técnica que envolve uma série de processos de separação de misturas. O botânico russo Mikhail Semyonovich Tswet inventou a primeira técnica cromatográfica em 1900 durante suas pesquisas sobre a clorofila.

O método foi descrito em 30 de dezembro de 1901 no 11° Congresso de Médicos e Naturalistas em São Petersburgo. A primeira publicação sobre a técnica cromatográfica ocorreu em 1903.

O termo *cromatografia*, que deriva do grego, foi utilizado pela primeira vez em uma publicação em 1906, no jornal de botânica alemão *Berichte der Deutschen Botanischen Gesellschaft*. Em 1907, a cromatografia foi demonstrada para a Sociedade Botânica Alemã.

Em 1952, Archer John Porter Martin e Richard Laurence Millington Synge ganharam o Prêmio Nobel de Química pela invenção da cromatografia de partição. Desde então, a tecnologia tem avançado rapidamente. A figura 4.1 indica a escala do desenvolvimento dos cromatógrafos a gás e de seus subsistemas.

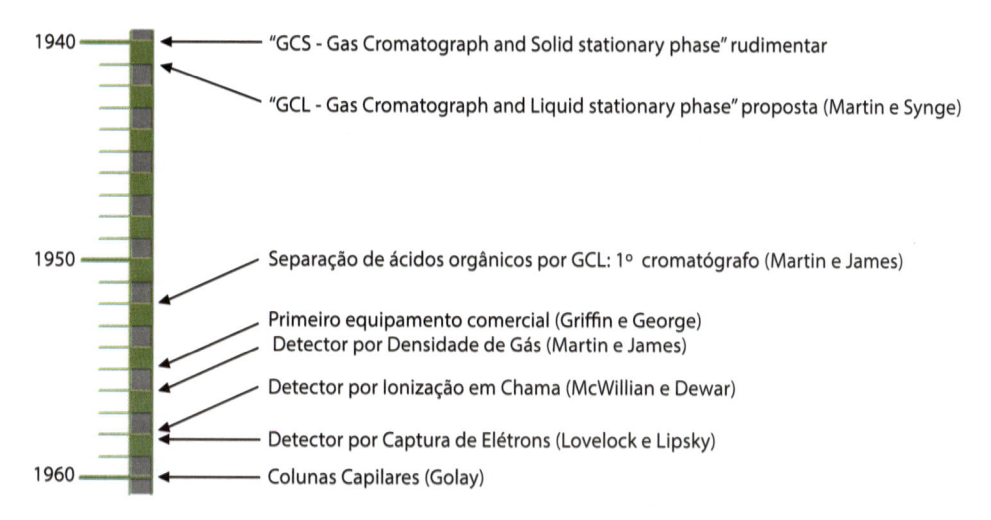

Figura 4.1 – Escala do desenvolvimento dos cromatógrafos a gás
Fonte: Referência [12]

4.2 Definições básicas

4.2.1 Cromatógrafo em fase gasosa

É um dispositivo que, pelo processo da cromatografia gasosa, utiliza uma técnica que permite a separação de substâncias quantificadas em %Volume ou %Massa de uma amostra.

4.2.2   Princípio de operação do cromatógrafo em fase gasosa

Cromatografia é o processo físico de separação de uma mistura em seus diversos componentes.

A cromatografia acontece pela passagem de uma mistura através de duas fases: uma denominada de fase estacionária (FE) ou fixa e outra denominada de fase móvel (FM).

Como fase móvel é usado um gás, denominado de gás de arraste. Assim, o método consiste em transportar a amostra através da coluna cromatográfica até o detector onde os componentes separados são detectados.

A grande variabilidade de combinações entre a fase móvel e a estacionária faz com que a cromatografia tenha uma série de técnicas diferenciadas.

Pode-se afirmar também que o processo de análise cromatográfica usa uma técnica de separação de misturas, identificação e quantificação de seus componentes. Essa separação depende da diferença entre o comportamento das substâncias a serem analisadas entre a fase móvel e a fase estacionária.

4.2.3   Termos usados na cromatografia

a)   *Analito* é a substância a ser analisada durante o processo. A chave da separação está na diferença de afinidade entre o analito, a fase móvel e a fase estacionária.

b)   *Cromatograma* é o registro por meio da forma gráfica dos sinais *versus* tempo de retenção, que indica os picos de cada componente do gás analisado.

c)   *Eluído* é todo material que passa pela coluna cromatográfica, sem ser necessariamente separado.

d)   *Eluatos* refere-se à mistura de eluente e soluto(s) percorrida, ou seja, aquela que entra na coluna cromatográfica é denominada de eluente, e aquela que emerge da coluna é chamada de *eluato*.

Nota: Através do processo de cromatografia, é possível avaliar a qualidade do gás sob análise e de suas misturas ou componentes, comparando-se com as especificações desejadas com base nos métodos de análise normativos definidos pelo órgão regulador do país em questão.

4.2.4   Diagrama típico de cromatógrafo em fase gasosa

No diagrama da figura 4.2, destacam-se as principais partes constituintes, como a seguir indicado.

- *Manifold* do gás a ser analisado e controles de vazão/pressão.
- Injeção da amostra.
- *Manifold* do gás de arraste.
- Forno com as colunas cromatográficas e detectores.
- Unidade eletrônica contendo os seguintes dispositivos:
  - amplificação/condicionamento do sinal;
  - conversores A/D (analógico/digital) de tratamento do sinal;
  - processamento, armazenamento e registro dos dados analisados via microprocessador.

Na figura 4.2 ilustramos o diagrama de blocos de um cromatógrafo em fase gasosa. Observa-se que os dispositivos de injeção de amostras, o forno com as colunas e os detectores devem possuir temperatura controlada.

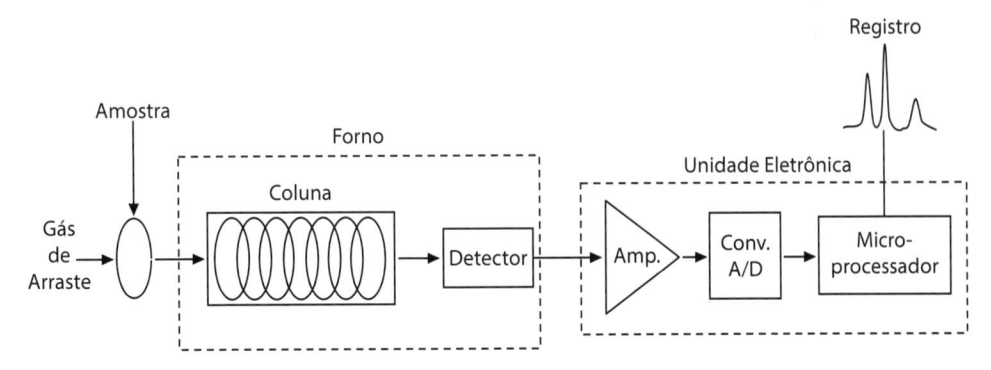

Figura 4.2 – Diagrama de blocos típico de um cromatógrafo a gás

Nota: A unidade eletrônica, além dos dispositivos citados, possui *hardware* adicional para possibilitar a plena funcionalidade do sistema, como memórias não voláteis ou retentivas, que permite o armazenamento do programa aplicativo (*software* básico), diagnósticos, configuração ou parametrização de suas funções pelo usuário, histórico das últimas análises, cromatogramas, calibração e outras funcionalidades.

4.2.5 Detectores

São dispositivos que examinam continuamente os componentes de uma mistura submetida ao processo do cromatógrafo, gerando um sinal elétrico através dos sensores para assim definir a natureza da separação.

A figura 4.3 indica a interação dos detectores no processo de um sistema de análise cromatográfica, o que resulta na geração de um cromatograma.

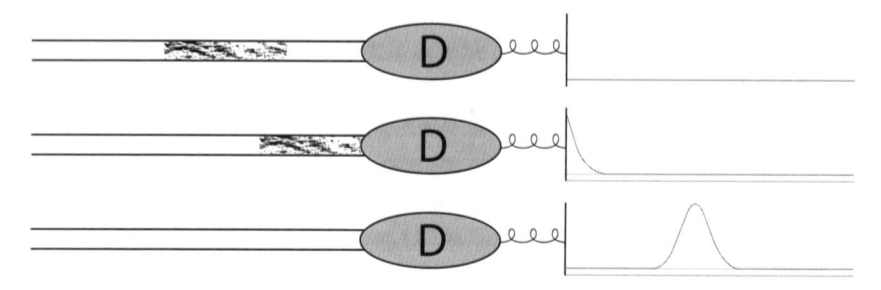

Figura 4.3 – Ilustração simplificada da geração de um cromatograma
Fonte: Referência [12]

É possível visualizar o Gráfico Sinal × Tempo = CROMATOGRAMA. Idealmente, cada substância separada aparece como um pico no cromatograma.

4.2.5.1   Tipos de detectores

Destacamos a seguir os principais tipos de detectores desenvolvidos para cromatógrafos a gás no mercado mundial.

- Detector por condutividade térmica (DCT/TCD): variação da condutividade térmica do gás de arraste.
- Detector por captura de elétrons (DCE/ECD): supressão de corrente causada pela captura de elétrons por eluatos que possuem afinidades por elétrons.
- Detector por ionização em chama (DIC/FID): uma chama rica de H_2 queima hidrocarbonetos e produz moléculas ionizadas que são captadas por um campo elétrico e coletadas por um eletrodo.
- Detector termoiônico (DNP/NPD): baseado no projeto do DIC. Os eluatos queimados na chama de H_2 + ar passam por uma superfície de silicato de rubídio, onde se formam íons de moléculas com N e P.
- Detector fotométrico de chama (DFC/FPD): espectro de luz emitida pelos compostos sulfurosos, quando queimados em chama rica de H_2.

Nota: Segundo Raymond [20], o TCD é denominado de *Katharometer Detector*, e o NPD, *Nitrogen Phosphorus Detector*.

4.2.5.2   Classificação dos detectores

Os detectores podem ser classificados em três tipos distintos, a saber:
- Universais: geram sinais para qualquer substância eluída.

- Seletivos: detectam apenas substâncias com determinada proprieda-de físico-química.
- Específicos: detectam substâncias que possuem determinado elemen-to ou grupo funcional em suas estruturas.

4.2.6 Colunas cromatográficas

Da mesma forma que os detectores, as colunas nos cromatógrafos são consideradas elementos críticos.

4.2.6.1 Tipos de colunas mais comuns

Indicamos a seguir os dois tipos de colunas mais comuns nos cromatógra-fos e destacamos suas principais características técnicas.

a)   Coluna do tipo empacotada

Construtivamente, as colunas são recheadas com sólido pulverizado (FE sólida ou FE líquida depositada sobre as partículas de recheio) – ver figura 4.4.

São fabricadas tipicamente em diâmetros de 3 a 6 mm e comprimentos de 0,5 a 5 m.

b)   Coluna do tipo capilar

Na sua construção, possuem as paredes internas recobertas com um filme fino de FE líquida ou sólida – ver figura 4.5.

São fabricadas tipicamente em diâmetros de 0,1 a 0,5 mm e comprimen-tos de 5 a 100 m.

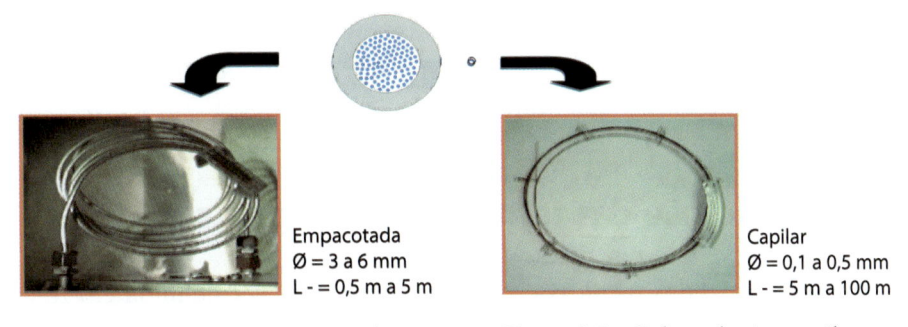

Empacotada
Ø = 3 a 6 mm
L - = 0,5 m a 5 m

Capilar
Ø = 0,1 a 0,5 mm
L - = 5 m a 100 m

Figura 4.4 – Coluna do tipo empacotada
Fonte: Referência [12]

Figura 4.5 – Coluna do tipo capilar
Fonte: Referência [12]

4.2.6.2   Temperatura da coluna

Além da influência da temperatura na coluna, nessa interação com a FE, o tempo que um analito demora para percorrer a coluna depende de sua pressão de vapor (p^0). Veja a seguir a ilustração dessa interação.

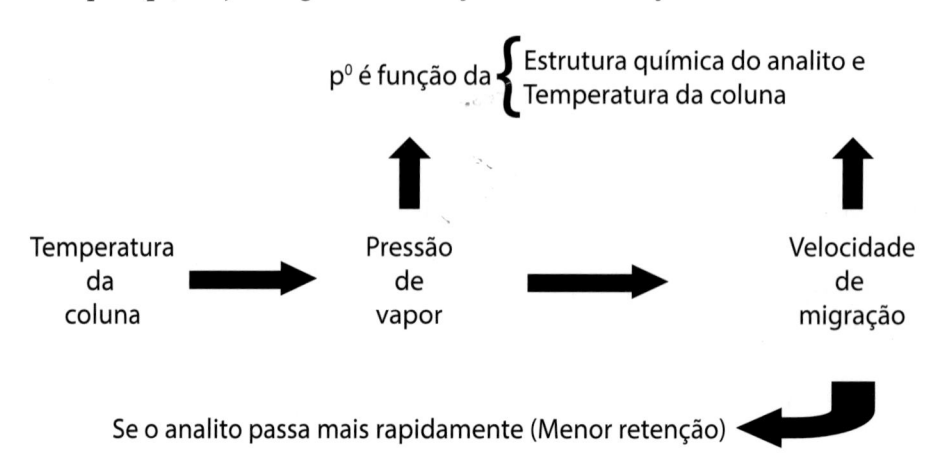

4.2.6.3   Controle da temperatura da coluna

Um controle confiável e estável da temperatura da coluna é essencial para uma boa separação nos cromatógrafos de GN. A manutenção da temperatura da coluna dentro de limites aceitáveis e independente das condições ambientais é modernamente obtida com o uso de microcontroladores integrados ao cromatógrafo de gás.

A temperatura das colunas de um cromatógrafo vai depender do tipo do detector utilizado e da tecnologia adotada pelo fabricante. Pode-se citar que a temperatura típica de determinado fabricante e seu limite situa-se na faixa de 80 °C +/ – 5 °C.

Normalmente esses requisitos são exigidos durante a especificação de compra do cromatógrafo, e quanto melhor o controle e menor os seus limites, mais dispendioso é o equipamento. Por isso é importante definir *a priori* o equipamento adequado para a sua aplicação.

4.3   Classificação das técnicas cromatográficas

A classificação das técnicas cromatográficas pode ser definida em função da fase móvel.

Se a fase móvel é um gás, denomina-se cromatografia em fase gasosa ou cromatografia a gás, sendo então dividida em duas partes:

- Cromatografia a gás – sólido, na qual a fase estacionária é um sólido.
- Cromatografia a gás – líquido, na qual a fase estacionária é um líquido agregado à superfície de um sólido.

4.3.1 De acordo com a fase móvel

- Cromatografia Gasosa.
- Cromatografia Gasosa de Alta Resolução.

4.3.2 De acordo com a fase estacionária

- Líquida.
- Sólida.

4.3.3 De acordo com o sistema cromatográfico

a) Em Coluna.
- Cromatografia Gasosa.

4.3.4 Aplicabilidade da cromatografia gasosa

Quais misturas podem ser separadas pelo cromatógrafo?

(Para uma substância qualquer poder ser "arrastada" por um fluxo de um gás, ela deve se misturar pelo menos parcialmente nesse gás)

Misturas cujos constituintes sejam *voláteis* (= "evaporáveis")

De uma forma geral, o cromatógrafo é aplicável para separação e análise de misturas cujos constituintes tenham pontos de ebulição de até 300 °C e que sejam termicamente estáveis.

4.4 Especificação e qualidade do gás natural e gás natural liquefeito segundo a ANP

4.4.1 Características do gás natural e gás natural liquefeito a ser comercializado no Brasil

A tabela 4.1 indica os valores dos componentes do GN e do GNL e as propriedades energéticas, além de outras características importantes válidas para a comercialização no Brasil. Observar que existem algumas diferenças a depender da região do território brasileiro.

Salienta-se que, para a determinação desses valores, devem ser observados os métodos descritos na resolução ANP nº 16 de 17 de junho de 2008, na qual consta também a especificação do GN a ser comercializado em diferentes regiões do Brasil.

		LIMITE (2) (3)			MÉTODO		
CARACTERÍSTICA	**UNIDADE**	Norte	NE	CO, SE e Sul	NBR	ASTM_D	ISO
Poder calorífico superior (4)	kJ/ m³	34.000 a 38.400	35.000 a 43.000		15213	3588	6976
	kWh/m³	9,47 a 10,67	9,72 a 11,94				
Índice de Wobbe (5)	kJ/m³	40.500 a 45.000	46.500 a 53.500		15213	--	6976
Número de metano, mín. (6)		(3)	65		--	--	15403
Metano, mín.	% mol.	68,0	85,0		14903	1945	6974
Etano, máx.	% mol.	12,0	12,0		14903	1945	6974
Propano, máx.	% mol.	3,0	6,0		14903	1945	6974
Butanos e mais pesados, máx.	% mol.	1,5	3,0		14903	1945	6974
Oxigênio, máx. (7)	% mol.	0,8	0,5		14903	1945	6974
Inertes (N_2+CO_2), máx.	% mol.	18,0	8,0	6,0	14903	1945	6974
CO_2, máx.	% mol.	3,0			14903	1945	6974
Enxofre Total, máx. (8)	mg/m³	70			--	5504	6326-3 6326-5 19739
Gás Sulfídrico (H2S), máx.	mg/m³	10	13	10	--	5504 6228	6326-3
Ponto de orvalho de água a 1atm, máx. (9)	°C	-39	-39	-45	--	5454	6327 10101-2 10101-3 11541
Pto orvalho hidrocarbonetos a 4,5 MPa, máx. (10)	°C	15	15	0	--	--	6570
Mercúrio, máx. (11)	µg/m³	anotar			--	--	6978-1 6978-2

Tabela 4.1 – Especificação e qualidade do GN e GNL comercializado no Brasil

4.4.2 Observações relativas à especificação do gás natural e gás natural liquefeito conforme a ANP

(1) O gás natural não deve conter traços visíveis de partículas sólidas ou líquidas.

(2) Os limites especificados são valores referidos a 293,15 K (20 °C) e 101,325 kPa (1 atm) em base seca, exceto os pontos de orvalho de hidrocarbonetos e de água.

(3) Os limites para a Região Norte destinam-se às diversas aplicações exceto a veicular, e para esse uso específico devem ser atendidos os limites equivalentes à Região Nordeste.

(4) O poder calorífico de referência de substância pura empregado neste Regulamento Técnico encontra-se sob condições de temperatura e pressão equivalentes a, respectivamente, 293,15 K e 101,325 kPa em base seca.

(5) O IW é calculado empregando o PCS em base seca e de acordo com o método ASTM D 3588.

(6) O número de metano deverá ser calculado de acordo com a última versão da norma ISO 15403-1.

(7) Caso seja usado o método da norma ISO 6974, parte 5, o resultado da característica teor de oxigênio deverá ser preenchido com um traço (–).

(8) É o somatório dos compostos de enxofre presentes no gás natural. Admite-se o limite máximo de 150 mg/m³ para o gás a ser introduzido no início da operação de redes novas ou então a trechos que, em razão de manutenção, venham a apresentar rápido decaimento no teor de odorante no início da retomada da operação.

(9) Caso a determinação seja em teor de água, deve ser convertida para (°C), conforme a correlação da ISO 18453. Quando os PR e PE estiverem em regiões distintas, observar o valor mais crítico dessa característica na especificação.

(10) Pode-se dispensar a determinação do POH quando os teores de propano e de butanos mais pesados forem ambos inferiores a 3% e 1,5% molares, respectivamente, de acordo com o método NBR 14903 ou equivalente.

Anotar nesse caso "passa" no referido campo.

Se um dos limites for superado, analisar o gás natural por cromatografia estendida para calcular o PTC (definida como a máxima temperatura do envelope de fases) por meio de equações de estado, conforme o método ISO 23874. Caso o ponto de temperatura *Cricondentherm* seja inferior ao POH especificado em mais que 5 °C, reportar o POH como sendo esse valor. Quando o ponto de temperatura *Cricondentherm* não atender a esse requisito, determinar o POH pelo método ISO 6570. O POH corresponde à acumulação de condensado de 10 mg/m³ de gás admitido ao ensaio. Quando os PR e PE estiverem em regiões distintas, observar o valor mais crítico dessa característica na especificação.

(11) Aplicável ao GN importado exceto o GNL, determinado semestralmente. O Carregador deverá disponibilizar o resultado para o distribuidor sempre que solicitado.

4.4.3 Composições típicas de gás natural no mercado mundial

Na tabela 4.2, podem ser visualizados os principais componentes das composições típicas de GN no Brasil e em alguns países do mundo.

Tabela 4.2 – Composição típica do GN no Brasil e no mundo								
ORIGEM	COMPOSIÇÃO EM % VOLUME						Densidade	PCS
País/Campo	Metano CH_4	Etano C_2H_6	Propano C_3H_8	C_4 e Maiores	CO_2	N_2		(MJ/Nm²)
USA/Panh	81,8	5,6	3,4	2,2	0,1	6,9	-	42,7
USA/Ashlaw	75,0	24,0	-	-	-	1,0	-	46,7
Canadá	88,5	4,3	1,8	1,8	0,6	2,6	-	43,4
Rússia	97,8	0,5	0,2	0,1	0,1	1,3	-	39,6
Austrália	76,0	4,0	1,0	1,0	16,0	2,0	-	35,0
França	69,2	3,3	1,0	1,1	9,6	0,6	-	36,8
Alemanha	74,0	0,6	-	-	17,8	7,5	-	29,9
Holanda	81,2	2,9	0,4	0,2	0,9	14,4	0,640	31,4
Irã	66,0	14,0	10,5	7,0	1,5	1,0	0,870	52,3
Mar do Norte	94,7	3,0	0,5	0,4	0,1	1,3	0,590	38,6
Argélia	76,0	8,0	3,3	4,4	1,9	6,4	-	46,2
Venezuela	78,1	9,9	5,5	4,9	0,4	1,2	0,702	47,7
Argentina	95,0	4,0	-	-	-	1,0	0,578	40,7
Bolívia	90,8	6,1	1,2	0,0	0,5	1,5	0,607	38,8
Chile	90,0	6,6	2,1	0,8	-	-	0,640	45,2
Brasil								
Rio de Janeiro	89,44	6,7	2,26	0,46	0,34	0,8	0,623	40,22
Bahia	88,56	9,17	0,42	-	0,65	1,2	0,615	39,25
Alagoas	76,9	10,1	5,8	1,67	1,15	2,02	-	47,7
R.G. Norte	83,48	11	0,41	-	1,95	3,16	0,644	38,54
Espírito Santo	84,8	8,9	3,0	0,9	0,3	1,58	0,664	45,4
Ceará	76,05	8,0	7,0	4,3	1,08	1,53	-	52,4

Fonte: Adaptada da Referência [13]

4.5   Tipos de cromatógrafos de gás

4.5.1   De acordo com a sua finalidade

Os cromatógrafos, quanto a sua instalação, podem ser classificados como:

a) de laboratório (exatidão maior, requer operador especializado, custo mediano);

b) de processo (exatidão menor, requer operador, analisa várias correntes simultâneas, custo elevado);

c) em linha (exatidão mediana, não requer operador, analisa uma corrente de cada vez, custo baixo).

4.5.2   De acordo com os requisitos da ANP

Para o atendimento dos requisitos da ANP aplicados à malha de transporte de GN, os cromatógrafos devem ser adequados para operação em linha. Assim, foram definidos dois grandes grupos:

a) Tipo completo ou para fins de qualidade: são os cromatógrafos para utilização nos PR. Permitem a determinação de $C_1 \sim C_{6+}$, N_2, CO_2, O_2, H_2S, enxofre total, acrescido de analisador de ponto de orvalho ou umidade.

b) Tipo simplificado ou para fins de faturamento: são os cromatógrafos para utilização nos PE. Permitem a determinação de $C_1 \sim C_{6+}$, N_2, CO_2 e O_2.

4.5.3   De acordo com as necessidades da malha de transporte

a) Devem atender às normas ASTM e ISO, entre outras, e às portarias ANP e INMETRO.

b) Devem analisar cada uma das correntes de processo definidas no projeto da estação de gás, de forma sequencial, individual e cíclica, incluindo-se também a corrente dedicada à calibração.

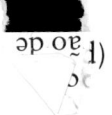

c) Os PR de GN são as localidades, definidas contratualmente, onde o GN é recebido pelo Transportador do Carregador ou por quem este autorize.

d) Os PE de GN são as localidades, definidas contratualmente, entre o Carregador e a Distribuidora, para medição fiscal, onde o Carregador recebe o GN do Transportador.

4.6   Referências de cálculos

4.6.1   Cálculo do fator de compressibilidade

4.6.1.1   Cálculo do fator de compressibilidade conforme AGA 8

$$Z = \frac{PV}{nRT}$$ (Equação 4.1)

na qual:
- P = pressão absoluta (estática) do gás;
- n = número de mols do gás;
- Z = fator de compressibilidade do gás;
- V = volume do gás;
- R = constante do gás;
- T = temperatura absoluta do gás.

4.6.1.2   Cálculo do fator de compressibilidade conforme ISO 6976

Segundo a norma ISO 6976:1995(E), seção 4.2, equação (3), o fator de compressibilidade da amostra Zmix a 1,01325 bar .: Zmix é a compressibilidade da amostra:

$$Z_{mix} = 1 - (X_1 Tb_1 + X_2 Tb_2 + X_3 Tb_3 + ... X_n Tb_n)2$$ (Equação 4.2)

na qual:
- $Tb_1, Tb_2,... Tb_n$ = fatores da soma para cada componente obtidos da tabela 2 da norma ISO, usando os valores para a temperatura de referência e 1,01325 bar.

4.6.1.3   Cálculo do fator de compressibilidade conforme ISO 12213-2

De acordo com a norma ISO 12213-2:2006 (E), usando-se a compo[...] molar da análise do GN, ver item 4.2 report 8 da AGA, no qual o fator de [...] pressibilidade ou de compressão do GN é determinado usando-se a equa[...] caracterização detalhada da AGA 8 (designada como equação AGA 8-92DC). Esta é uma equação virial do tipo estendido, descrita a seguir:

$$Z = 1 + B\rho_m - \rho_r \sum_{n=13}^{18} C_n^* + \sum_{n=13}^{58} C_n^*(b_n - c_n k_n \rho_r^{k_n})\rho_r^{b_n} \exp\left(-c_n \rho_r^{k_n}\right)$$ (Equação 4.3)

na qual:

- Z = fator de compressibilidade;
- B = segundo coeficiente virial;
- ρ_m = densidade molar (moles por unidade de volume);
- ρ_r = densidade reduzida;
- b_n, c_n, k_n = constantes (ver tabela B.1 da norma ISO);
- C_n = coeficientes, funções da temperatura e composição.

A densidade reduzida ρ_r está relacionada com a densidade molar ρ_m pela equação:

$$\rho_r = K^3 \rho_m \qquad \text{(Equação 4.4)}$$

na qual:

- K = parâmetro do tamanho da mistura.

A densidade molar pode ser escrita como:

$$\rho_m = \frac{p}{(ZRT)} \qquad \text{(Equação 4.5)}$$

na qual:

- p = pressão absoluta;
- R = constante universal do gás;
- T = temperatura absoluta.

4.6.1.4 Cálculo do fator de compressibilidade conforme ISO 12213-3

Conforme a norma ISO 12213-3:2006 (E), usando-se as propriedades físicas do GN, ver item 4.2 do report 8 da AGA, no qual o fator de compressibilidade é baseado no padrão GERG 88 (SGERG-88), denominado de equação virial para gás natural.

Salienta-se que o padrão GERG 88 que define a equação virial é derivado do padrão principal MGERG-88, o qual é um método de cálculo baseado na composição molar do gás sob análise.

A equação virial SGERG-88, da qual o fator de compressibilidade Z é calculado, pode ser escrita como:

$$Z = 1 + B\rho_m + C\rho_m^2 \qquad \text{(Equação 4.6)}$$

na qual:

- B e C= funções dos dados de entrada que compreende o poder calorífico superior HS, a densidade relativa d, o conteúdo de ambos inertes e combustíveis não hidrocarbonetos componentes da mistura do gás (CO_2 e H_2) e a temperatura T;

- ρ_m = densidade molar, dada por:

$$\rho_m = \frac{p}{(ZRT)} \quad \text{sendo} \quad Z = f_1(p, T, HS, d, x_{CO2}, x_{H2}) \qquad \text{(Equação 4.7)}$$

Entretanto, o método SGERG-88 trata a mistura de gás natural internamente como uma mistura de 5 componentes, consistindo de um gás hidrocarboneto equivalente (com as mesmas propriedades termodinâmicas, como a soma dos hidrocarbonetos presentes), nitrogênio, dióxido de carbono, hidrogênio e monóxido de carbono.

Para caracterizar as propriedades termodinâmicas do gás de hidrocarboneto, o poder calorífico *HCH* também é necessário. Assim, para o cálculo de Z, usa-se a equação 4.8.

$$Z = f_2(p, T, HCH, x_{CH}, x_{N2}, x_{CO2}, x_{H2}, x_{CO}) \qquad \text{(Equação 4.8)}$$

4.6.2 Cálculo do número de metano

O número de metano deverá ser calculado de acordo com a última versão da norma ISO 15403-1. Na versão ISO 15403-1:2006 (E), considera-se o método GRI do Anexo D. Calcula-se inicialmente o número de octano motor (MON) a partir da equação linear empírica, que é função da composição dos componentes discriminados. Em seguida, com o valor determinado para o MON, calcula-se o número de metano (NM) a partir da correlação linear entre NM e MON. Ver equações 4.9 e 4.10:

$$MON = (137,78 x_{metano}) + (29,948 x_{etano}) + (-18,193 x_{propano}) +$$

$$+ (-167,062 x_{butano}) + (181,233 x_{CO_2}) + (26,994 x_{N_2}) \qquad \text{(Equação 4.9)}$$

na qual:
- x = fração molar dos componentes metano, etano, propano, butano, CO_2 e N_2.

$$NM = 1,445 \times (MON) - 103,42 \qquad \text{(Equação 4.10)}$$

4.6.3 Cálculos do poder calorífico superior e volume energético do gás natural

4.6.3.1 Cálculo do poder calorífico superior

Nas rotinas de cálculos do controlador do cromatógrafo e do computador de vazão está prevista a determinação do valor do PCS, entre outras. Dessa forma, esses valores eram utilizados sistematicamente pelas empresas na comercialização do GN.

Foi constatado que esse processo não era o mais correto para ser utilizado nas transações comerciais de compra e venda do GN, pois implicava em erros nesses cálculos.

Após 2003, no Brasil, o PCS para fins comerciais, ou seja, nos contratos de compra e venda de GN, passou a ser calculado fora do ambiente dos equipamentos citados, mas com base na composição do GN obtida pelos GCs em linha ou via laboratórios e conforme a metodologia da norma ISO 6976 a 20 °C e 1 atm.

4.6.3.2 Cálculo do volume energético

Para o cálculo do volume energético usado para fins comerciais do GN, devemos utilizar o valor do volume medido e corrigido do GN nas condições de referência do Brasil e considerando-se o PCS calculado e dividido pelo PCS de referência igual a 9400 kcal/m³. Assim, inicialmente determina-se o PCS médio diário e, como o faturamento é mensal, calcula-se a média dos PCS diários combinados com os volumes totalizados no período mensal, conforme indicado na equação 4.11.

$$V = \frac{V_{med} \times PCS}{9400}$$ (Equação 4.11)

na qual:
- V = volume energético de referência a 9400 kcal/m³;
- PCS = poder calorífico superior, em kcal/m³;
- V_{med} = volume medido e corrigido, em m³.

4.6.4 Cálculo do índice de *Wobbe*

O IW é calculado empregando-se o poder calorífico superior em base seca.

Quando o método ASTM D 3588 (referência ANP) for aplicado para a obtenção do poder calorífico superior, o IW deverá ser determinado de acordo com a seguinte fórmula:

$$IW = \frac{PCS}{\sqrt{d}}$$

(Equação 4.12)

na qual:
- IW = índice de *Wobbe*;
- PCS = poder calorífico superior;
- d = densidade relativa.

4.7 Requisitos técnicos do sistema de análise cromatográfica

Os requisitos aqui descritos devem ser interpretados como recomendações e boas práticas de engenharia. Contêm informações para a elaboração de especificação técnica para aquisição de um sistema de análise cromatográfica, visando à avaliação e ao controle da qualidade do GN.

O anexo 3.3 apresenta uma folha de dados típica para aquisição de um sistema de análise cromatográfica.

4.7.1 Requisitos funcionais – condicionantes

4.7.1.1 Sistema de análise para pontos de entrega

- Após a definição pela ANP, os Pontos de Entrega de gás natural são as localidades contratadas entre o Carregador e a Distribuidora para medição fiscal, conforme as portarias e resoluções dessa agência reguladora, em que o Carregador recebe o gás do Transportador. Existem situações em que o Carregador entrega diretamente para o cliente final.
- Nos PE onde o fluxo é maior que 400 mil m³/dia e com a possibilidade de ocorrer inversão de fluxo de gás no gasoduto de transporte, condição em que se teria uma mistura de gases variando sua composição e as características de energia em um instante não determinável, um sistema de análise cromatográfica é requerido, com o objetivo de garantir a análise adequada da composição do GN, o que permite a determinação correta do volume energético no processo de medição.
- Este sistema de análise deve executar a cromatografia do GN para determinação da composição dos hidrocarbonetos (C_1 até C_{6+}), inertes (N_2, CO_2 e $N_2 + CO_2$) e oxigênio (O_2). Este último componente, caso seja analisado na entrada da malha, pode ser dispensado nos PE dessa malha.

4.7.1.2   Sistema de análise para pontos de recepção

- Os PR são as localidades onde o Carregador recebe o gás do produtor e o entrega para o Transportador.
- Nestas localidades, a verificação da qualidade do gás deve estar em conformidade com a resolução da ANP e com os contratos de distribuição de gás.
- Esse sistema de análise deve executar a cromatografia do gás natural para determinação da composição dos hidrocarbonetos (C_1 até C_{6+}), inertes (N_2, CO_2 e $N_2 + CO_2$), oxigênio (O_2), sulfurosos (H_2S e enxofre total) e também a determinação do ponto de orvalho de água, por meio de um analisador específico.

4.7.2   Requisitos funcionais – constituição básica de um cromatógrafo para gás natural

A constituição básica e funcional de um cromatógrafo para gás natural, incluindo-se as principais partes componentes, pode ser visualizada na figura 4.6.

Este é um cromatógrafo a gás típico utilizado nas estações da malha de transporte no país.

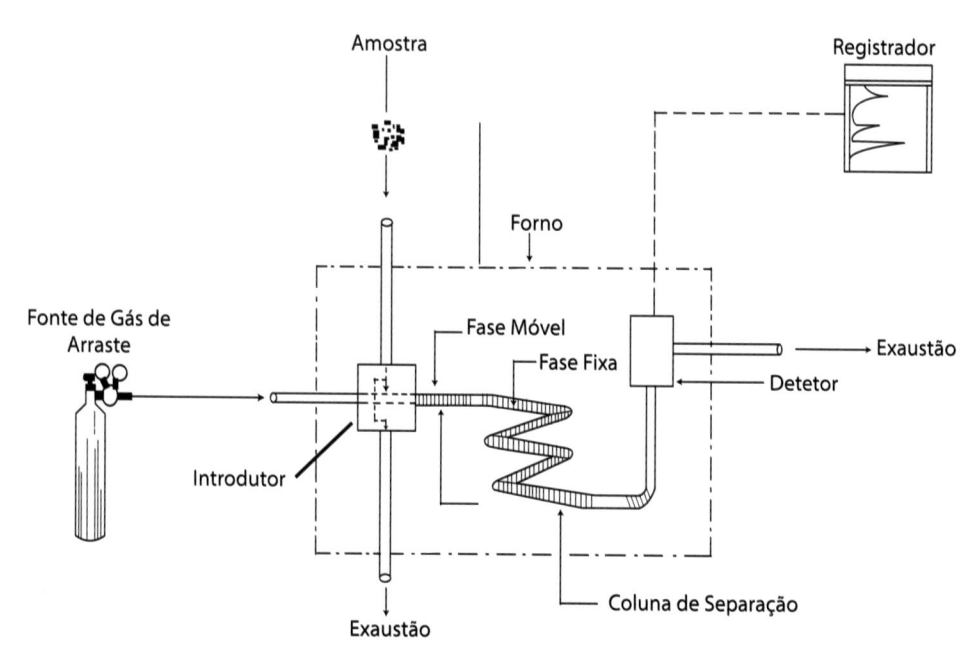

Figura 4.6 – Diagrama de blocos funcional de um cromatógrafo de GN
Fonte: Referência [12]

4.7.3   Requisitos funcionais – resultados

Pelo registro gráfico de uma análise efetuada por um cromatógrafo a gás, é possível obter os seguintes parâmetros:

- Área do pico.
- Tempo de retenção.

A área do pico permite calcular a concentração de cada componente da amostra, separada pela coluna.

O tempo de retenção é o tempo transcorrido desde a introdução da amostra até o valor máximo da altura do pico. Por meio desse parâmetro é possível identificar os componentes da amostra.

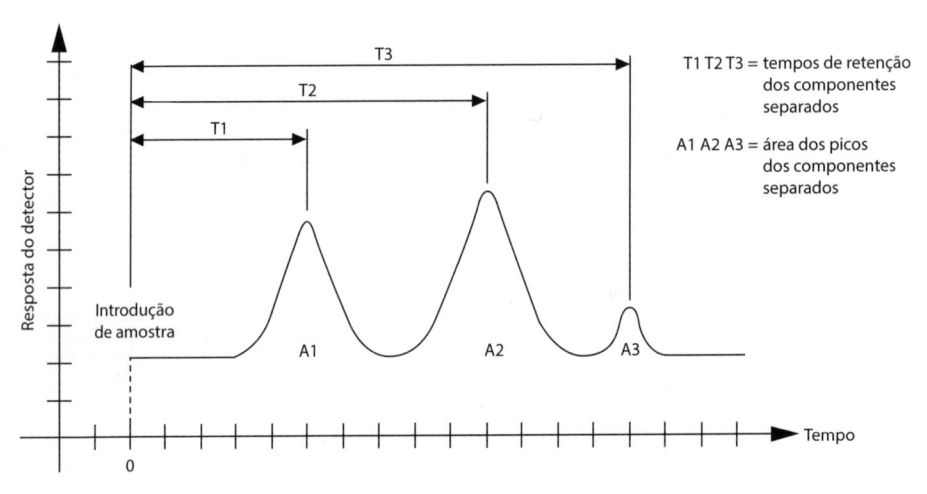

Figura 4.7 – Gráfico de resposta do detector × tempo
Fonte: Referência [12]

4.7.4   Características de funcionamento de um cromatógrafo a gás

As características básicas de funcionamento estão ilustradas nas figuras 4.2 e 4.7 e descritas a seguir:

- Um volume fixo de amostra é coletado do processo;
- A amostra é injetada em uma coluna de separação através de uma válvula de injeção;
- As colunas cromatográficas irão separar os componentes da amostra;

- A saída dos componentes dependerá do arranjo das colunas, mas tipicamente segue a seguinte ordem: C_{6+}; C_3; C_4; C_5; N_2; C_1; CO_2 e C_2;
- A amostra após a separação será levada até o detector pelo gás de arraste.

4.7.5 Principais requisitos operacionais

Em um sistema de análise cromatográfica, vários fatores devem coexistir de forma que esse sistema analise a mistura do GN corretamente, com confiabilidade e por longo período sem apresentar problemas de manutenção. Para que isso ocorra, os principais requisitos a serem observados são:

- A amostra deve estar limpa, com pressão e temperatura controladas;
- O volume de amostra injetado na coluna deve ser muito exato;
- A coluna de separação deve ter boa repetibilidade e ser compatível com a amostra;
- O detector não deve apresentar desvio ao longo do tempo;
- A pressão e vazão do gás de arraste devem ser constantes;
- O gás de arraste não deve interferir ou reagir com a amostra.

4.7.6 Princípio de operação

O princípio básico de operação de um cromatógrafo a gás está ilustrado nas figuras 4.2 e 4.7, indicadas anteriormente, e descrito a seguir:

- A mistura do gás sob análise é admitida nas colunas do cromatógrafo e segue para o(s) detector(es);
- A saída do detector envia para a unidade eletrônica sinais elétricos traduzidos em áreas dos picos dos componentes separados;
- Por meio do *software* instalado no microprocessador da unidade eletrônica, é possível reconhecer os componentes pelo sinal da saída do detector, do tempo de retenção e da amostra-padrão armazenada na memória do processador, no momento da calibração;
- A concentração de cada componente é proporcional à área do pico no período fixado.

4.7.7 Considerações importantes

Por que é necessário analisar a composição do gás natural?

- Porque é importante manter a qualidade, e determinar o valor total de energia do gás;
- Porque é importante ao Carregador assegurar a seus clientes que estão sendo atingidas as obrigações definidas em contrato e as resoluções da agência reguladora;
- Para determinar o poder calorífico do gás, o fator de compressibilidade, a densidade etc.;
- Para que, por meio do uso de um computador de vazão, seja possível determinar o "volume energético" do GN, ou do "volume traduzido em energia", como preferem outros autores, na forma em que este é comercializado.

4.7.8   Requisitos funcionais de *hardware* e *software*

De forma a minimizar os custos de operação e manutenção do equipamento pela Operadora ou Transportadora, bem como simplificar ou facilitar o atendimento das obrigações junto aos órgãos reguladores do Brasil, alguns requisitos funcionais podem ser definidos e observados durante o projeto, aquisição e instalação do sistema de análise cromatográfica.

a) Utilizar unidade eletrônica do tipo microprocessada com memórias que permita o armazenamento da configuração, históricos, relatórios de calibração e análises por um período mínimo de 30 dias;

b) Permitir que as análises sejam armazenadas no formato normalizado (fechamento dos componentes em 100%), as quais são realizadas internamente pelo cromatógrafo, além de efetuar o cálculo das médias dessas análises, conforme programado pela Operadora;

c) Efetuar autocalibração de forma manual ou automática;

d) Permitir a configuração das frequências de análises;

e) Possuir dispositivo ou sistemática que permita a sincronização periódica do RTC (*Real Time Clock*) do cromatógrafo, de acordo com as condições contratuais de data e hora;

f) Possuir, no mínimo, as seguintes portas de comunicação:
– 1 (uma) porta serial para integração com o SCADA da Operadora via rede local de automação e computador de vazão;
– 1 (uma) porta serial para configuração local ou remota e para obtenção dos relatórios de calibração, de cromatografia, cromatogramas e históricos;

– 1 (uma) porta serial para integração com o Sistema de Gerenciamento da Qualidade e Medição Fiscal da Carregadora, se assim for requerido ou necessário;

g) A unidade eletrônica do cromatógrafo deve possuir entradas analógicas para receber sinais de outro analisador, como umidade ou *dew point*;

h) Recomenda-se que os *manifolds* dos cilindros do gás de arraste e do gás de referência possuam pressostatos e válvulas solenoides para permitir a troca dos cilindros (principal/reserva), quando requerido, e integrado com o CLP da estação.

4.7.9 Detectores

4.7.9.1 Aplicações

Como citado no item 4.2.5.1, cinco são os detectores mais utilizados na indústria de GN no mundo:

- Detector por condutividade térmica (DCT/TCD) – universal;
- Detector por captura de elétrons (DCE/ECD) – seletivo;
- Detector por ionização em chama (DIC/FID) – universal;
- Detector termoiônico (DNP/NPD) – específico;
- Detector fotométrico de chama (DFC/FPD) – específico para sulfurosos em geral.

Obs.: Na ilustração a seguir faz-se um resumo da aplicabilidade dos detectores.

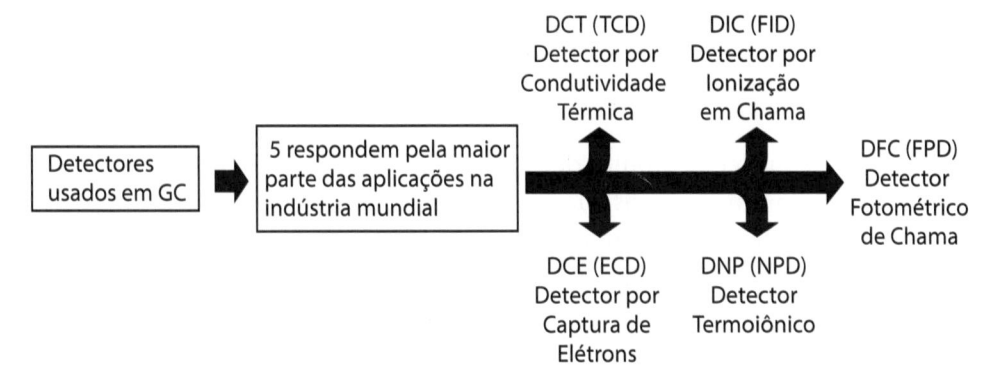

Nota: Os detectores TCD, FID e FPD são os mais utilizados nos cromatógrafos da malha de GN do Brasil.

4.7.9.2   Características desejadas

- Alta sensibilidade;
- Boa estabilidade e reprodutibilidade;
- Resposta linear para solutos que se estenda por várias ordens de grandeza;
- Faixa de temperatura desde a ambiente até pelo menos 400 °C;
- Baixo tempo de resposta, independente da vazão;
- Alta confiabilidade e facilidade de uso;
- Similaridade de resposta para todos os solutos;
- Não ser destrutivo.

4.7.9.3   Parâmetros básicos de desempenho

a)   Quantidade mínima detectável ou QMD

Massa de um analito que gera um pico com altura igual a três vezes o nível de ruído.

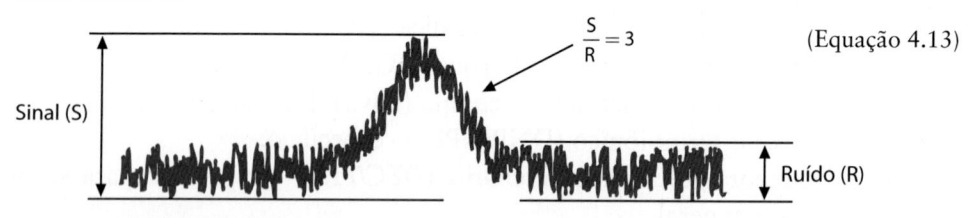

$$\frac{S}{R} = 3 \qquad \text{(Equação 4.13)}$$

Figura 4.8 – Gráfico sinal × ruído
Fonte: Referência [12]

Ruído: qualquer componente do sinal identificado pelo detector que não se origina da amostra.

Nota: As principais fontes de ruído são:
- Contaminantes nos gases;
- Impurezas acumuladas no detector;
- Aterramento elétrico deficiente.

b)   Limite de detecção

Quantidade de analito que gera um pico com S/R = 3 e T = 1 unidade de tempo.

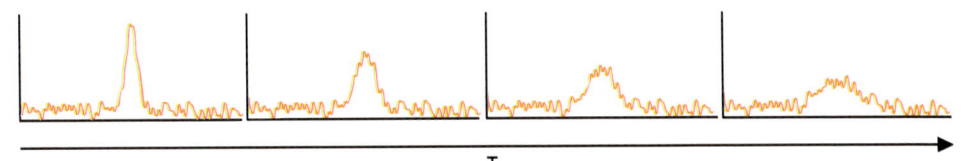

Figura 4.9 – Gráfico de limite de detecção
Fonte: Referência [12]

$$QMD = f\left(\frac{\text{Detector (sinal gerado, ruído)}}{\text{Largura do pico cromatográfico}} \right). \text{Sendo o limite de detecção igual a: } \mathbf{LD = QMD \, / \, T}$$

(Equação 4.14)

c) Velocidade de resposta
Tempo decorrido entre a entrada do analito na cela do detector e a geração do sinal elétrico.

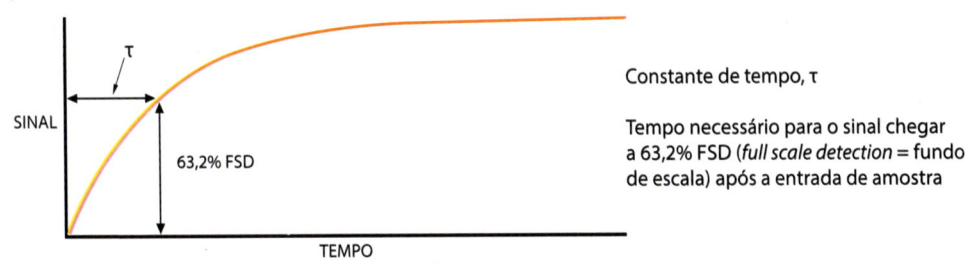

Constante de tempo, τ

Tempo necessário para o sinal chegar a 63,2% FSD (*full scale detection* = fundo de escala) após a entrada de amostra

Figura 4.10 – Curva velocidade × tempo
Fonte: Referência [12]

d) Sensibilidade
Relação entre o incremento de área do pico e o incremento de massa do analito.

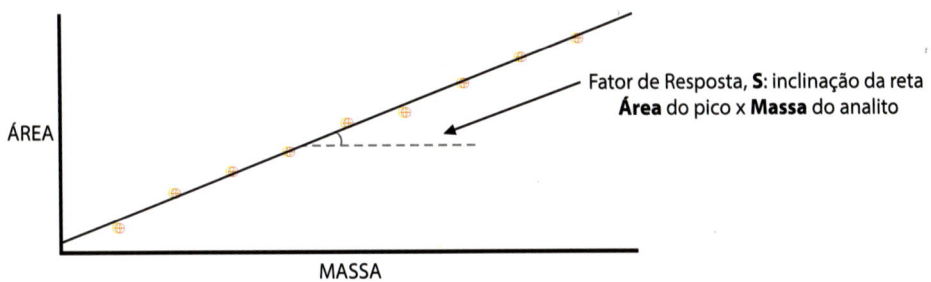

Fator de Resposta, **S**: inclinação da reta
Área do pico x **Massa** do analito

Figura 4.11 – Gráfico de sensibilidade

$$S \approx \frac{A}{m} \left\{ \begin{array}{l} A = \text{\textit{área do pico cromatográfico}} \\ m = \text{\textit{massa do analito}} \end{array} \right.$$

(Equação 4.15)

e)   Faixa linear dinâmica

Intervalo de massas dentro do qual a resposta do detector é linear.

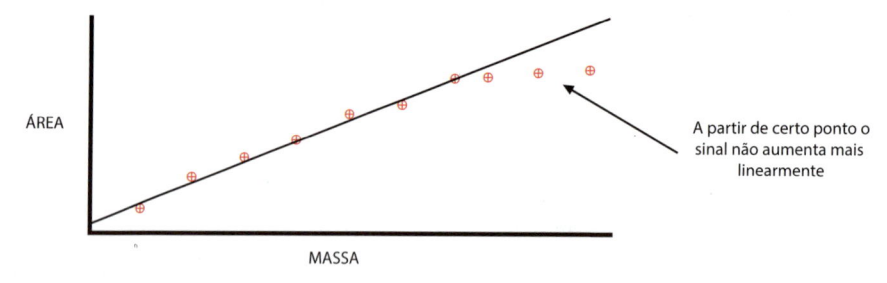

O fim da zona de linearidade pode ser detectado quando a razão área/massa diverge em mais de 5% da inclinação da reta na região linear:

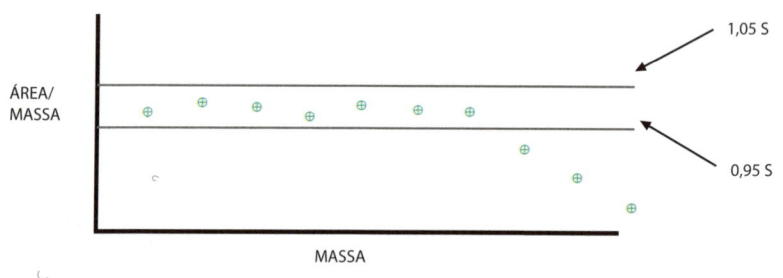

Figura 4.12 – Gráfico de faixa linear dinâmica

4.7.9.4 Tipos de detectores utilizados em cromatógrafos para análise de gás natural no Brasil

Como citado, os principais tipos de detectores aplicáveis aos cromatógrafos para análise de gás são:

- Detector por condutividade térmica (DCT/TCD).
- Detector por ionização em chama (DIC/FID).
- Detector fotométrico de chama (DFC/FPD).

a)   Detector por condutividade térmica (DCT/TCD)

Princípio: variação na condutividade térmica do gás de arraste.

A taxa de transferência de calor entre um corpo quente e um corpo frio depende da condutividade térmica do gás no espaço que separa os corpos. Se a condutividade térmica do gás diminui, a quantidade de calor transferido também diminui, e o corpo quente se aquece.

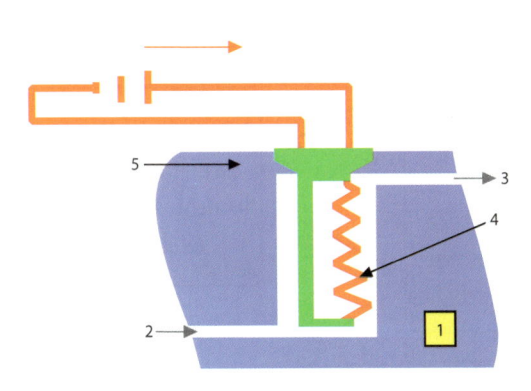

1 – Bloco metálico (aço)
2 – Entrada de gás de arraste
3 – Saída de gás de arraste
4 – Filamento metálico (liga W-Re) aquecido
5 – Alimentação de corrente elétrica para aquecimento do filamento

Figura 4.13 – Cela de detecção do DCT
Fonte: Referência [12]

Configuração tradicional do DCT: bloco metálico com quatro celas interligadas em par; em duas celas, passa o eluente da coluna e, nas outras duas, passa o gás de arraste puro.

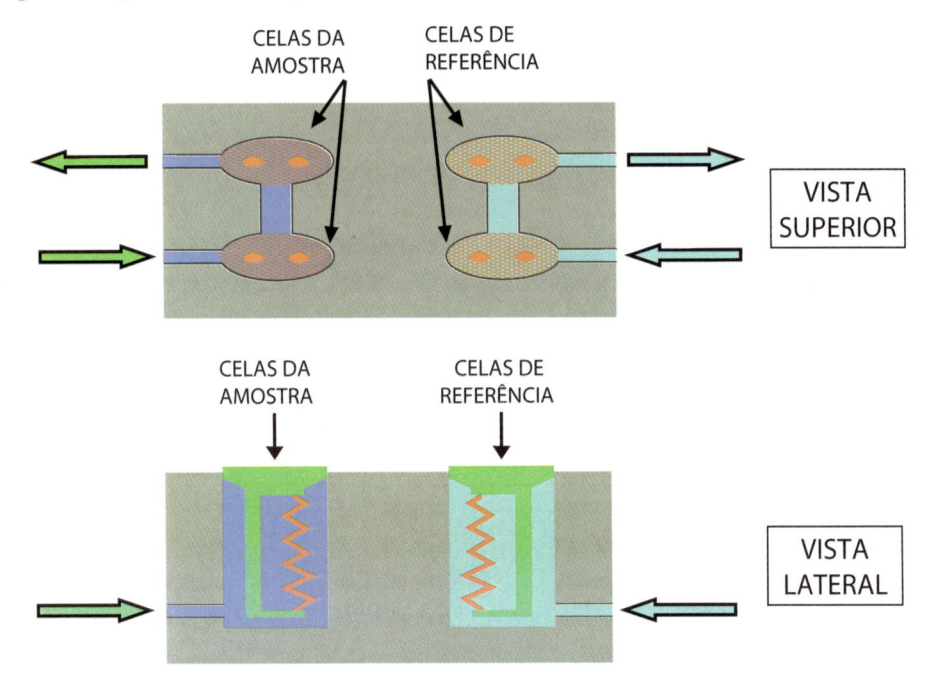

Figura 4.14 – Configuração tradicional do DCT
Fonte: Referência [12]

Quando da eluição de um composto com condutividade térmica menor que a do gás de arraste puro:

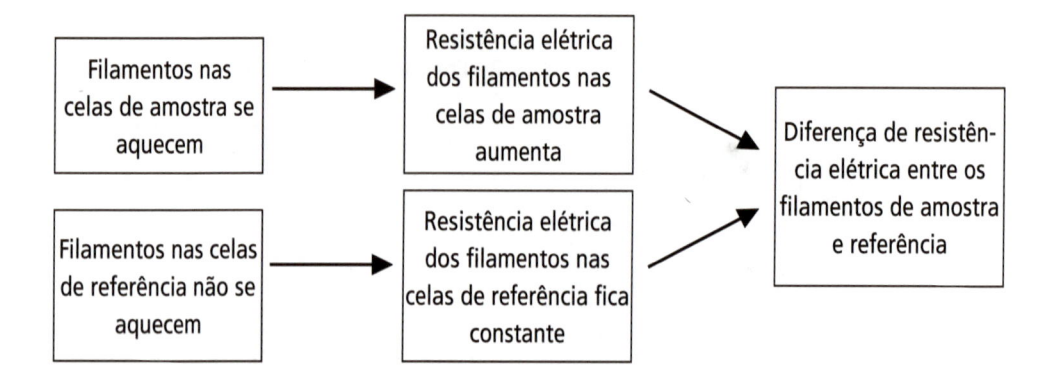

Os filamentos do DCT são montados em uma configuração de Ponte de Wheatstone, que, por esse princípio, se traduz em um sinal de tensão elétrica quando ocorre uma diferença entre as resistências da cela de referência e da cela de amostra – veja a figura 4.15.

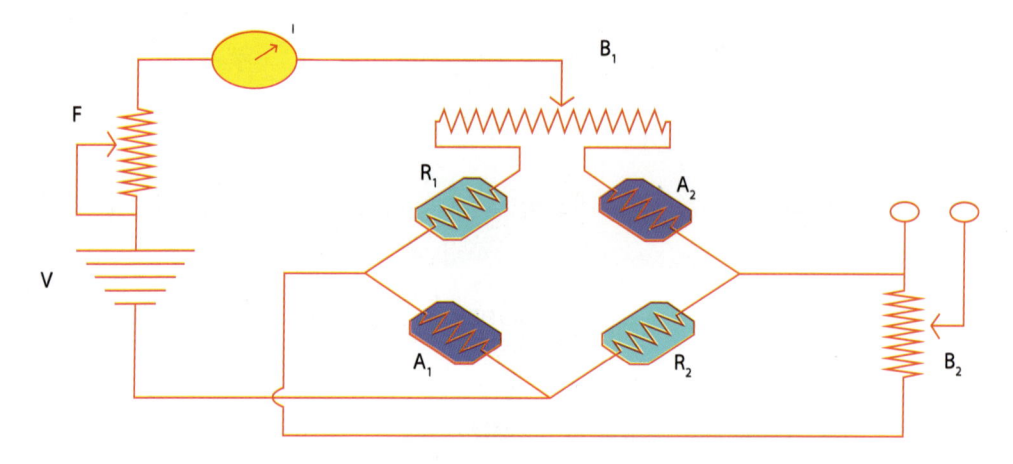

V – Fonte de cc (18 V a 36 V, típico).
F – Ajuste da corrente nos filamentos.
I – Corrente nos filamentos.
B1 B2 – Balanceamento/ajuste de zero.
R1 R2 – Filamentos das celas de referência.
A1 A2 – Filamentos das celas de amostra.

Figura 4.15 – Diagrama elétrico do DCT: Ponte de Wheatstone
Fonte: Referência [12]

b) Detector por ionização em chama (DIC/FID)

Princípio: formação de íons quando um composto é queimado em uma chama de hidrogênio e oxigênio.

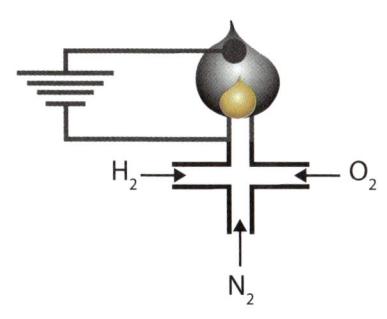

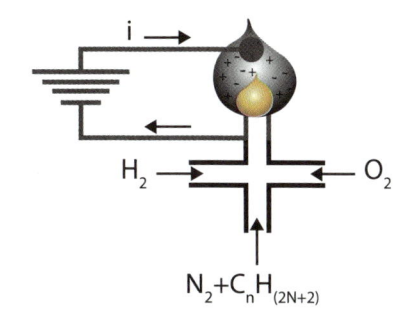

1) O eluente da coluna é misturado com H_2 e O_2 e queimado. Como em uma chama de $H_2 + O_2$ não existem íons, ela não conduz corrente elétrica.

2) Quando um composto orgânico passa, ele também é queimado. Como na sua queima são formados íons, a chama passa a conduzir corrente elétrica.

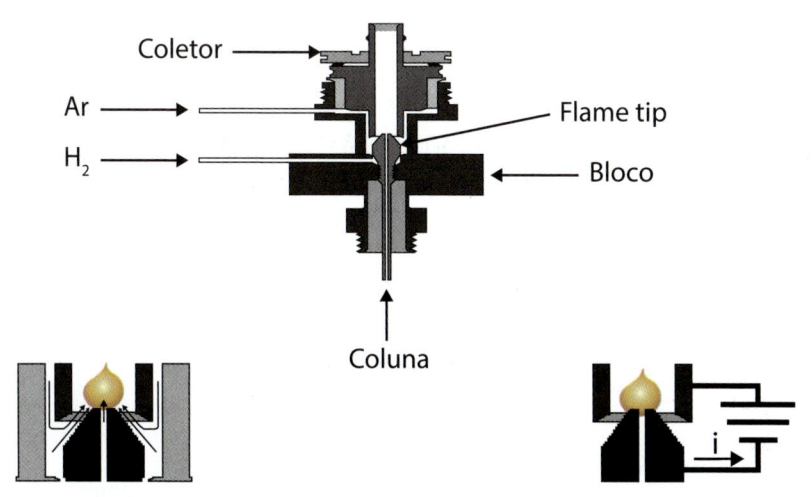

3) O ar e o H_2 difundem para o interior do coletor, onde se misturam ao eluente da coluna e queimam.

4) Uma diferença de potencial elétrico é aplicada entre o *flame tip* e o coletor; quando se formam íons na chama, flui uma corrente elétrica.

Figura 4.16 – Ilustração do sistema de detecção DIC

c)   Detector fotométrico de chama (DFC/ FPD)

Princípio: atua por meio da medida do espectro de emissão de luz, emitida pelos compostos sulfurosos quando queimados em chama rica de hidrogênio. Esses compostos emitem luz a comprimentos de onda característicos para cada elemento. Quando espécies contendo fósforo ou enxofre entram na chama, a emissão ocorre e a luz é transmitida através de um filtro, que seleciona o espectro de emissão a ser medido para um fotomultiplicador. Esse detector é usado para compostos *sulfurosos em geral*.

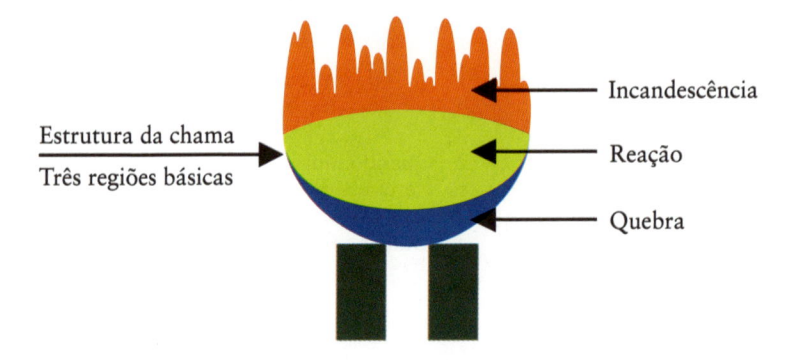

Figura 4.17 – Ilustração da química da chama

- Região de quebra: mistura dos gases, pré-aquecimento, início da quebra das moléculas de H_2, O_2 e dos analitos.
- Zona de reação: reações exotérmicas com produção e/ou consumo de radicais H, O, OH, HO_2 (provenientes do H_2), CH e C_2 (proveniente do analito) e íons CHO + (analito).
- Zona de incandescência: emissão de luz por decaimento de espécies excitadas: OH (luz UV), CH e C_2 (visível).

Queima de substâncias com ligações C-H $\begin{cases} CH + O \; –> \; CHO^+ + e^- \\ 1 \text{ íon formado a cada } \sim 10^5 \text{ átomos de C queimados} \end{cases}$

Queima de H_2 $\begin{cases} \text{Formam-se apenas radicais} \end{cases}$

4.7.10 Colunas – requisitos gerais

4.7.10.1 Forno de coluna – características desejáveis de um forno

a) Temperatura independente dos demais módulos: não deve ser afetada pela temperatura do injetor e detector.

b) Temperatura uniforme em seu interior: sistema de ventilação interno muito eficiente para manter a temperatura homogênea em todo o forno.

c) Fácil acesso à coluna: a operação de troca de coluna pode ser frequente, dependendo do uso e em caso de impureza do GN.

d) Aquecimento e esfriamento rápido: importante tanto em análises de rotina e durante o desenvolvimento de metodologias analíticas novas.

e) Temperatura estável e reprodutível: o forno para colunas capilares é praticamente idêntico ao utilizado para as colunas empacotadas. Ele deve ser capaz de operar em temperaturas de 5 °C a 350 °C. Temperaturas acima de 350 °C raramente são necessárias para o cromatógrafo efetuar separações. Existem fases estacionárias que são estáveis a 350 °C e acima, mas as aplicações que exigem essa condição operacional de temperaturas são poucas. A temperatura deve ser mantida em torno de ± 0,1 °C.

f) Em cromatógrafos modernos (após 1980): o controle de temperatura do forno é totalmente operado por microprocessadores.

4.7.11 Gás de arraste – requisitos gerais

A função e importância do gás de arraste é arrastar as moléculas do gás sob análise no cromatógrafo a gás. Os principais tipos de gases de arraste são hélio (He), hidrogênio (H_2) e nitrogênio (N_2), ao passo que suas principais características com respeito ao uso em cromatógrafos a gás são indicadas no capítulo seguinte.

4.7.11.1 Características requeridas

a) Fase móvel em cromatógrafo a gás: os gases usados como fase móvel não devem reagir quimicamente com a amostra, apenas carregá-la através da coluna. Assim, são usualmente referidos como gás de arraste;

b) Inerte: não deve reagir com a amostra, fase estacionária ou superfícies do instrumento;

c) Puro: deve ser isento de impurezas que possam degradar a fase estacionária e que prejudiquem a análise.

4.7.11.2 Impurezas típicas em gases e seus efeitos

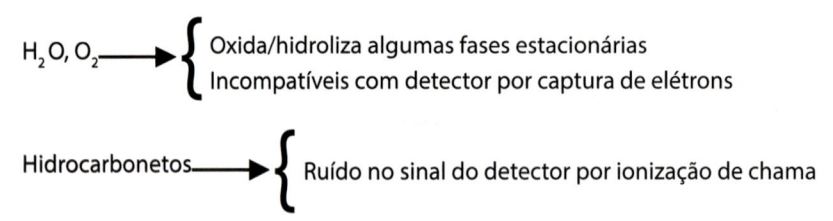

H_2O, O_2 ⟶ { Oxida/hidroliza algumas fases estacionárias
Incompatíveis com detector por captura de elétrons

Hidrocarbonetos ⟶ { Ruído no sinal do detector por ionização de chama

4.7.11.3 Custos *versus* grau de pureza

Gases de altíssima pureza podem ser muito caros – veja a comparação do custo *versus* pureza na figura 4.18. O custo relativo é indicado entre parênteses, para cada tipo de pureza. Cada classe deve ser usada conforme a aplicação requerida e de acordo com o custo benefício definido.

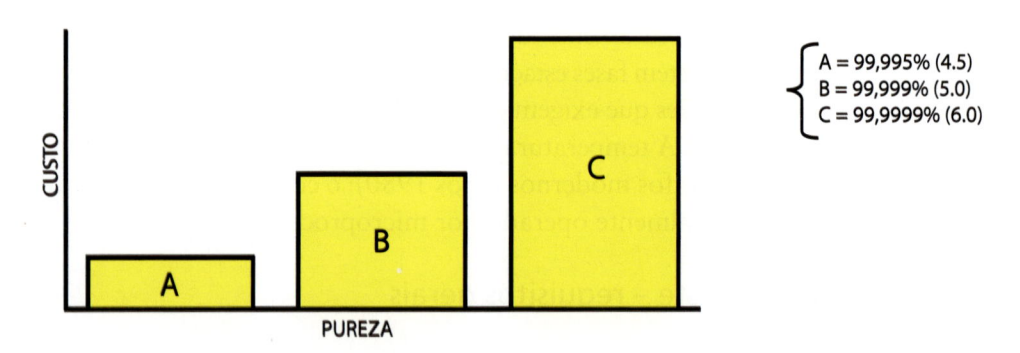

{ A = 99,995% (4.5)
B = 99,999% (5.0)
C = 99,9999% (6.0)

Figura 4.18 – Custos × grau de pureza

4.7.11.4 Compatibilidade com o detector

a) Compatibilidade
Cada detector requer um gás de arraste específico para o melhor funcionamento de um cromatógrafo a gás.

b) Seleção do gás de arraste
Dependendo do tipo do detector utilizado no cromatógrafo a gás, é possível selecionar o melhor gás de arraste para o sistema de análise. Deve-se, no entanto, considerar também outros aspectos, como: segurança operacional, facilidade do fornecimento do gás e seu custo. Os padrões e diretrizes da Operadora e Transportadora devem ser obedecidos.

A seguir são descritos os principais tipos de detectores *versus* os gases de arraste recomendados.

DCT (Detector por condutividade térmica) $\longrightarrow$ He, H_2

DIC (Detector por ionização em chama) $\longrightarrow$ N_2, H_2

DFC (Detector fotométrico de chama) $\longrightarrow$ H_2, He, N_2 e ar sintético

4.7.11.5 Alimentação de gás de arraste

a) Dispositivos necessários à linha de gás

Basicamente dois grupos de dispositivos são requeridos em um sistema de alimentação de gás de arraste. Esses dispositivos estão descritos a seguir:
- Controladores de vazão e de pressão de gás.
- Dispositivos para purificação de gás (*line trap*).

A figura 4.19 ilustra um sistema de alimentação típico, com os principais dispositivos à linha de gás.

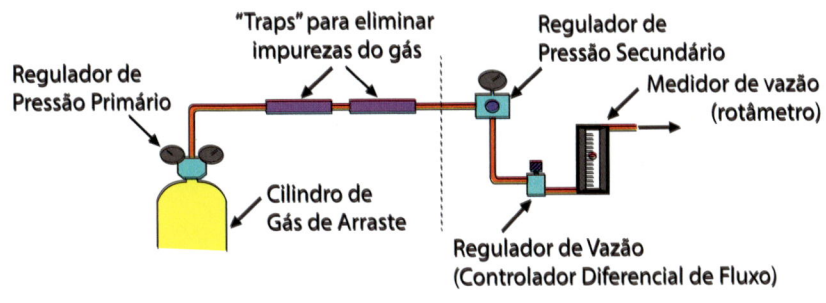

Figura 4.19 – Sistema de alimentação
Fonte: Referência [12]

4.7.12 Gás de referência ou padrão

O gás de referência ou padrão é essencial para permitir a calibração inicial e/ou as recalibrações periódicas requeridas pelo cromatógrafo, conforme sistemática definida e padronizada pela empresa operadora.

A troca periódica desse gás garante aumento da confiabilidade do sistema de análise cromatográfica da estação e contribui com as melhores práticas de qualidade da empresa. Essa troca faz parte da rotina de manutenção da estação. A calibração periódica resulta também em melhor exatidão para o processo do sistema de análise cromatográfica.

4.7.12.1 Características requeridas

a) Baseado na experiência dos fabricantes de gases especiais, o gás de referência ou padrão deve possuir data de validade que depende do tipo do produto, da concentração dos componentes do GN, bem como do material da parede do cilindro para o armazenamento desse gás. Esse prazo consta do certificado do gás padrão confeccionado. Não temos evidência de citação desse assunto pelas normas internacionais. Entretanto, todo gás padrão deve ser confeccionado segundo as recomendações da ISO 6142;

b) Sua composição deverá ser certificada e os certificados de calibração devem ser rastreáveis pelo NMi, National Institute of Standards and Technology (NIST) ou instituto equivalente, que tenha reconhecimento mútuo com o INMETRO pelo ILAC;

c) O gás padrão deve possuir uma composição próxima aos limites da especificação do GN da região em que será analisado pelo cromatógrafo. Para tanto, por ocasião da encomenda desse gás, deverá ser enviada ao fabricante/fornecedor a composição do GN a ser analisado e seguir os métodos A e B da ISO 6974-2;

d) Dependendo do tipo, modelo e fabricante do cromatógrafo a gás, seu consumo poderá requerer um cilindro reserva instalado, para evitar funcionamento indevido do sistema;

e) Todos os cilindros deverão possuir certificados contendo, no mínimo, as seguintes informações:
   - Nome do fabricante do gás padrão;
   - Identificação do cilindro;
   - Data do enchimento;
   - Data da análise;
   - Data de vencimento do certificado;
   - Composição do gás;
   - Método de análise;
   - Nome da pessoa responsável pelo certificado.

Nota: O termo "calibração", efetuada seja na forma manual (pelo operador local/remota) ou na automática do cromatógrafo, significa que esse equipamento está usando o gás padrão para ajustar ou calibrar o seu sistema, permitindo efetuar comparações com o gás sob análise. A periodicidade dessa tarefa é uma prerrogativa da empresa Operadora, segundo seus critérios, experiência e importância da estação.

Na tabela 4.3, estão listadas as validades recomendadas *versus* diferentes produtos, a concentração e o tipo de cilindro usado. O anexo 4 apresenta exemplo de certificado de garantia de qualidade de gás padrão.

Tabela 4.3 – Quadro indicativo das validades recomendadas			
Produto	Faixa de concentração	Validade	Observação
Óxido de etileno (mistura gasosa)	de 1 a 999 umol/mol	12 meses	Cilindro de alumínio
	a partir de 0,1%mol/mol	12 meses	Cilindros de aço ou alumínio
Compostos inertes: He, argônio, N_2, SF_6, kriptônio, neônio etc.	a partir de 1 umol/mol	60 meses	Cilindros de aço ou alumínio
Hidrocarbonetos alifáticos até C_4 (Ex.:	abaixo de 0,999 umol/mol	24 meses	Cilindro de alumínio
metano, etano, etileno, acetileno, buteno-1, isobutileno, transbuteno-2, cisbuteno-2, metilacetileno, aleno etc.)	a partir de 1 umol/mol	60 meses	Cilindros de aço ou alumínio
Hidrocarbonetos alifáticos a partir de C_5	de 1 a 500 umol/mol	60 meses	Cilindro de alumínio
(Ex.: pentano, isopentano, n-hexano, heptano etc.), exceto 1,3-butadieno	a partir de 501 umol/mol	60 meses	Cilindros de aço ou alumínio
1,3-butadieno	a partir de 1 umol/mol	12 meses	Cilindros de aço ou alumínio
Hidrocarbonetos aromáticos (Ex.: benzeno, xilenos etc.)	a partir de 0,05 umol/mol	12 meses	Cilindro de alumínio
Hidrogênio	de 1 a 999 umol/mol	24 meses	Cilindros de aço ou alumínio
	a partir de 0,1%mol/mol	60 meses	
Monóxido de carbono	de 1 a 999 umol/mol	24 meses	Cilindro de alumínio
	de 0,1 a 0,28%mol/mol	60 meses	Cilindro de alumínio
	a partir de 0,29%mol/mol	60 meses	Cilindros de aço ou alumínio
CO_2, oxigênio e N_2O	abaixo de 1 umol/mol	12 meses	Cilindro de alumínio
	de 1 a 999 umol/mol	24 meses	Cilindro de alumínio
	de 0,1% a 0,299%mol/mol	60 meses	Cilindro de alumínio
	a partir de 0,3%mol/mol	60 meses	Cilindros de aço ou alumínio
NO e NO_2	de 0,1 a 999 umol/mol	12 meses	Cilindros de aço (somente medicinais) e alumínio
	a partir de 0,1%mol/mol	24 meses	
NH_3	a partir de 5 umol/mol	12 meses	Cilindro de alumínio
CL_2, HCl	a partir de 5 umol/mol	12 meses	Cilindro de alumínio
	a partir de 0,1%mol/mol	12 meses	Cilindros de aço ou alumínio
Compostos de enxofre: SO_2, COS, CS_2, mercaptanas, exceto H_2S	de 0,1 a 9999 umol/mol	12 meses	Cilindros de alumínio
	a partir de 1%mol/mol	12 meses	Cilindros de aço ou alumínio

(Continua)

(Continuação)

Tabela 4.3 – Quadro indicativo das validades recomendadas			
Produto	Faixa de concentração	Validade	Observação
H_2S sem oxidantes	de 0,1 a 9999 umol/mol	12 meses	Cilindro de alumínio
	a partir de 1%mol/mol	12 meses	Cilindros de aço ou alumínio
H_2S com oxigênio	a partir de 1 umol/mol	6 meses	Cilindro de alumínio
Aldeídos, cetonas, éteres, álcoois, ésteres	de 1 a 9999 umol/mol	12 meses	Cilindro de alumínio
	a partir de 1%mol/mol	24 meses	
Organoclorados (cloretos de etila, cloreto de vinila), exceto cloreto de metila	a partir de 1 umol/mol	12 meses	Cilindro de alumínio
Cloreto de metila	abaixo de 99,9 umol/mol	12 meses	Cilindro de alumínio
	a partir de 100 umol/mol	12 meses	Cilindro de aço
Halocarbonos (inclusive isofluorano, halotano e sevofluorano)	a partir de 1 umol/mol	60 meses	Cilindros de aço ou alumínio
Misturas líquidas com propano, n-butano e isobutano	a partir de 10% (massa ou molar)	12 meses	Cilindro de aço

Fonte: White Martins Gases Industriais Ltda – Depto. de Gases Especiais – março/2014

4.8   Instalação e integração

4.8.1   Considerações iniciais

Não basta ter um bom equipamento, é necessário que tenhamos um bom projeto de instalação e saber exatamente o que se espera no nível de integração. Um projeto complexo e sofisticado, em geral, poderá não trazer o benefício desejado, custar muito caro e exigir manutenção excessiva.

Deve-se optar por soluções simples, utilizando-se referências e casos de sucesso existentes.

4.8.2   Composição, instalação e montagem

Nota: Um sistema típico de análise cromatográfica é composto de condicionador de amostras, cilindros de gases, cromatógrafo e analisador específico para umidade, integrada ao cromatógrafo.

4.8.2.1 Composição do sistema de análise

Um sistema de análise cromatográfica típico é composto basicamente de:

a) Condicionador de amostras.
b) Cilindro de gás de arraste.
c) Cilindro de gás de referência.
d) Cromatógrafo.
e) Analisadores de ponto de orvalho ou *dew point*.

4.8.2.2 Composição do condicionador de amostras

O condicionador de amostras deve conter:

a) Sondas de amostragem.
b) Filtros.
c) Válvula de segurança.
d) Válvula de bloqueio.
e) Regulador.
f) Indicador de pressão.

4.8.2.3 Instalação

É possível a instalação do sistema ao tempo, junto ao processo. Nesse caso, devem ser atendidos os requisitos de classificação de área, ventilação etc.

É preferencial a instalação abrigada, projetada especialmente para essa finalidade, uma vez que esse equipamento classifica o ambiente. Nesse caso, as unidades eletrônicas devem ficar em área segura. Atentar também para as distâncias recomendadas entre o processo e o abrigo.

Alimentação elétrica em 127 V ou 220 V CA a partir do UPS da estação ou em 24 V cc a partir de fonte suprida pelo UPS da estação ou de outra fonte de alimentação elétrica confiável.

4.8.3 Integração do sistema de qualidade e faturamento

Devido à filosofia de operação desassistida (sem operador no campo) das estações de gás natural, diversas variáveis de processo são obtidas automaticamente pelo sistema SCADA e disponibilizadas ao Centro Operacional de Gás da Operadora e ao Centro de Supervisão Comercial da Cia. Carregadora, dependendo do modelo de transporte.

4.8.3.1   Lista das principais variáveis típicas

De forma a possibilitar o monitoramento e a aquisição de dados dos cromatógrafos instalados nas estações de GN pelo centro de supervisão operacional, torna-se necessário estabelecer esse conjunto de variáveis necessárias. A seguir são apresentadas as variáveis comumente obtidas e as respectivas unidades usadas.

a) Composição de hidrocarbonetos (C_1 a C_{6+}) e inertes (N_2 e CO_2), em % molar.
b) Oxigênio (O_2), em % molar (onde aplicável).
c) Gás sulfídrico (H_2S), enxofre total, em mg/m^3 (onde aplicável).
d) Ponto de orvalho da água, em °C (onde aplicável).
e) Poder calorífico superior, em kWh/m^3 ou kJ/m^3.
f) Índice de *Wobbe*, em kJ/m^3.
g) Densidade (adimensional).
h) Massa específica, em kg/m^3.
i) Energia, em kWh/m^3.

4.8.4   Integração com o centro de controle operacional de gás ou CCOG

Devido às possíveis situações operacionais, bem como à possibilidade de falha ou manutenção do cromatógrafo a gás, três situações ou casos típicos foram estabelecidos, abordados nos itens 8.4.1 a 8.4.3 e nas figuras 4.20 a 4.22.

4.8.4.1   Estação com cromatógrafo local

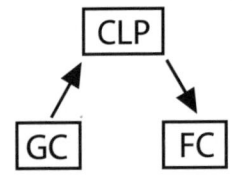

Valida e Critica
(nulos, congelado, negativos, fora de *range*)

Figura 4.20 – Situação 1

Nota: O cromatógrafo (GC) comunica-se localmente com o computador de vazão (FC) via CLP.

4.8.4.2 Estação com cromatógrafo remoto

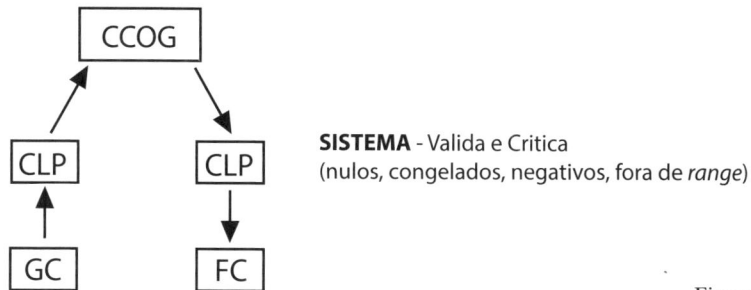

SISTEMA - Valida e Critica
(nulos, congelados, negativos, fora de *range*)

Figura 4.21 – Situação 2

Nota: O computador de vazão (FC) recebe via CLP (dados do cromató-grafo remoto).

4.8.4.3 Estação sem cromatógrafo

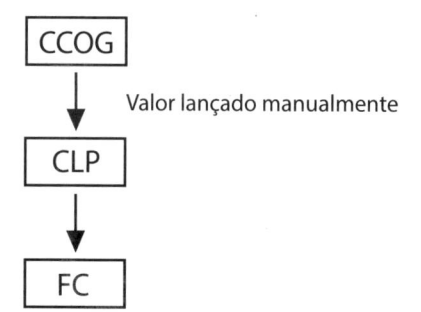

Valor lançado manualmente

Figura 4.22 – Situação 3

Nota: É considerada uma composição fixa e os volumes são corrigidos *off-line*.

4.8.5   Parametrização de um cromatógrafo

A tabela 4.4 indica diferentes quadros contendo as parametrizações típicas de um cromatógrafo a gás de faturamento ou tipo simplificado semelhante ao utilizado nos PE, bem como alguns resultados.

Tabela 4.4 – Quadros indicativos típicos de parametrização de um GC			
Análise típica de GN			
PV	Nome	Mol% bruta	Mol% normalizada
PV1	C6	0.095	0.096
PV2	C3H8	1.483	1.495
PV3	i-C4H10	0.291	0.294
PV4	n-C4H10	0.295	0.298
PV5	neo-C5H12	0.102	0.103
PV6	i-C5H12	0.107	0.108
PV7	n-C5H12	0.123	0.124
PV8	N2	3.114	3.140
PV9	CH4	90.180	90.891
PV10	CO2	0.493	0.497
PV11	C2H6	2.930	2.955
	Hélio	------	-------
	Total	99.161	100.000
PV16	Total (exceto He)	99.161	

Configuração típica dos dados de GC – Variável de Processo de saída (PV)	
PV	Dados de configuração
PV12	PCS (Real)
PV13	Densidade (Real)
PV14	Índice de Wobbe (Real)
PV15	Fator de compressibilidade
PV16	Total de concentrações bruta
PV17	Temperatura do forno
PV18	Pressão do gás de arraste
PV19	PCI (Real)
PV20	Densidade relativa (Real)

Condições de referência	
Temperatura de combustão	15.00 graus C
Temperatura de medição	15.00 graus C
Pressão atmosférica	101.325 kPa

Opção do Hélio	
Saída do Hélio (mol%)	Condição
-----	-----
-----	-----
-----	------
------	-----

Cálculo do Poder Calorífico pelo GC		
	Ideal	Real
Poder Calorífico Superior (PCS)	39.017 MJ/m3	39.109 MJ/m3
Poder Calorífico Inferior (PCI)	35.217 MJ/m3	35.299 MJ/m3
Densidade	0.7569 kg/m3	0.7586 kg/m3
Densidade relativa	0.6179	0.6191
Índice de Wobbe	49.636 MJ/m3	49.705 MJ/m3
Fator de compressibilidade	0.9977	

4.8.6 Vista geral de um cromatógrafo

A figura 4.23 apresenta uma vista de conjunto de um cromatógrafo de qualidade ou tipo completo, com a unidade eletrônica (controlador) e os dispositivos de processo, adequado para instalação junto ao processo, em área classificada. A figura 4.24, por sua vez, mostra um cromatógrafo de faturamento ou tipo simplificado, montado em abrigo.

Figura 4.23 – Cromatógrafo completo
Fonte: Cortesia de EMERSON

Figura 4.24 – Cromatógrafo simplificado
Fonte: Cortesia de EMERSON

Nota: As terminologias a seguir descritas e usadas neste livro foram definidas pelo autor.

Cromatógrafo completo é aquele que permite analisar C_1 a C_{6+}, N_2, CO_2 e $N_2 + CO_2$, O_2, H_2S e enxofre total, ao passo que o cromatógrafo simplificado permite analisar somente C_1 a C_{6+}, N_2, CO_2 e $N_2 + CO_2$.

4.8.7 Composição típica dos componentes do gás natural e sua estrutura molecular

4.8.7.1 Quadro indicativo dos componentes do gás natural

Na tabela 4.5 estão indicados os componentes mais comuns que fazem parte da composição analisada pelos cromatógrafos e analisadores de umidade, utilizados na malha de transporte de GN, incluindo-se as associações com as abreviaturas, fórmula e nomes usuais.

Tabela 4.5 – Quadro dos componentes mais comuns do GN		
Abreviatura	Fórmula	Nome
C_1	CH_4	Metano
C_2	C_2H_6	Etano
C_3	C_3H_8	Propano
nC_4	C_4H_{10}	Butano
iC_4	C_4H_{10}	Isobutano
$neoC_5$	C_5H_{12}	Neopentano
iC_5	C_5H_{12}	Isopentano
nC_5	C_5H_{12}	Pentano
$C6_+$	------	Pesados
-	CO_2	Dióxido de carbono
-	N_2	Nitrogênio
-	O_2	Oxigênio
-	H_2S	Gás sulfídrico
-	H_2O	Teor de umidade

4.8.7.2 Estrutura molecular dos principais componentes do gás natural

Na figura 4.25 estão indicadas as principais estruturas moleculares da composição do GN, analisadas por um cromatógrafo a gás.

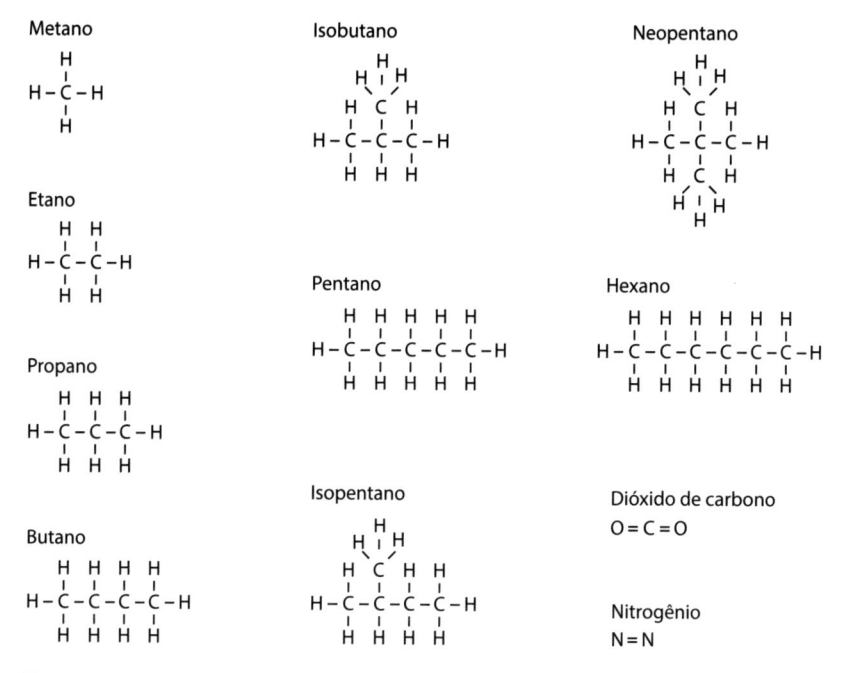

Figura 4.25 – Estrutura molecular dos componentes mais comuns do GN

4.9 Amostragem e condicionamento de amostras

4.9.1 Características dos sistemas de amostragem, gases de calibração e arraste para gás natural

a) O sistema de amostragem inclui a tomada de amostra, o circuito de transporte e condicionamento da amostra e o sistema de deposição, os quais são projetados para fornecer uma amostra representativa do GN do processo e sob condições compatíveis com as de operação do cromatógrafo. Deve atender a algumas práticas recomendadas e seguir as orientações das normas API 14.1, API 555 e/ou ISO 10715. Ambas as normas API e ISO são reconhecidas internacionalmente; assim, a escolha de qual norma adotar vai depender da definição da equipe de projeto da Operadora.

b) O sistema de condicionamento de amostra deve ser montado como uma parte do cromatógrafo ou do lado de fora do abrigo, em cabine apropriada, à prova de intempéries ambientais, de forma que se possam observar os manômetros do lado de dentro sem abrir a porta da cabine.

c) O projeto e a montagem do sistema de amostragem devem observar a inclinação das linhas, pontos baixos de dreno, prevenção de condensação, contaminação secundária da amostra, extremidades finais e acessibilidade para itens de manutenção como elementos de filtro.

d)   Recomenda-se que um ponto de tomada de amostra para laboratório seja incluído no sistema cromatográfico em local acessível, próximo ao cromatógrafo, do lado de fora do abrigo ou alívio externo, com acessórios conforme definido no projeto, de forma que sua coleta não interfira na análise cromatográfica.

e)   É prática recomendada que a tomada de amostras do sistema de amostragem seja localizada no topo de linhas de processo horizontais. Adotar uma distância de, pelo menos, 5 D a jusante de pontos de perturbação do fluxo, como flanges, curvas, cotovelos etc., conforme item 7.4.2 da norma API 14.1. No caso da ISO 10715, a distância recomendada é de 20 D, conforme item 8.1.3. A distância requerida tanto pela API como pela ISO é necessária para se evitar a presença de líquido e impurezas no circuito de amostragem.

f)   As amostras serão coletadas nas linhas de processo, com uma sonda específica de pequeno volume. A sonda deve incluir uma válvula de fechamento manual para permitir o isolamento da linha de amostra à tomada. Se previsto no projeto, considerar um tipo de sonda que permita ser extraível durante a operação normal do gasoduto, para procedimentos de manutenção.

g)   É prática recomendada que todos os materiais em contato com amostras de processo sejam resistentes à corrosão. Em geral, os componentes de construção são de aço inoxidável do tipo 316, como exigido no projeto com Teflon ou equivalente. Não é recomendado o uso de cobre, zinco ou ligas de prata em contato com amostras do processo. As linhas ou *tubings*, tipicamente no diâmetro de ¼ de polegada para o encaminhamento da amostra, devem ser em aço inoxidável 316 sem costura e com uma parede de espessura mínima de 0,89 mm.

h)   Todos os indicadores de amostra (temperatura, pressão ou vazão) deverão ser dimensionados de forma que a indicação esteja no segundo terço da escala sob condições operacionais normais.

i)   O sistema de amostragem deverá incluir instalações para introdução manual e automática de amostras de calibração para a validação e testes de estabilidade do cromatógrafo, conforme definido no projeto.

j)   O circuito de amostragem, bem como a sua tomada na linha de processo, deve ser devidamente dimensionado e montado de forma a evitar problemas de aprisionamento de material particulado, condensado e água, o que possibilita a coleta e descarte do gás de uma forma segura e automática, garantindo uma amostra representativa do gás passando na linha.

k) É prática recomendada que o cromatógrafo seja instalado perto da tomada de amostra e, nesse caso, o volume entre a tomada de amostra e o analisador será o menor possível, para garantir o menor tempo de resposta. Se uma instalação mais próxima não for possível, o sistema de amostragem incorporará um desvio com retorno (*fast-flow loop*) para minimizar o tempo de defasagem de transporte. A distância máxima entre o analisador e o controlador não pode exceder 150 metros.

l) Todo descarte proveniente de amostras ou sistemas de alívio deve ser feito em sistema único, para fora do abrigo do cromatógrafo.

m) Deve estar previsto um sistema de purga entre o cilindro e o cromatógrafo, para garantir que nenhum gás contamine o cromatógrafo depois da troca do cilindro.

n) Os cilindros contendo os gases de calibração e arraste podem ser instalados junto ao processo, ao tempo, protegidos contra intempéries, acesso indevido e vandalismo, ou em compartimento próprio, em área ventilada, de forma a evitar o acúmulo de gases em eventual caso de vazamento.

o) Recomenda-se o mínimo de dois cilindros para cada tipo de gás, com autonomia de 12 meses (dependendo do consumo do cromatógrafo), interligados a um *manifold* para troca automática ao término do primeiro cilindro e pressostato de alarme desse evento.

p) O *manifold* de válvulas solenoides e os depósitos com gases-padrão e de arraste devem ficar em um compartimento apropriado junto ao abrigo (caso este último seja requerido para a instalação do equipamento), protegido da ação das chuvas e do Sol, conforme definido pelo projeto.

q) Todos os cilindros de gás de arraste deverão possuir certificados contendo, no mínimo, as seguintes informações:
   – Nome do fabricante do gás.
   – Identificação do cilindro.
   – Data do enchimento.
   – Data da análise.
   – Data de vencimento do certificado.
   – Composição do gás.
   – Método de análise.
   – Pureza.
   – Nome da pessoa responsável pelo certificado.

4.9.1.1 Princípios de amostragem de gás natural

A principal função de amostragem é tomar uma amostra adequada que seja representativa do gás.

A principal diferença dos tipos de sistemas de amostragem está entre os métodos de amostragem direta e indireta.

No *método de amostragem direta*, a amostra é retirada a partir de um tramo (*stream*) e diretamente transferida para a unidade de análise.

No *método de amostragem indireta*, a amostra é armazenada antes de ser transferida para a unidade de análise.

A figura 4.26 ilustra a classificação dos sistemas de amostragem conforme a ISO 10715.

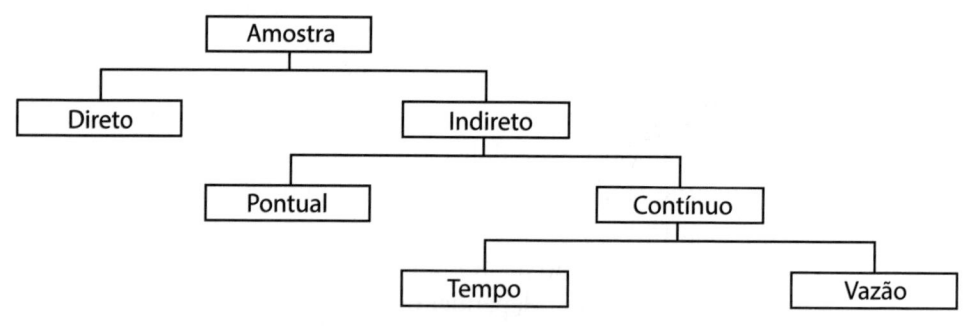

Figura 4.26 – Classificação dos sistemas de amostragem de GN

4.9.1.2 Sistema de amostragem indireta do tipo local para gás natural

a) Método de encher e esvaziar

Conforme definido na ISO 10715, o método é aplicável quando a temperatura do recipiente da amostra é igual ou maior do que a temperatura do suprimento. A pressão de suprimento deve ser superior à pressão atmosférica – ver figura 4.27.

b) Método de vazão controlada

Conforme definido na ISO 10715, uma válvula de agulha é usada para controlar a taxa de vazão do gás natural a ser amostrado – ver figura 4.28.

Este método aplica-se quando a temperatura do recipiente da amostra é igual ou maior do que a temperatura do suprimento. A pressão de suprimento deve ser superior à pressão atmosférica.

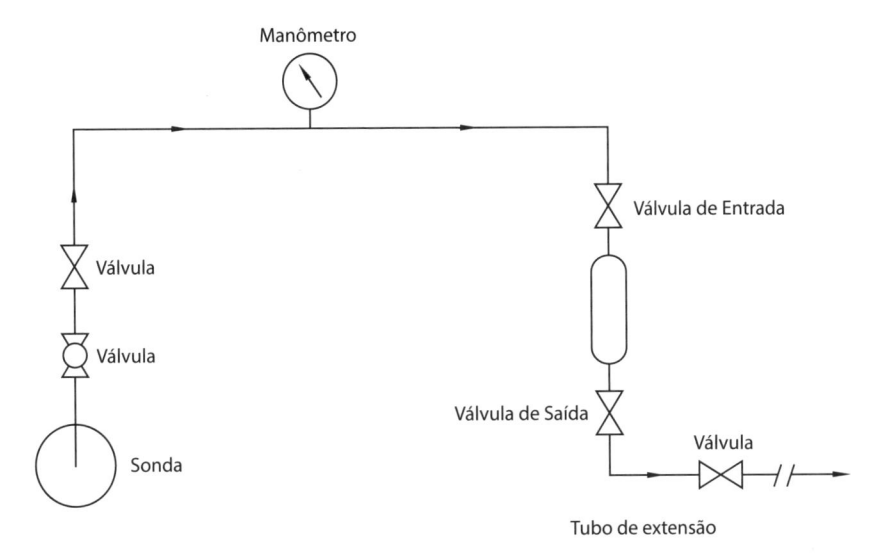

Figura 4.27 – Fluxograma típico de amostragem de GN: método de encher e esvaziar

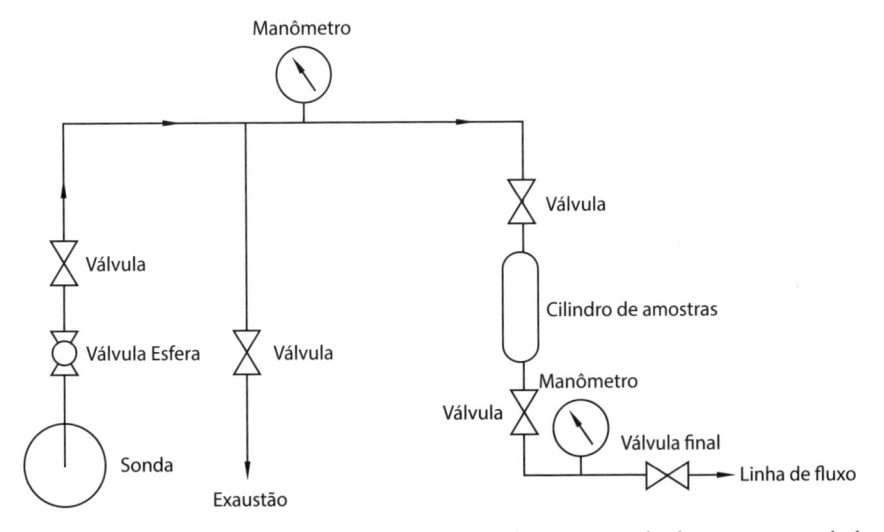

Figura 4.28 – Fluxograma típico de amostragem de GN: método de vazão controlada

c)   Método de cilindro com vácuo

Conforme definido na ISO 10715, um cilindro com vácuo prévio é utilizado para recolher a amostra – ver figura 4.29.

Este método aplica-se quando a pressão da fonte está acima ou abaixo da pressão atmosférica e a temperatura da fonte for maior ou menor que a temperatura do recipiente da amostra.

As válvulas e acessórios no cilindro de amostra devem estar em boas condições.

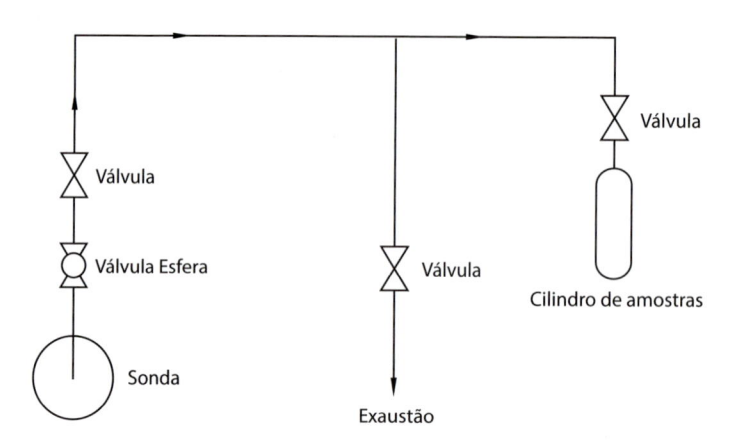

Figura 4.29 – Fluxograma típico de amostragem de GN: método de cilindro com vácuo

4.9.1.3   Sistema de amostragem direta para gás natural

Nas figuras 4.30 e 4.31, visualizam-se um diagrama de blocos de sistema de amostragem direta e um diagrama da configuração típica de sonda de gás natural, respectivamente.

Conforme já observado, o sistema de amostragem de gás natural deve obedecer às normas ISO e/ou API, conforme definido no projeto.

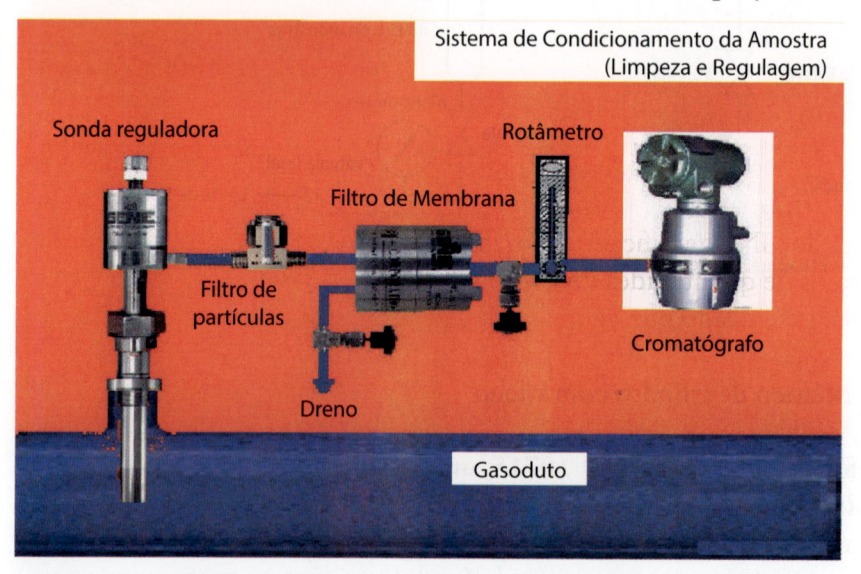

Figura 4.30 – Diagrama de blocos típico do sistema de amostragem direta
Fonte: YAMATAKE

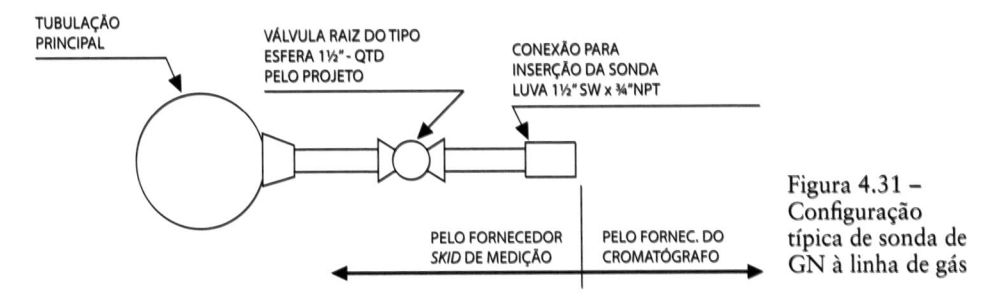

Figura 4.31 – Configuração típica de sonda de GN à linha de gás

4.9.2 Características dos sistemas de amostragem para gás natural liquefeito

4.9.2.1 Sistema de amostragem contínua de gás natural liquefeito

Conforme definido na ISO 8943, esse sistema é também denominado de amostragem do GNL gaseificado com taxa de vazão constante.

O GNL gaseificado que vem da tomada da amostra e do vaporizador de GNL é continuamente alimentado por sua pressão inerente quando a pressão é suficientemente elevada ou após a sua pressão ter sido aumentada pelo compressor para a transferência de GNL gaseificado, quando a pressão é insuficiente. Nesse processo, a pressão do gás na linha de amostragem é controlada por um regulador de pressão, e a vazão no suporte de amostra de gás é mantida pela válvula de entrada de gás. A amostra de gás recolhida no amostrador de gás alimenta o coletor de amostra. Os fluxogramas do processo do sistema de amostragem são apresentados na figura 4.32 (tipo selo d'água) e na figura 4.33 (tipo sem selo d'água).

4.9.2.2 Sistema de amostragem intermitente de gás natural liquefeito (CP/FP)

Conforme definido na ISO 8943, esse sistema é também denominado de amostragem do GNL gaseificado com intervalos de tempo predeterminado ou com intervalos de quantidades de vazão predeterminadas.

O GNL gaseificado que vem da tomada da amostra e do vaporizador de GNL é continuamente alimentado para dentro do cilindro de amostra de gás e para o cromatógrafo de fase gasosa em linha por sua inerente pressão quando esta é suficientemente alta, ou aumentada pelo compressor para a transferência de GNL gaseificado quando a pressão é insuficiente. Nesse processo, a pressão de gás na linha de amostragem é controlada por um regulador de pressão, e a vazão para o cilindro de amostra de gás é mantida pela válvula de entrada do coletor de amostra de gás. A amostra coletada no cilindro de amostra de gás é para análise externa. O fluxograma do processo é indicado na figura 4.34.

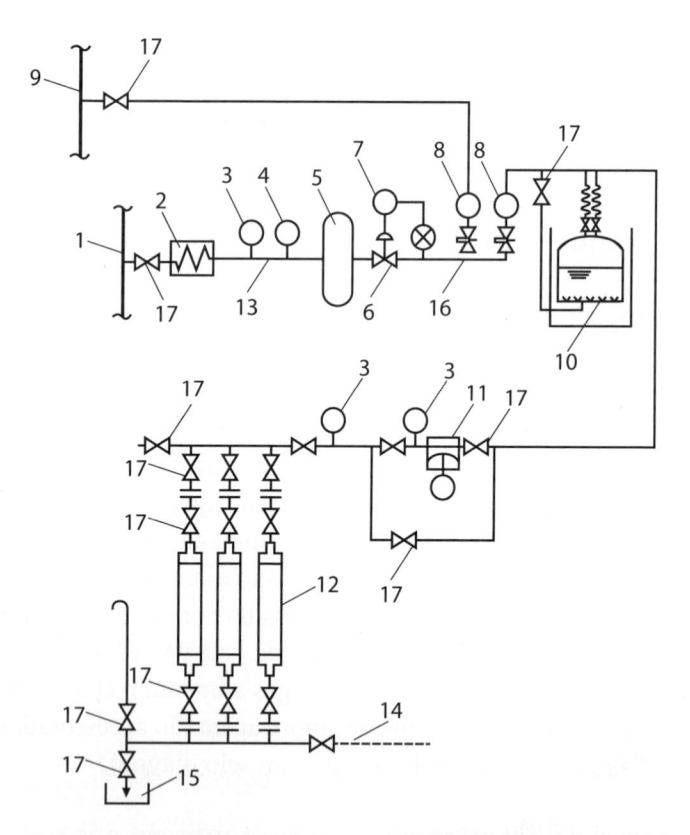

1 - Linha de transferência de GNL
2 - Vaporizador de amostra de GNL
3 - Manômetro
4 - Termômetro
5 - Vaso acumulador
6 - Regulador de pressão
7 - Controlador/indicador de pressão
8 - Medidor de vazão
9 - Linha de gás

10 - Recipientes de amostra de gás do tipo selo d'água
11 - Compressor para carregamento da amostra de gás
12 - Cilindro de amostra de gás
13 - Linha de amostragem
14 - Linha de água
15 - Poço de drenagem
16 - Válvula agulha
17 - Válvula

Figura 4.32 – Fluxograma típico de amostragem contínua: suporte de amostra de gás do tipo selo d'água e compressor

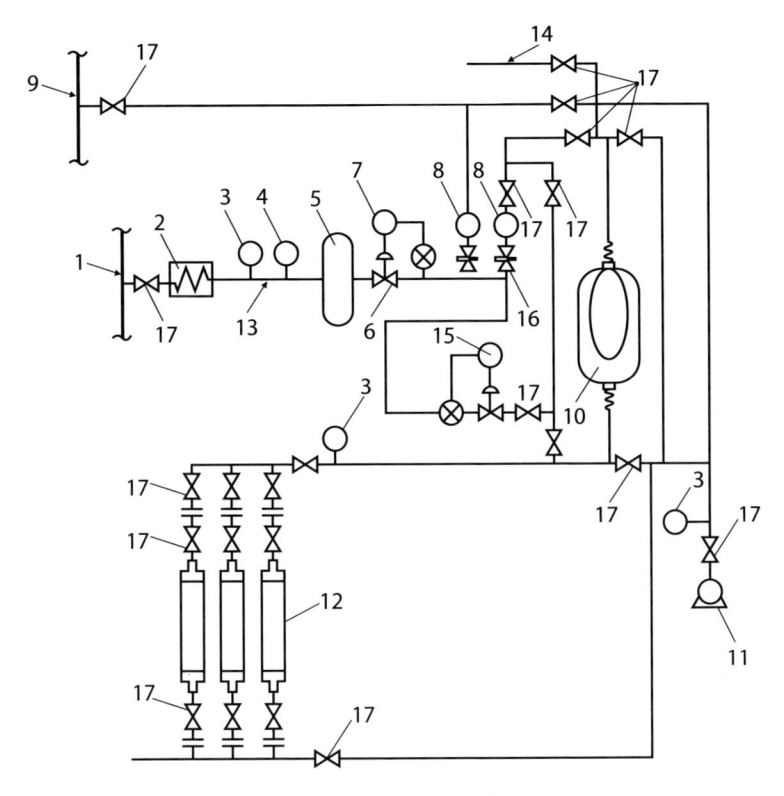

1 - Linha de transferência de GNL
2 - Vaporizador de amostra de GNL
3 - Mamômetro
4 - Termômetro
5 - Vaso acumulador
6 - Regulador de pressão
7 - Controlador/indicador de pressão
8 - Medidor de vazão
9 - Linha de gás
10 - Recipiente de amostra de gás tipo sem de água
11 - Bomba de vácuo
12 - Cilindro de amostra de gás
13 - Linha de amostragem
14 - Linha de gás inerte (para compressão de gás da camada interna do recipiente de amostragem)
15 - Controlador/indicador de vazão
16 - Vávula agulha
17 - Válvula

Figura 4.33 – Fluxograma típico de sistema de amostragem contínua: suporte de amostra de gás do tipo sem selo d'água

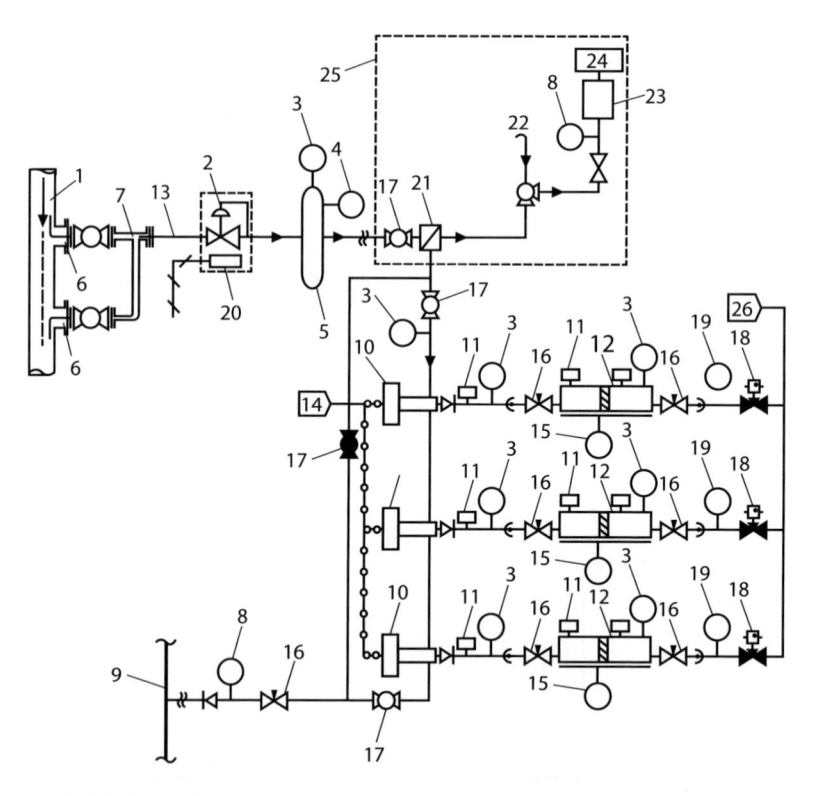

1 - Linha de transferência de GNL
2 - Vaporizador de amostra de GNL
3 - Manômetro
4 - Termômetro
5 - Vaso acumulador
6 - Regulador de pressão
7 - Controlador/indicador de pressão
8 - Medidor de vazão
9 - Linha de gás
10 - Compressor de gás
11 - Disco de ruptura
12 - Cilindro CP
13 - Linha de amostragem

14 - Suprimento de ar do controle da amostra
15 - Indicador de nível
16 - Válvula agulha
17 - Válvula
18 - Válvula solenoide
19 - Trasmissor de pressão20 - Aquecedor
21 - Filtro de amostras
22 - Gás de calibração
23 - Cromatógrafo de gás
24 - Para ventilação
25 - Cromatógrafo de gás em linha
26 - Sistema de pré-carga automático
27 - Válvula de desvio

Figura 4.34 – Fluxograma típico de sistema de amostragem intermitente: cilindro de amostras – CP/FP

4.9.3 Sondas de amostragem típicas para gás natural liquefeito

No caso de GNL, conforme indicado na figura 4.35, as sondas de amostragem podem ser instaladas de quatro maneiras distintas, sendo duas formas para cada tipo de conexão ao processo (linha de GNL).

Recomenda-se que as sondas de amostragem devam ser instaladas em pontos onde o GNL esteja em condição sub-resfriada e que a linha de transferência da sonda para o vaporizador deva ser mantida em estado sub-resfriado (através de material isolante). Isso se torna necessário para que a amostra chegue ao vaporizador no estado líquido.

Exemplos de sondas de amostragem

Conexão direta na linha principal de GNL (vista da seção transversal)

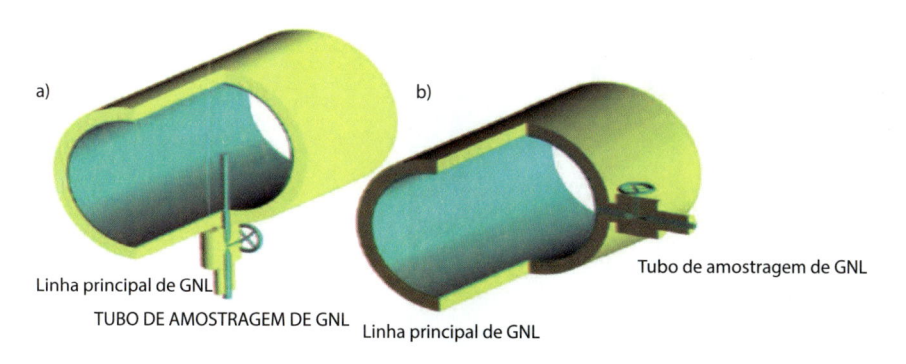

Com um tubo Pitot (vista da seção transversal)

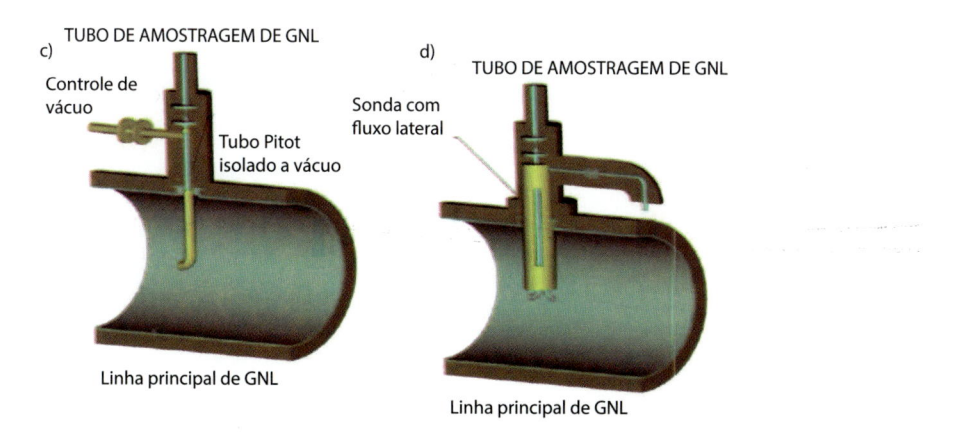

Figura 4.35 – Conexões típicas das sondas de GNL
Fonte: Referência [12]

4.9.4 Condicionador de amostras automático para gás natural liquefeito

Na figura 4.36, visualizamos um painel com um condicionador de amostras automático de GNL.

Observam-se as três garrafas para coleta de amostra e instrumentação associada, conforme ISO 8943.

Figura 4.36 – Painel de condicionador de amostras típico de GNL

5

Sistema de Gestão de Medição

5.1 Introdução

Este capítulo reúne conceitos que tratam do Sistema de Gestão de Medição (SGM) e servem de metodologia para mitigar erros e desvios encontrados em instrumentos de medição no que se refere ao instrumento operando fora da faixa de calibração/operação, medidores sem inspeção, composição do gás natural fora de especificação, entradas de dados parametrizados incorretos no programa do computador de vazão, entre outros.

O SGM tem como diretriz a norma ABNT NBR ISO 10012:2004 (ISO 10012). No entanto, a norma ABNT NBR ISO 9001:2008 (ISO 9001) fundamenta o sistema de gestão da qualidade de produtos e serviços com o objetivo de alcançar a satisfação do cliente, além de atender aos requisitos legais.

O funcionamento de um SGM depende da aplicação e gestão de ciclos *Plan-Do-Check-Act* (PDCA) para cada seção da norma ISO 10012, associada aos processos de auditoria.

5.2 Ciclo PDCA

5.2.1 Histórico

Os processos de SGM estão calcados no conceito do ciclo PDCA, idealizado por Walter Andrew Shewhart (1924) e divulgado posteriormente por Willian Edwards Deming (1950) – ver figura 5.1.

Shewhart acercou-se de ferramentas estatísticas com dados e fatos para aplicar em melhorias dos processos, usando a teoria do controle estatístico de processos (CEP). Os resultados satisfatórios alcançados pela indústria levaram a crer que era esse o segredo para manter viva a aplicabilidade do ciclo PDCA.

Nesse ensejo, não só contribuiu para avanços importantes na alta gestão da qualidade de uma organização, como também aprimorou os critérios de análises estatísticas de dados.

Na década de 1950, pós-Segunda Guerra, as ideias e contribuições de Shewhart influenciaram estatísticos da época, físicos e engenheiros, com destaque para Deming, que foi um divulgador da continuidade da aplicação do ciclo de Shewhart. A indústria japonesa destacou-se nessa aplicabilidade, ocasionando grandes mudanças no desenvolvimento da vida socioeconômica e industrial dos japoneses, com excelentes resultados nas melhorias de processos que culminaram na boa qualidade dos produtos gerados naquele país.

O ciclo PDCA (ou ciclo de Shewhart ou de Deming) tem como efeito a melhoria contínua escalonada de um processo dentro de uma organização, aplicando suas ações e suas revisões periódicas e ininterruptamente através do tempo [24].

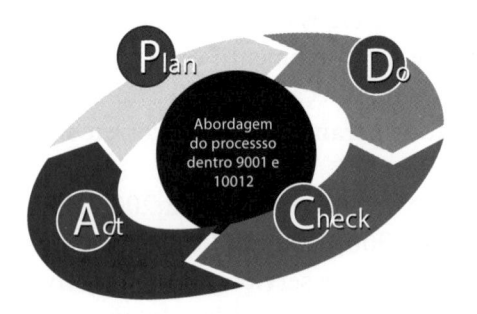

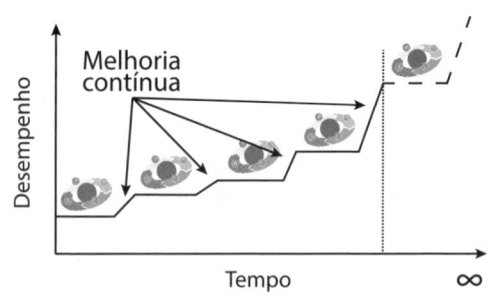

Figura 5.1 – Ciclo PDCA
Fonte: Adaptado do diagrama de Kairn G.
    Bulsuk, 2008

Fonte: Adaptado de Moretti e Zumbach, 2014

5.2.2 Conceituação

A aplicação do ciclo PDCA é simples (figura 5.1). Para um determinado processo (sequência de operação), o ciclo começa pelo planejamento (*Plan*), estabelecendo objetivos e processos necessários para gerar resultados de acordo com os requisitos do cliente e com as políticas da organização. Em seguida, a ação ou conjunto de ações planejadas é executado (*Do*). Implementados os processos, deve-se checar (*Check*) se as tarefas foram executadas exatamente como estão previstas no planejamento de forma constante e repetida (ciclicamente). Em seguida, deve-se agir (*Act*) para eliminar ou ao menos mitigar eventuais falhas no produto, executando ações para promover continuamente a melhoria do desempenho do processo.

Cada um desses passos depende de requisitos de produto, do cliente e da organização. A observância dos critérios facilitará o cumprimento dos requisitos para medição e controle do processo de medição especificado.

A aplicação dos passos do ciclo funciona como uma engrenagem para cada processo do modelo de gestão de medição. O planejamento das atividades inicia-se com empenho da alta direção, passando pela gestão dos recursos, sejam eles financeiros ou humanos. A entrada dos requisitos do cliente no processo de medição estimula a análise crítica dos erros e desvios detectados, que, por sua vez, imprimem ações de melhoria à direção da organização fornecedora de serviços, utilizando a aplicação do ciclo PDCA.

A figura 5.2 exemplifica como os processos relacionados à medição de gás natural estão envolvidos no modelo do SGM com base na norma ABNT NBR

ISO 10012, mostrando a interatividade e o vínculo entre cada processo (seção e item) da norma do SGM com o ciclo PDCA.

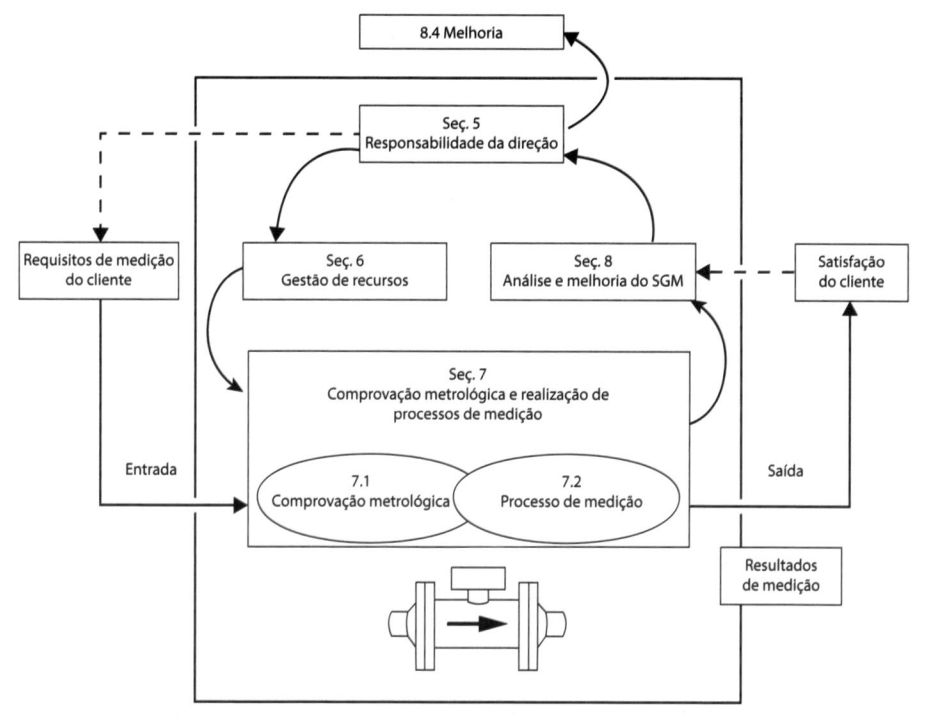

Figura 5.2 – Modelo de SGM
Fonte: Adaptado do diagrama ABNT NBR ISO 10012:2014

5.2.3 Aplicação do ciclo na movimentação de gás natural

Examinando o caso da movimentação do gás natural, o Carregador (cliente) desempenha um papel significativo na definição dos seus requisitos de medição na entrada do processo. O monitoramento da satisfação do Carregador (cliente) requer a avaliação de informações importantes relativas à percepção do cliente, sobre as quais a transportadora do gás natural (fornecedora do serviço) ficará ciente se os requisitos foram atendidos.

Manter um ciclo PDCA ágil, funcionando para cada processo, é desafiador, mas não irrealizável. Seu funcionamento torna-se exequível no momento em que se inicia uma aplicação de ação corretiva ou preventiva aos processos. Em outras palavras, para manter um ciclo PDCA ativo, é importante implementar efetivamente o SGM – ver figura 5.3 [24].

A aplicação do SGM em consonância com os quatro passos do ciclo PDCA serve de ferramenta de controle do processo operacional de medição. O ciclo criteriosamente aplicado torna o resultado do processo competente e

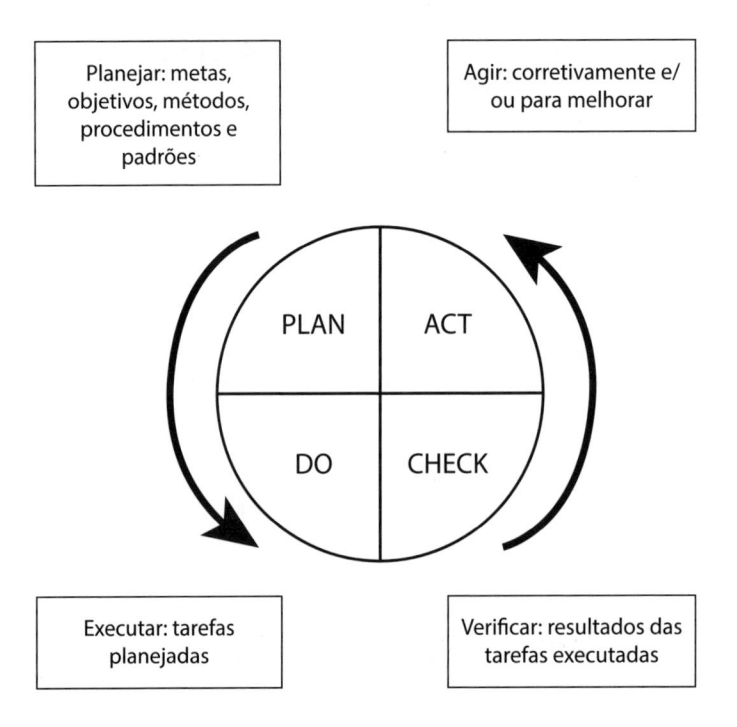

Figura 5.3 - Vínculos para manter o ciclo PDCA ativo na aplicação do SGM
Fonte: adaptado de Moretti e Zumbach, 2014

eficiente (no prazo) ou eficaz (no menor prazo). No entanto, é necessário destacar que as melhorias contínuas e gradativas agregam valor ao processo de medição, o que assegura a satisfação dos clientes.

5.3   Evolução da família ISO 9000

Para melhor entender o funcionamento do SGM, é importante conhecer a evolução dos sistemas de qualidade de produto, que culminou na publicação da família ISO 9000.

5.3.1   Revisão evolutiva das normas de qualidade

Com relação às normas antecessoras, após uma longa trajetória de desenvolvimento fragmentado, a primeira norma de padrão de qualidade britânica foi a *Quality Assurance Standard* (QAS), publicada em 1979 para uso não militar pela British Standards Institution (BSI) em três partes, dando origem à norma BS 5750.

Em 1987, a International Organization for Standardization (ISO) publicou uma série de normas internacionais conhecida como família ISO 9000. Essas normas foram baseadas na BS 5750 e tinham como foco a garantia da qualidade do produto.

Em 1994, a família de normas 9000 foi revisada para enfatizar a garantia do produto. Seis anos depois, em 2000, houve uma revisão substancial, focando não somente em garantia, mas também em gestão do produto com foco no cliente. Dessa forma, a família das normas ISO 9000 evoluiu para permitir às organizações implantar e operar um efetivo sistema de gestão da qualidade.

Essa revisão da família ISO 9000 trouxe uma melhor adequação do conceito de gestão da qualidade. Deixou de abordar um escopo que antes era mais voltado para garantias de alguns requisitos do sistema de qualidade e passou a focalizar também na abordagem do processo, permitindo o controle contínuo dos processos individuais, sua combinação e interação. Hoje, nas organizações, a atenção está voltada para a qualidade do sistema de gestão.

Em 2008, uma nova revisão da ISO 9001 ampliou seu escopo para que a norma fosse mais bem aplicada para gestão de qualidade de prestação de serviços. Não introduziu quaisquer novos requisitos com relação à versão 2000, porém, esclareceu seus requisitos com base na experiência em aplicação da norma em nível mundial, com mais de um milhão de organizações certificadas. Daí, então, criou-se o modelo de Sistema de Gestão de Qualidade (SGQ).

O modelo de SGQ advém da norma ISO 9001 de 2008. Tal como preconiza a norma, o modelo focaliza no controle do processo, ilustrando as ligações dos processos nas seções 4 a 8. É o cliente quem define os requisitos relativos aos aspectos normativos e legais, além do que a satisfação do cliente é monitorada por um sistema de pesquisa com base no resultado recebido, quer seja na obtenção do produto e/ou do serviço.

Posto isso, a organização deve estabelecer processos para assegurar que a realização de um produto possa ser executada de acordo com os requisitos de monitoramento e medição.

Para que a "realização do produto" atinja resultados válidos, o equipamento de medição deve ser como preconiza a norma em sua seção 7.6:

a) Ser calibrado e/ou verificado em intervalos especificados. Antes do uso, deve estar de acordo ou em conformidade com os padrões de medição rastreáveis internacional e nacional. Quando esse padrão não existir, a base usada para calibração ou verificação deve ser registrada no item Controle de Registros (4.2.4) desta norma.

b) Ser ajustado ou reajustado.

c) Ter identificação para determinar sua situação de calibração.

d)   Ser protegido contra ajustes que invalidariam o resultado da medição.

e)   Ser protegido contra dano e deterioração durante o manuseio, manutenção e armazenamento e em qualquer produto afetado.

A norma pontifica que a prestadora de serviço deve reavaliar a validade dos seus resultados de medições anteriores no momento em que constatar que o equipamento de medição não está em conformidade com os requisitos determinados pelo cliente na entrada do processo. Devendo a prestadora do serviço de medição proceder ajustes, elaborando um plano de ações corretivas com acompanhamento do cliente.

Para um sistema de medição de gás natural, os requisitos do SGQ da norma ISO 9001 podem ser aplicados. No entanto, a norma ISO 10012, que tem estrutura similar à da norma 9001, trata especificamente de requisitos para um SGM.

5.4   Sistema de Gestão de Medição (SGM)

O Sistema de Gestão de Medição (SGM) é uma ferramenta fundamentada com critérios bem estabelecidos na norma ISO 10012, que especifica requisitos e fornece orientação para a gestão de processos de medição e comprovação metrológica de equipamento de medição usado para dar suporte e demonstrar conformidade com requisitos metrológicos.

Ela especifica requisitos de gestão da qualidade de um SGM que pode ser usado por uma organização que executa medições como parte de um sistema de gestão global, para assegurar que são atendidos os requisitos metrológicos. Sua aplicação pode aumentar o nível de confiança dos resultados de medição de gás natural, medindo de forma mais adequada e reduzindo assim riscos de medições incorretas.

Os métodos usados para o SGM abrangem desde a verificação básica do equipamento de medição até a aplicação de técnicas de controle estatístico do processo (CEP) de medição ou mesmo análise crítica dos procedimentos documentais e legais.

A ISO 10012 tem como núcleo a norma ISO 9001, e estas se inter-relacionam de modo a monitorar atentamente as características metrológicas e seus processos dentro de um conceito específico que é o SGM – ver figura 5.2. Tal como requer a norma, ficam garantidos critérios para que o equipamento de medição e os processos de medição estejam adequados para seu uso desejado.

5.4.1   A metodologia

A metodologia para aplicação do SGM envolve uma série de atividades sincronizadas que promovem a manutenção e integridade de instalações, a comprovação metrológica (calibração e verificação), a identificação de desvios de medição e qualidade, a implementação de ações corretivas e preventivas, o atendimento dos requisitos metrológicos do cliente relativos a seus aspectos regulamentares, estatutários, normativos e corporativos, além dos requisitos legais de qualidade do gás natural (contidos na Resolução ANP nº 16/2008) [9] e de sistemas de medição de petróleo e gás natural, conforme Resolução Conjunta ANP/INMETRO nº 1 de 10 de junho de 2013 [10].

Dentro dessas atividades, destacam-se pelo menos três que potencializam a necessidade da atuação da gestão metrológica:

a)   periodicidade de calibração;
b)   cálculo da incerteza global para todos os sistemas de medição;
c)   ausência de procedimentos, controle de registros e tratamento de desvios.

O SGM atua de maneira a mitigar desvios de medição causados por instrumento operando fora da faixa de calibração/operação, medidores sem inspeção, composição do gás natural fora de especificação, entrada de dados não corretamente parametrizada no programa de computador de vazão, entre outros.

No que tange aos requisitos documentais, o SGM detecta se há carência de controle de registros, gestão de comprovação metrológica de medidores para transferência de custódia, tratamento de desvios e manual do SGM. Esses são aspectos que ditam o controle do sistema de gestão da qualidade, bem como tratam especificamente dos requisitos para os processos e equipamentos de medição. Com relação ao sistema de medição como um todo, são aplicáveis aos relatórios da American Gas Association (AGA), que descrevem as características de instalação correta de um sistema.

Para minimizar desvios de medição, os operadores da malha de transporte de gás natural devem ter em seus processos operacionais uma rotina contendo métodos e procedimentos, os quais consistem em implementar um SGM consolidado. Os prestadores de serviço de medição devem verificar com periodicidade seus equipamentos de medição, métodos e procedimentos, além de manter atualizada a evolução do conhecimento técnico de seus operadores.

O papel do SGM é gerenciar a rotina no processo de execução de medição de volume e qualidade do gás natural, de forma a identificar desvios e oportunidades de melhorias inerentes ao processo. O SGM também gerencia os riscos que os equipamentos e os processos de medição podem produzir oriundos de resultados incorretos, o que afeta a qualidade dos produtos e os indicadores da organização.

A análise crítica da gestão da medição poderá indicar se um sistema deve ser modificado ou substituído. Para isso, devem ser registrados planos de ação e acompanhamento das ações corretivas. Essa análise crítica só é possível com um processo de auditorias planejadas ou extraordinárias no sistema de medição.

5.5   Auditoria em sistema de medição

As auditorias em sistema de medição e qualidade em ponto de entrega ou recebimento de gás natural podem ser realizadas por equipe própria da Carregadora, de preferência acreditada, e/ou por uma empresa terceirizada devidamente capacitada, qualificada e acreditada. A figura 5.4 mostra uma malha de transporte simplificada com os pontos onde devem ser feitas as auditorias (ponto de transferência de custódia – PTC) no contexto da relação entre Transportador (prestador do serviço) e Carregador (cliente).

As auditorias são planejadas a partir de um calendário anual ou de uma demanda extraordinária, por exemplo, na entrada de novos pontos de recebimento e entrega de gás natural, ou mesmo conforme as necessidades da organização. Em qualquer uma das modalidades, o relatório de auditoria é o produto

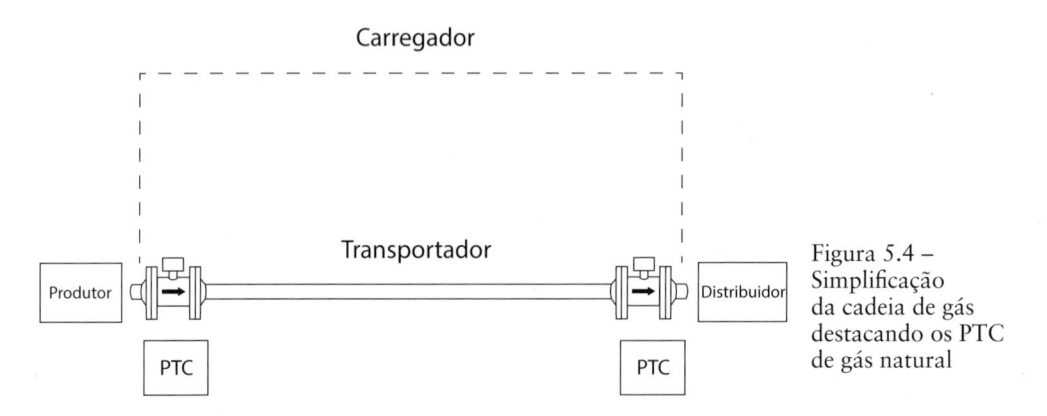

Figura 5.4 – Simplificação da cadeia de gás destacando os PTC de gás natural

final do processo nos sistemas de medição e qualidade do gás natural na malha de gasodutos.

Essas auditorias são realizadas com base nos conceitos da confiabilidade metrológica dos equipamentos. Elas verificam desvios por meio da análise de documentos técnicos das estações de medição, tabelas de gestão metrológica, planilha de avaliação de trecho reto de medição e listas de verificação (LV).

As LV geralmente são organizadas com diferentes tópicos de interesse relacionados com as instalações físicas (Projeto & Instalação – P&I), os processos de operação e manutenção das estações (Operação & Manutenção – O&M) e a comunicação e tratamento adequado dos dados (Comunicação & Tratamento de Dados – C&D).

O monitoramento do sistema de gestão de medição deve prevenir desvios dos requisitos metrológicos, assegurando a pronta detecção de deficiências e tomando, em tempo oportuno, ações para sua correção. Esse monitoramento deve ser na proporção correta ao risco de falha para atender aos requisitos especificados.

Desvios relatados pela auditoria significam ocorrência em relação aos procedimentos documentados e/ou documentos regulamentadores. Os desvios são classificados como "não conformidade maior" ou "não conformidade menor". Ambos estão vinculados aos requisitos legais ou normativos, que causam impacto global ou pontual ao processo de medição e qualidade.

Além das não conformidades, a auditoria também identifica oportunidades de melhoria, sendo relatado pelo auditor como desvio de baixo impacto com orientações para aplicação de ações de boas práticas, visando à melhoria no processo de medição e qualidade.

O anexo 5 apresenta o detalhamento do processo de auditoria no SGM.

5.6   Conclusão

O Sistema de Gestão de Medição (SGM), vinculado à execução de auditorias, dinamiza o acompanhamento do sistema de medição de volume e qualidade de gás natural e ajuda a identificar falhas e a consolidar planos de ação para correção de desvios.

Se o fornecedor entrega produtos com desvios (não conformes), não considera os requisitos contratuais e as reclamações do cliente ou se não toma as ações corretivas apropriadas, o SGM não opera a contento e deve passar por análise crítica e melhoria nos processos.

A aplicação do ciclo PDCA sobre todo o processo de medição, com foco nos requisitos normativos da ISO 10012 e demais requisitos legais e do cliente, permite uma melhor análise crítica, provendo mais confiabilidade às medições. Consequentemente, é possível ter um melhor controle de recursos (humanos, infraestruturais e financeiros), documentos, registros, desvios, ações corretivas e preventivas, alcançando-se a satisfação do cliente e promovendo melhoria contínua do SGM.

Anexos

ANEXO 1 – Planilha "Distribuição de probabilidades"

ANEXO 2 – Certificados de calibração

Exemplos de certificados de calibração no universo da medição de gás.

Certificado de calibração de pressão – parte 1/3

Página 1 de 3

Relatório de Calibração

Nr. [12345678]

Usuário	[ ]
Local	Ponto de Entrega — [ ]

TAG	Função
PT [XXXXXX]	Transmissor de Pressão de Gás p/ Medição

Fabricante	Nr. de Série	Nr. SAP
[XXXXXX]	[XXXXXX]	[XXXX]

Dados de Especificação	
Valor inicial de Calibração	0, 00
Unidade de Engenharia	kgf/cm^2
Valor final de Calibração	40,00
Início da Faixa de Operação	0, 00
Fim da faixa de operação	60, 00
Início do Registro (Em Counts)	0, 00
Fim do Registro (Em Counts)	32. 000
Erro máximo	0, 5%
Probabilidade	95, 00%
Valor de operação	40, 000
Quantidade de pontos a calibrar	9
Tipo de calibração	C
Classificação Metrológica	M1

Certificado de calibração de pressão – parte 2/3

Relatório de Calibração

Nr. [12345678]

Usuário	[ ]
Local	Ponto de Entrega — [ ]

TAG	Função
PT [XXXXXX]	Transmissor de Pressão de Gás p/ Medição

Fabricante	Nr. de Série	Nr. SAP
[XXXXXX]	[XXXXXX]	[XXXX]

Situação de Equipamento/Instrumento: (X) Aprovado (X) Reprovado
              Calibração: (X) Malha   ( ) Instrumento

Temp. Ambt. Inicial	29,0 °C	Temp. Ambt. Inicial	29,4 °C
Calibração	0,0 a 40, 0 Kgf/cm²		

Resultados					
LEITURA INICIAL (AS FOUND)			LEITURA FINAL (AS LEFT)		
Entrada (Kgf/cm2)	Saída (Kgf/cm2)	Desvio (%)	Entrada (Kgf/cm2)	Saída (Kgf/cm2)	Desvio (%)
0, 020	0, 110	0, 150	— X —	— X —	— X —
9, 990	10, 120	0, 220	— X —	— X —	— X —
20, 000	20, 060	0, 100	— X —	— X —	— X —
29, 990	30, 110	0, 200	— X —	— X —	— X —
40, 000	40, 060	0, 100	— X —	— X —	— X —
30, 000	30, 110	0, 180	— X —	— X —	— X —
20, 000	20, 100	0, 170	— X —	— X —	— X —
10, 000	10, 100	0, 170	— X —	— X —	— X —
0, 020	0, 140	0, 200	— X —	— X —	— X —
Incerteza: 0,06 %					
Probabilidade: 100%					

Certificado de calibração de pressão – parte 3/3

Relatório de Calibração

Nr. [12345678]

Usuário	[	]
Local	Ponto de Entrega — [	]

TAG	Função
PT [XXXXXX]	Transmissor de Pressão de Gás p/ Medição

Fabricante	Nr. de Série	Nr. SAP
[XXXXXX]	[XXXXXX]	[XXXX]

Situação de Equipamento/Instrumento: (X) Aprovado (X) Reprovado
              Calibração: ( ) Malha   (X) Instrumento

Temp. Ambt. Inicial	29,0 °C	Temp. Ambt. Inicial	— X —
Calibracão	0,0 a 40, 0 Kgf/cm²		

Resultados					
LEITURA INICIAL (AS FOUND)			LEITURA FINAL (AS LEFT)		
Entrada (Kgf/cm2)	Saída (Kgf/cm2)	Desvio (%)	Entrada (Kgf/cm2)	Saída (Kgf/cm2)	Desvio (%)
0, 020	0, 130	0, 280	— X —	— X —	— X —
9, 990	10, 150	0, 140	— X —	— X —	— X —
20, 000	20, 120	0, 300	— X —	— X —	— X —
29, 990	30, 150	0, 410	— X —	— X —	— X —
40, 000	40, 170	0, 430	— X —	— X —	— X —
30, 000	30, 150	0, 370	— X —	— X —	— X —
20, 000	20, 150	0, 370	— X —	— X —	— X —
10, 000	10, 130	0, 330	— X —	— X —	— X —
0, 020	0, 130	0, 280	— X —	— X —	— X —
Incerteza: 0,06 %					
Probabilidade: 98,64%					

Padrão	[	]	N/S	[XXXXXX]
	[	]		[XXXXXX]

Comentários e Observações
Calibração conforme PE - 4TB - 00048
Execução em 27. 08. 2012 por [   ]
Aprovacão em 30. 08. 3012 por[   ]

Certificado de calibração de temperatura

Relatório de Calibração

Nr. [12345678]

Usuário	[	]
Local	[	]

TAG	Função
TT [XXXXXX]	Transmissor Temperatura Tramo B Medição

Fabricante	Nr. de Série	Nr. SAP
[XXXXXX]	[XXXXXX]	[XXXX]

Dados de Especificação	
Valor inicial de Calibração	10,00
Unidade de Engenharia	°C
Valor final de Calibração	30,00
Início da Faixa de Operação	0,00
Fim da faixa de operação	60,00
Início do Registro (Em Counts)	0,00
Fim do Registro (Em Counts)	32.000
Erro máximo	1,0%
Probabilidade	95,00%
Valor de Operação	20,00
Quantidade de pontos a calibrar	3
Tipo de calibração	C
Classificação Metrológica	M2

Situação do Equipamento/Instrumento: (X) Aprovado   ( ) Reprovado
Calibração: (X) Malha   ( ) Instrumento

Temp. Ambt. Inicial	30,0 °C	Temp. Ambt. Final	28,8 °C
Calibração	283,2 a 303,2 K		

Resultados					
LEITURA INICIAL (AS FOUND)			LEITURA FINAL (AS LEFT)		
Entrada(K)	Saída(K)	Desvio(%)	Entrada(K)	Saída(K)	Desvio(%)
282,950	283,320	0,130	-X-	-X-	-X-
293,050	293,140	0,030	-X-	-X-	-X-
303,050	302,460	-0,200	-X-	-X-	-X-

Incerteza:	0,73 %	
Probabilidade:	98,51 %	

Padrão	[	]	N/S	[XXXXXX]
	[	]		[XXXXXX]

Comentários e Observações
Calibração conforme PE-4TB-00047

Execução em 08.01.2013 por [   ]
Aprovação em 09.01.2013 por [   ]

ANEXO 3 – Folha de dados

Folha de dados de medidor ultrassônico

		A – MEDIDOR	
	1	TAG	
	2	TIPO DE MEDIÇÃO	
	3	IDENTIFICAÇÃO DA LINHA	
	4	SENTIDO DE FLUXO	
	5	MONTAGEM	entre flanges
	6	MÉTODO DE REFERÊNCIA	NBR 15855, ISO 17089 e AGA 8, 9 e 10
	7	MATERIAL DO CARRETEL	
	8	REVESTIMENTO INTERNO	
	9	CONTINUIDADE ELÉTRICA	sim
	10	PINTURA EXTERNA DO CARRETEL	poliéster / epóxi
	11	DIÂMETRO INTERNO	
	12	FLANGES: CLASSE E ACABAMENTO	
	13	PADRÃO DE FURAÇÃO DO FLANGE	
	14	RETIFICADOR DE FLUXO	
CARACTERÍSTICAS GERAIS	15	FORNECIMENTO DE TRECHO A MONTANTE	
	16	FORNECIMENTO DE TRECHO A JUSANTE	
	17	DISTÂNCIA MÍNIMA DE VÁLVULA DE CONTROLE	
	18	VELOCIDADE MÁXIMA DE OPERAÇÃO	
	19	VELOCIDADE MÍNIMA DE OPERAÇÃO	
	20	QUANTIDADE DE CAMINHOS (*PATH*)	
	21	QUANTIDADE DE TRANSDUTORES	
	22	ÂNGULO DE EMISSÃO	
	23	REFLETIVO / DIRETO	
	24	RETIRADA DOS TRANSDUTORES EM CARGA	
	25	FERRAMENTA DE EXTRAÇÃO	
		PLACA DE IDENTIFICAÇÃO	
	26	TAG & SERVIÇO	
	27	FABRICANTE	
	28	FAIXA DE MEDIÇÃO	
	29	MODELO	
	30	NÚMERO DE SÉRIE	
	31	MÊS E ANO DE FABRICAÇÃO	
	32	COMPRIMENTO DO MEDIDOR	
	33	DIÂMETRO DO MEDIDOR	
	34	CLASSE DE PRESSÃO	
	35	MATERIAL DO CORPO	
	36	FAIXA DE PRESSÃO DE OPERAÇÃO	
	37	FAIXA DA TEMPERATURA DE OPERAÇÃO	
	38	DIREÇÃO DO FLUXO	

		B – UNIDADE ELETRÔNICA	
	39	MICROPROCESSADO	sim
	40	RELÓGIO DE TEMPO REAL	sim
	41	ARMAZENAMENTO: PROGRAMA E ROTINAS DE CÁLCULO	sim
	42	TEMPO DE RETENÇÃO DE DADOS / ALIMENTAÇÃO	
	43	AUTOTESTE	sim
	44	LEITURA DE TODOS OS DADOS *ON-LINE*	sim
	45	CONFIGURAÇÃO *ON-LINE*	sim
	46	MATERIAL DA CAIXA	
	47	PINTURA DA CAIXA	poliéster / epóxi
	48	ALIMENTAÇÃO ELÉTRICA	24 V cc
CARACTERÍSTICAS GERAIS	49	CONSUMO (W)	
	50	TROPICALIZAÇÃO DOS CIRCUITOS	sim, proteção antifungos
	51	CLASSIFICAÇÃO DA ÁREA	
	52	PROTEÇÃO DA CAIXA (IEC 60529)	IP-65 (mínimo)
	53	QUANTIDADE DE CONEXÕES ELÉTRICAS	
	54	DIÂMETRO E TIPO DAS CONEXÕES ELÉTRICAS	
	55	INDICADOR DIGITAL – CARACTERES POR LINHA	
	56	ENTRADA ANALÓGICA (4 a 20 mA c/ HART)	
	57	ENTRADA ANALÓGICA PARA TERMORRESISTÊNCIA	
	58	SAÍDA ANALÓGICA (4 a 20 mA)	
	59	PORTAS SERIAIS	ver item E
	60	PORTA ETHERNET	ver item E
	61	CONEXÃO ÀS PORTAS SEM INTERRUPÇÃO	sim
	62	*SOFTWARE* DE CONFIGURAÇÃO	sim
	63	MONITORAÇÀO DE DIAGNÓSTICOS	sim
	64	ARQUIVAMENTO DE ALARMES E EVENTO / PERÍODO	sim / XXXX
	65	IMUNIDADE A EMI / RFI	sim
	66	ACESSO HIERÁRQUICO POR SENHA	sim

		C – FIRMWARE	
	67	MÉTODOS DE CÁLCULOS INCLUSOS	
	68	CERTIFICADO / ÓRGÃO CERTIFICADOR	
	69	PRESSÃO DE BASE (kgf/cm^2)	1,033
	70	TEMPERATURA DE BASE (ºC)	20
	71	UNIDADES DE ENGENHARIA	configurável

D – CARACTERÍSTICAS ESPECÍFICAS		
72	PRECISÃO GLOBAL COM TODOS OS TRANSDUTORES	
73	PRECISÃO PARCIAL (com _50%_ transdutores)	
74	PRECISÃO PARCIAL (com _25%_ transdutores)	
75	OPERAÇÃO MÍNIMA COM ___ TRANSDUTORES	
76	FATOR *"ZERO FLOW, OFF SET FACTOR"* (m/s)	
77	REPETIBILIDADE	
78	RESOLUÇÃO	
79	*ZERO READING*	
80	*CUT-OFF* (m/s)	
81	CERTIFICADOS DE CALIBRAÇÃO / ÓRGÃO EMISSOR *Dry – calibration* *High Pressure Calibration*	

E – INSTRUMENTOS ADICIONAIS		
82	SENSOR DE TEMPERATURA TIPO	TE-XXXX Pt 100 Conforme NOTA 1
83	POÇO TERMOMÉTRICO	
84	TRANSMISSOR DE PRESSÃO	PT-XXXX Conforme NOTA 2
85	ACESSÓRIOS P/ MONTAGEM	Braçadeiras, cabos etc. NOTA 1
86	BLOCO *MANIFOLD* (NOTA 2)	2 vias - AISI 316

F – INTERFACES EXTERNAS				
		EQUIPAMENTO	PORTA – TIPO	PROTOCOLO / SINAL
COMUNICAÇÃO	87	REMOTA / CLP OU COMPUTADOR DE VAZÃO	01 Serial – RS-485 – *slave*	MODBUS – RTU
	88	COMPUTADOR DE VAZÃO	SAÍDA DIGITAL	PULSO
	89	ACESSO LOCAL / REMOTO	01 Serial – RS-485 – *slave*	PROPRIETÁRIO
	90	ACESSO LOCAL / REMOTO	Ethernet – 10 Mbps	TCP/IP
	FABRICANTE:			
	MODELO:			

G – DADOS OPERACIONAIS				
91	FLUIDO	Gás natural		
92	ESTADO FÍSICO	Gás		
93	IMPUREZAS	Não		
94	DIÂMETRO NOMINAL DA LINHA / SCH	____ / ____		
95	CONEXÃO TIPO / CLASSE DE PRESSÃO	____ / ___		
	PRESSÃO (kgf/cm²)	mínima	normal	máxima
96	OPERAÇÃO			
97	PROJETO			
	TEMPERATURA (°C)	mínima	normal	máxima
98	OPERAÇÃO			
99	PROJETO			
	VAZÃO (103 m³/dia)	mínima	normal	máxima
100	OPERAÇÃO			
101	LIMITE MÁXIMO DA FAIXA DE OPERAÇÃO	90% da faixa		
102	COMPOSIÇÃO DO GÁS			
103	C_1 (% molar)			
104	C_2 (% molar)			
105	C_3 (% molar)			
106	iC_4 (% molar)			
107	nC_4 (% molar)			
108	iC_5 (% molar)			
109	nC_5 (% molar)			
110	C_{6+} (% molar)			
111	O_2 (% molar)			
112	N_2 (% molar)			
113	CO_2 (% molar)			
114	DENSIDADE			
115	PESO MOLECULAR			
116	FATOR DE COMPRESSIBILIDADE			
117	PONTO DE ORVALHO, 1 atm			

H – DADOS OPERACIONAIS		
118	TEMPERATURA DO AMBIENTE DE OPERAÇÃO (°C)	$\leq 55°C$
119	TEMPERATURA DE ARMAZENAMENTO (°C)	$\geq 55°C$
120	PROXIMIDADE DO MAR	
121	UMIDADE RELATIVA DE OPERAÇÃO	$\leq 90\%$ s/ condensação

Notas:

1 – Deverá ser preenchida folha de dados para o sensor de temperatura conforme padrão ISA S20.13 a/b.

2 – Deverá ser preenchida folha de dados para o transmissor de pressão, conforme padrão ISA S20.40 a/b.

Folha de dados de computador de vazão

	**A – CARACTERÍSTICAS GERAIS**

	1	TAG	FQIT-XXXX
	2	SERVIÇO	transferência de custódia
	3	TIPO DE MEDIDOR	
	4	ALIMENTAÇÃO ELÉTRICA	24 V cc
	5	MONTAGEM	gabinete em parede
	6	NORMAS DE CÁLCULOS (NOTA 1)	
	7	MATERIAL DA CAIXA	alumínio com baixo teor cobre
	8	PINTURA	padrão do fabricante
UNIDADE ELETRÔNICA	9	CLASSIFICAÇÃO DA ÁREA	área não classificada
	10	CLASSIFICAÇÃO DO INVÓLUCRO (IEC)	área não classificada
	11	PROTEÇÃO DO INVÓLUCRO	IP-54
	12	ELEMENTO PRIMÁRIO	
	13	FAIXA MEDIÇÃO DP 1 (NOTA 2)	0~XX
	14	FAIXA MEDIÇÃO DP 2 (NOTA 2)	0~XX
	15	FAIXA MEDIÇÃO PRESSÃO ESTÁTICA	0~XX
	16	FAIXA MEDIÇÃO TEMPERATURA	-10 °C ~ +50 °C
	17	QUANTIDADE E TIPO DE PORTAS	
MVS OU TRANSMISSORES	18	TAG	UT-XXXX / FT-XXXX
	19	MONTAGEM	Remota à Unidade Eletrônica
	20	VARIÁVEIS MEDIDAS	Vazão, Pressão e Temperatura
	21	CLASSIFICAÇÃO DA ÁREA	Zona 2
	22	CLASSIFICAÇÃO / PROTEÇÃO DO INVÓLUCRO (IEC)	Ex d / IP-65
ACESSÓRIOS	23	SENSOR DE TEMPERATURA TIPO	TE-XXXX Pt 100 Conforme NOTA 4
	24	POÇO TERMOMÉTRICO	
	25	TRANSMISSOR DE VAZÃO	FT-XXXX Conforme NOTA 5
	26	ACESSÓRIOS P/ MONTAGEM	Braçadeiras, cabos etc. (NOTA 1)
	27	BLOCO *MANIFOLD* (NOTA 2)	5 vias - AISI 316
	28	TRANSMISSOR DE PRESSÃO	PT-XXXX Conforme NOTA 6
	29	*SOFTWARE* DE CONFIGURAÇÃO	

(Continua)

A – CARACTERÍSTICAS GERAIS (continuação)			
	30	FLUIDO	Gás natural
	31	PRESSÃO DE OPERAÇÃO (mín / normal / máx)	XXXX / XXXX / XXXX
	32	TEMPERATURA DE OPERAÇÃO (mín / normal / máx)	XXXX / XXXX / XXXX
	33	VAZÃO (20 °C, 1 atm) (mín / normal / máx)	XXXX/ XXXX / XXXX
	34	VAZÃO "CUT OFF" (20 °C, 1atm) (ascendente / descendente)	XXXX – XXXX / XXXX – XXXX
CONDIÇÕES DE OPERAÇÃO/CONFIGURAÇÃO	35	$\varnothing$ NOMINAL TUBULAÇÃO (DN)	XXXX
	36	$\varnothing$ INTERNO TUBULAÇÃO (Dr)	XXXX
	37	β (0,4 < β < 0,6) (NOTA 2)	
	38	MATERIAL DO TUBO	Aço carbono
	39	MATERIAL DA PLACA (NOTA 2)	Aço inox 316
	40	COMPOSIÇÃO DO GÁS	Ver item C
FABRICANTE			
MODELO			
UNIDADES DE MEDIDA		Vazão = m³/dia DP = mmH$_2$0 Pressão = kgf/cm² Temperatura = °C Comprimento = mm	

Notas:
1 Ver Especificação Técnica do FC para as demais características do computador de vazão (unidade eletrônica, MVS, acessórios etc.) não mencionadas nesta FD.
2 Aplicável somente a placas de orifício.
3 Incluir uma licença dos *softwares* e treinamento para este lote de fornecimento conforme Especificação Técnica.
4 Preencher a FD do Sensor de Temperatura, conforme padrão ISA S20.13 a/b.
5 Preencher a FD do Transmissor de Pressão Diferencial, conforme ISA S20.20 a/b.
6 Preencher a FD do Transmissor de Pressão conforme padrão ISA S20.40 a/b.

B – COMPOSIÇÃO DO GÁS NATURAL	
Componentes	% molar
C_1	XXXX
C_2	XXXX
C_3	XXXX
iC_4	XXXX
nC_4	XXXX
iC_5	XXXX
nC_5	XXXX
C_{6+}	XXXX
O_2	XXXX
N_2	XXXX
CO_2	XXXX

Folha de dados de sistema de análise cromatográfica

		A – CROMATÓGRAFO	
CARACTERÍSTICAS GERAIS	1	TAG	AIT-XXXX
	2	SERVIÇO	XXXX
	3	PRINCÍPIO DE MEDIÇÃO	
	4	ALIMENTAÇÃO ELÉTRICA (V)	XXXX
	5	POTÊNCIA EM PARTIDA (VA)	
	6	POTÊNCIA EM REGIME (VA)	
	7	INSTALAÇÃO	Abrigada
	8	MONTAGEM	Superfície / Parede
	9	NORMAS DE CÁLCULOS	Ver item H
	10	MATERIAL DA CAIXA	Aço carbono
	11	PINTURA	Tinta epóxi / poliéster
	12	PLACA DE IDENTIFICAÇÃO	AISI 316 – Gravada
	13	CONEXÕES ELÉTRICAS	NPT
	14	DIMENSÕES (mm) – C x A x P	
	15	COLUNA TIPO	
	16	QUANTIDADE	
	17	MATERIAL	
ELEMENTO DE ANÁLISE	18	MATERIAIS EM CONTATO COM A AMOSTRA	
	19	FORNO TIPO / QTD	Elétrico /
	20	DETECTOR TIPO / QTD	DCT /
	21	TEMPERATURA DE ANÁLISE	
	22	CONTROLE DE TEMPERATURA DE ANÁLISE	
	23	LIMITES DE CONTAMINANTES	Ver NOTA 8
	24	CLASSIFICAÇÃO DA ÁREA	Zona 2 IIA T3
	25	CLASSIFICAÇÃO DO INVÓLUCRO (IEC)	IEC 60529
	26	PROTEÇÃO DO GABINETE (IEC)	
DESEMPENHO	27	*RANGE*	
	28	PRECISÃO	
	29	LINEARIDADE	
	30	Nº DE CORRENTES (incluindo autocalibração)	XXXX
	31	FORMA DE ANÁLISE DE CADA CORRENTE	Individual, Sequencial e Cíclica
	32	DURAÇÃO DO CICLO	≤ 15 min

(Continua)

		A – CROMATÓGRAFO (continuação)	
DESEMPENHO	33	TEMPO CONFIGURÁVEL ENTRE CICLOS / TOTAL	Sim / ≤ 60 min (para todas as correntes)
	34	CALIBRAÇÃO AUTOMÁTICA	Sim
	35	FREQUÊNCIA AUTOCALIBRAÇÃO	Ajustável
	36	VAZÃO DA AMOSTRA	
	37	PRESSÃO DA AMOSTRA	
	38	TEMPERATURA DA AMOSTRA	
	39	PURGA AUTOMÁTICA ENTRE CICLOS	Sim
	40	PURGA / INERTIZAÇÃO EM CASO DE FALHA	Sim
	41	*RESET* AUTOMÁTICO	Sim
UNIDADE ELETRÔNICA OU CONTROLADOR	42	TIPO	Microprocessada
	43	TROPICALIZAÇÃO DE CIRCUITOS	Sim, proteção contra fungos
	44	INTERFACE PARA OPERAÇÃO LOCAL	Sim, LCD
	45	INSTALAÇÃO DOS COMPONENTES	Compartimento isolado do compartimento de análise
	46	OPERAÇÃO REMOTA	
	47	*RESET* REMOTO	Sim
	48	SENHA DE ACESSO	Sim
	49	CONFIGURAÇÃO LOCAL / REMOTA	Sim
	50	INTERFACES EXTERNAS	TIPO
	51	CLP / REMOTA E COMPUTADOR DE VAZÃO	01 porta serial RS-485 (*slave*) com protocolo MODBUS-RTU
	52	*WEB SERVER* (se aplicável)	01 porta serial RS-485 (*slave*) com protocolo MODBUS-RTU
	53	CONFIGURAÇÃO LOCAL VIA *NOTEBOOK*, TRANSFERÊNCIA DE RELATÓRIOS	01 porta serial RS-232/485 com protocolo proprietário
	54	IMPRESSORA LOCAL	01 Paralela "Centronics" ou USB
	55	REDE ETHERNET (opcional)	01 porta Ethernet
	56	ENTRADA ANALÓGICA	01 entrada 4 a 20 mA isolada
	57	MÓDULOS ADICIONAIS E/OU OPCIONAIS	
	58	CLASSIFICAÇÃO DA ÁREA	área não classificada
	59	CLASSIFICAÇÃO DO INVÓLUCRO (IEC)	IEC 60529
	60	PROTEÇÃO DO GABINETE (se instalado em abrigo)	IP-40 (mínimo)

FABRICANTE	
MODELO	

B – SISTEMA DE CONDICIONAMENTO DE AMOSTRA		
61	SONDAS E VÁLVULAS DE BLOQUEIO	Sim – Inox 316 (NOTAS 3 e 4)
62	VÁLVULA RAIZ P/ TOMADA E SONDA	(NOTA 10)
63	CONECTORES E ACESSÓRIOS	Sim – Inox 316 (NOTAS 3 e 4)
64	VÁLVULAS REGULADORAS DE PRESSÃO E ALÍVIO	Sim – Inox 316 (NOTAS 3 e 4)
65	*TUBINGS*	Sim – ASTM A269 TP 316 sem costura
66	REGULADORES DE VAZÃO	Sim – Inox 316
67	MONTAGEM	Superfície; acesso frontal
68	PLACA DE MONTAGEM	Sim – Inox
69	SUPORTES – ELEMENTOS DE FIXAÇÃO	Sim – Inox
70	FILTROS DA AMOSTRA	Sim
71	SEQUENCIADOR DE AMOSTRAS / PURGA / CALIB.	Sim
72	DISTÂNCIA P/ ENCAMINHAMENTO DA AMOSTRA (m)	
73	PLACAS DE IDENTIFICAÇÃO	AISI 316, gravadas
74	PONTO DE AMOSTRA MANUAL	Sim (NOTA 3)

(coluna lateral: CARACTERÍSTICAS GERAIS)

C – GASES DE REFERÊNCIA, CALIBRAÇÃO E ARRASTE		
75	GÁS DE ARRASTE (NOTA 9)	Hélio (em cilindro tipo T)
76	TIPO / PUREZA	99,995%
77	CONSUMO	
78	GÁS DE CALIBRAÇÃO / REFERÊNCIA (NOTA 9)	(em cilindro tipo T)
79	COMPOSIÇÃO	
80	CONSUMO	
81	GÁS DE PURGA / INERTIZAÇÃO (NOTA 9)	
82	TIPO / PUREZA	
83	CONSUMO	
84	OUTROS TIPOS / CONSUMO	

(coluna lateral: CARACTERÍSTICAS GERAIS)

		D – ANALISADOR / TRANSMISSOR DE PONTO DE ORVALHO	
CARACTERÍSTICAS GERAIS	85	TAG	AIT-XXXX
	86	SERVIÇO	
	87	UNIDADE ELETRÔNICA	Microprocessado
	88	PRINCÍPIO DE MEDIÇÃO	
	89	TROPICALIZAÇÃO DE CIRCUITOS	Sim, proteção contra fungos
	90	PRECISÃO	±2% leitura ou ± 5% *range*
	91	*RANGE* / RESOLUÇÃO	
	92	INDICADOR DE SAÍDA	Sim – LCD
	93	UNIDADE DE ENGENHARIA	°C
	94	TEMPO DE RESPOSTA	
	95	TEMPO DE CICLO (min)	
	96	AUTOCHECK E CALIBRAÇÃO	Sim – em linha
	97	ALIMENTAÇÃO ELÉTRICA	XXXX
	98	CONEXÕES ELÉTRICAS	NPT
	99	POTÊNCIA CONSUMIDA	
	100	INSTALAÇÃO	Abrigada
	101	MONTAGEM	Superfície
	102	CLASSIFICAÇÃO DA ÁREA	Zona 2 II A T3
	103	CLASSIFICAÇÃO DO INVÓLUCRO (IEC)	IEC 60529
	104	PROTEÇÃO DO GABINETE	
	105	SAÍDA ANALÓGICA	4 a 20 mA isolada
	106	CONDICIONAMENTO DE AMOSTRA	Sim
	107	PRESSÃO DE ANÁLISE (kgf/cm^2)	
	108	TEMPERATURA DE ANÁLISE (°C)	
	109	INTERFERÊNCIAS, TIPO / CONTAMINANTES	
	110	GÁS DE REFERÊNCIA	A partir do gás analisado
	111	TOMADA COMPARTILHADA COM CROMATÓGRAFO	
	112	DISTÂNCIA MAXIMA TOMADA x ANALISADOR	
	113	SUPORTES E ACESSÓRIOS DE MONTAGEM	Sim – aço inox

FABRICANTE	
MODELO	

E – DADOS DE PROCESSO					
CARACTERÍSTICAS GERAIS DO FLUIDO DE PROCESSO	114	IDENTIFICAÇÃO	AW-XXXXA/B		
	115	FLUIDO	gás natural		
	116	ESTADO FÍSICO	gás		
	117	IMPUREZAS	não		
	118	DIÂMETRO NOMINAL DA LINHA / *SCHEDULE*	XXXX / XXXX		
	119	CONEXÃO TIPO / CLASSE DE PRESSÃO	XXXX / XXX		
	120	PRESSÃO (kgf/cm^2)	mínima	normal	máxima
			XXXX	XXXX	XXXX
	121	ALIMENTAÇÃO			
	122	RETORNO			
	123	PROJETO	XXXX		
	124	TEMPERATURA (ºC)	mínima	normal	máxima
			XXXX	XXXX	XXXX
	125	OPERAÇÃO ALIMENTAÇÃO			
	126	OPERAÇÃO RETORNO			
	127	PROJETO	XXXX		

F – CONDIÇÕES AMBIENTAIS		
128	TEMPERATURA DE OPERAÇÃO (ºC)	XXX
129	TEMPERATURA DE ARMAZENAMENTO (ºC)	XXX
130	PROXIMIDADE DO MAR	XXX
131	UMIDADE RELATIVA DE OPERAÇÃO	≤ 90% sem condensação

G – UTILIDADES DISPONÍVEIS		
132	AR / GÁS DE INSTRUMENTO: Ø pol. / PRESSÃO (kgf/cm^2)	XXXX / XXXX
133	ENERGIA ELÉTRICA: TENSÃO / FASES / FONTE	XXXX
134	ÁGUA POTÁVEL: Ø pol. / PRESSÃO (kgf/cm^2)	XXXX

H – RESULTADOS DAS ANÁLISES		MÉTODO DE ANÁLISE	
		ASTM	ISO
135	PROPRIEDADES		
136	PODER CALORÍFICO SUPERIOR (kJ/m³), @ 20°C e 101,325 kPa	D3588	6976
137	ÍNDICE *WOBBE* (kJ/m³)	–	6976
138	COMPOSIÇÃO	–	–
139	HIDROCARBONETOS (C1 @ C6+) (% MOLAR)	D1945	6974
140	INERTES (N$_2$,) (% MOLAR)	D1945	6974
141	INERTES (O$_2$) (% MOLAR) (NOTA 7)	D1945	–
142	INERTES (N$_2$+ CO$_2$) (% MOLAR)	D1945	6974
143	SULFUROSOS E ENXOFRE TOTAL (mg/m³)	D5504	19739 / 6326
144	H$_2$S (mg/m³)	D5504	19739 / 6326
145	PONTO DE ORVALHO DE ÁGUA (°C) @ 101,325kPa	D5454	
146	ENERGIA (kWh/m³)		6976
147	DENSIDADE A TEMPERATURA OPERAÇÃO		6976
148	PESO MOLECULAR		
149	FATOR DE COMPRESSIBILIDADE (Z)		12213

Notas:

1 – Esta FD complementa a Especificação Técnica do Sistema de Análise Cromatográfica em Linha e deve ser analisada em conjunto e em sua totalidade para o fornecimento total do referido sistema. Todos os campos em branco deverão ser preenchidos pelo proponente.

2 – O fornecimento deverá ser total, todos os seus componentes deverão ser novos e sem uso, incluindo materiais para instalação das tomadas de amostra, válvulas, acessórios, material elétrico e: cabos necessários à sua instalação e operação, bem como todos os manuais, *software*, licenças e documentos necessários à sua montagem, calibração, comissionamento, *start-up* e operação.

3 – Junto com o sistema de amostragem deverão ser fornecidos 02 (dois) cilindros para enchimento e transporte de gás para análise remota, em laboratório. Deverá ser previsto local para instalação do cilindro, para que durante a operação de enchimento o operador esteja com as mãos livres para acionamento das válvulas.

Os pontos de tomada de amostra manual deverão ser providos, no mínimo, dos seguintes acessórios:

ACESSÓRIO	MATERIAL	QUANTIDADE
Válvula de bloqueio de entrada e saída de gás	Válvula agulha, em aço inox 316	02 por ponto
Válvula de *by-pass*, para renovação da amostra	Válvula esfera, em aço inox 316	01 por ponto
Mangueira flexível	Malha de inox 316, internos de teflon, conectores em aço inox nas extremidades	02 por ponto
Engate rápido	Aço inox 316, com dupla retenção, uma parte instalada na mangueira e outra no cilindro.	02 por ponto
Cilindros para enchimento	Aço inox 316 sem costura, com válvula agulha de bloqueio em suas extremidades	02 por ponto

4 – Todos os componentes das linhas de impulso, arraste, referência calibração, *vent* etc. em contato com o fluido de processo (gás) deverão ser em aço inox TP316, compatíveis com a classe de pressão e temperatura da tomada.

Sempre que possível, as válvulas de bloqueio deverão ser tipo esfera, com corpo e esfera em aço inox, extremidades tipo compressão para *tubing*.

As válvulas de regulagem das tomadas deverão ser tipo agulha, com corpo em aço inox e *plug* e sede em aço inox 316 ou melhor; sempre que possível as conexões deverão ser do tipo compressão para *tubing*.

As conexões de compressão deverão ser compatíveis com a classe de pressão e temperatura da linha de impulso, roscas ANSI/ASME B1.20 NPT, em aço inox 316, anilhas de duplo cravamento em aço inox 316 ou superior.

5 – Para encaminhamento das linhas de impulso ao cromatógrafo, deverá ser utilizada eletrocalha perfurada com tampa lisa, confeccionada em alumínio.

6 – O comprimento da sonda deverá ser suficiente para que a coleta da amostra se faça entre o meio e o segundo terço da seção transversal da tubulação principal. O proponente deverá considerar para dimensionar o comprimento da sonda, válvulas de bloqueio da tubulação e seus *nipples*. 7 – Conforme ofício ANP Nº 516/SQP de 21 de outubro de 2003, "[...] se for realizada a análise em linha fazendo referência ao método ISO 6974, parte 4, não será analisado o oxigênio [...]".

8 – Limites de contaminantes:

Contaminante	Unidade	Limites		
		Norte	Nordeste	Sul, Sudeste e Centro-Oeste
Oxigênio, máx	% vol.	0,8	0,5	
Inertes ($N_2 + CO_2$), máx	% vol.	18,0	8,0	6,0
Mercúrio, máx	μ/m^3	Anotar		
Enxofre total, máx	mg/m^3	70		
Gás sulfídrico (H_2S), máx	mg/m^3	10,0	13,0	10,0

9 – Enviar certificados de análise de composição dos cilindros efetuada por instrumento rastreado pelo NIST ou NMI.

I – COMPOSIÇÃO DO GÁS NATURAL		
PCS = XXXX MJ/m³		
Componentes	Unidade	Valor
C_1	% molar	XXXX
C_2	% molar	XXXX
C_3	% molar	XXXX
iC_4	% molar	XXXX
nC_4	% molar	XXXX
iC_5	% molar	XXXX
nC_5	% molar	XXXX
C_{6+}	% molar	XXXX
O_2	% molar	XXXX
N_2	% molar	XXXX
CO_2	% molar	XXXX
Total	% molar	XXXX
Ponto de orvalho, 1 atm	°C	XXXX

Nota: Valores referidos a 20 °C e 1 atm

Propriedades	Unidade	Valor
Densidade relativa	–	XXXX
Peso molecular	kg/m³	XXXX
Fator de compressibilidade	–	XXXX

J – DOCUMENTOS DE REFERÊNCIA

XXXX

ANEXO 4 – Certificado de garantia da qualidade de gás padrão

WHITE MARTINS
PRAXAIR INC

White Martins Gases Industriais Ltda. - Laboratório de Controle da Qualidade Gases Especiais
Av. dos Autonomistas, 4332 - Osasco - São Paulo - CEP 06090-015
Telefone: (11) 3685-7729 - Fax: (11) 3685-7852 - E-mail: eliane_sakuda@praxair.com

SISTEMA DA QUALIDADE
CERTIFICADO
CONFORME A NORMA
ISO 9001
GASES ESPECIAIS
OSASCO

CERTIFICADO DE GARANTIA DA QUALIDADE

Número da Ordem: 41874912   Certificado Nº: 41089395   Pedido Nº: Página   1 de   1

Cilindro Nº: 666954   Conexão SAWM Nº: 02   ABNT: 218-2

Cliente: 40031041 GEMP - Transpetro Guararema

Endereço: Estr. Lagoa Nova, km 10

      GUARAREMA   SP   BRA

Composição da Mistura

Nome do Produto: Mistura Padrão Primario Cil T

Componentes	Método de Verificação	Requisitado		Reportado		Incerteza de Medição
Etano	P	6,2	% Mol / Mol	6,163	% Mol / Mol	+/- 0,68 %
Propano	P	1,8	% Mol / Mol	1,807	% Mol / Mol	+/- 0,72 %
Dioxido Carbono	P	1,5	% Mol / Mol	1,527	% Mol / Mol	+/- 0,54 %
Nitrogenio	P	,76	% Mol / Mol	,7644	% Mol / Mol	+/- 0,78 %
N-Butano	P	,395	% Mol / Mol	,3937	% Mol / Mol	+/- 0,87 %
Isobutano	P	,275	% Mol / Mol	,2761	% Mol / Mol	+/- 0,94 %
Isopentano	P	,11	% Mol / Mol	,1096	% Mol / Mol	+/- 0,34 %
N-Hexano	P	,075	% Mol / Mol	,0746	% Mol / Mol	+/- 0,34 %
N-Pentano	P	,074	% Mol / Mol	,0736	% Mol / Mol	+/- 0,34 %
Metano		BALANÇO				

Tipo de Cilindro: T   Padrão: Primario
Pressão: 39,00   kgf/cm2   ou   3.824,59   kPa
Volume: 2,000   m3 @ 21,1 ºC e 101,32 kPa ou 1atm

Método de Confecção: Método Gravimétrico   Data de Confecção: 15/10/13   Data de Validade: 15/10/18

Rastreável a massas padrões conforme certificado de calibração da RBC-INMETRO nº M-40370/12. A incerteza expandida relatada é base ada em uma incerteza padrão combinada, multiplicada por um fator de abrangência k=2, para um nível de confiança de 95%. Aten ção: neste certificado é reportada a incerteza relativa. Para os cálculos de incerteza, deve-se multiplicar o valor reportado pela concentração para obter o valor de incerteza absoluta.

Data: 11/03/14   Analista: 42549319   Responsável: Oliveira, Guilherme Maia de

Eliane M. Sakuda Taira
Gerente de Controle de Qualidade de Gases Especiais

Observações

Concentração de Metano = 88,81 % Mol/Mol. Incerteza = 0,39 % relativo.

Métodos de Verificação

- -		H -	Quimiluminescência		P -	Gravimétrico	
A -	Cromatografia Gasosa (ECD)	I -	Emissão Optica		Q -	FID + Metanador	
B -	Cromatografia Gasosa (TCD)	J -	Conditividade Térmica		R -	Fotoionização (PID)	
C -	Eletrolítico	K -	Paramagnetismo		S -	Obtido por diferença de 100%	
D -	Cromatografia Gasosa (FID)	L -	Fluorescência de Ultravioleta		T -	Especificação do Fornecedor	
E -	Ionização de Chama	M -	Ionização de Hélio				
F -	Infra-Vermelho	N -	Célula de Cristal Higroscópico				
G -	Célula Eletroquímica	O -	Tubo Drager				

Os resultados apresentados neste documento têm significação restrita e se aplicam somente ao(s) cilindro(s) referido(s).
A reprodução do documento só poderá ser feita integralmente, sem nenhuma alteração.
Estabilidade garantida, desde que o cilindro seja armazenado em local seco, ventilado, ao abrigo de intempéries, e entre as temperaturas de 10 a 35° C.

Equivalência de Unidades	
%	% mol / mol
ppm	micromol / mol
ppb	nanomol / mol

Telefone de Emergência:
0800 709 9000

40111284 - NGE211.805.1 – rev. 00 – Jun/11.

ANEXO 5 – Detalhamento do processo de auditoria no SGM

Auditoria – definição e abordagem

A ABNT NBR ISO 19011:2012 define uma auditoria como sendo um processo sistemático, documentado e independente para obter evidência da auditoria. Entende-se como evidência de auditoria a apresentação de registros, documentos, fatos ou outras informações concernentes ao processo que deem sustentação à sua verdade, a tal ponto que, ao avaliá-la determina a extensão na qual os critérios de auditoria são atendidos. A norma contém um número de princípios fundamentais que asseguram que as conclusões da auditoria sejam relevantes e suficientes, e que auditores trabalhando separadamente terão conclusões semelhantes.

As auditorias em SGM verificam se a estruturação do sistema está de acordo com as recomendações da norma ABNT NBR ISO 10012:2004 e também a evolução do tratamento das não conformidades detectadas nas auditorias anteriores, aplicando os critérios documentados preparados pela equipe auditora. Dessa forma, é avaliado se a organização demonstra melhoria contínua no sistema de gestão.

Tipos de auditoria

Existem três tipos de auditoria:

- Primeira parte: auditoria da própria organização sobre seus sistemas e procedimentos. Tem como objetivo assegurar a manutenção, desenvolvimento e melhoria do SGM, com foco nos requisitos da norma ABNT NBR ISO 10012:2004.
- Segunda parte: pode ser externa à própria organização em seus fornecedores e subcontratados com o objetivo de determinar a adequação, avaliar seu desempenho e assegurar que os fornecedores tenham a capacidade de fornecer produtos que cumpram os requisitos de aquisição. Não contempla certificação.
- Terceira parte: é externa à organização e contempla certificação. A auditoria é feita por uma empresa certificadora contratada, independente da organização, seus fornecedores e clientes. Nesse tipo de auditoria, o objetivo é determinar se o SGM da organização foi estabelecido, documentado, implementado e mantido de acordo com os procedimentos especificados.

Planejamento de auditorias

Um plano de auditorias deve ser feito de acordo com uma lista de locais previamente definidos, de acordo com sua importância dentro do SGM. As auditorias podem ser feitas por amostragem, com visita ao campo e/ou documental, dependendo de avaliação prévia dos técnicos envolvidos. Podem também ser realizadas auditorias de caráter extraordinário, sempre que solicitadas pelo cliente, visando à avaliação de novos pontos de medição ou o esclarecimento de questões controvertidas relativas à medição de gás natural nos PTC da malha de transporte, seguindo o mesmo procedimento de uma auditoria planejada.

A auditoria no campo consiste em analisar as condições das instalações, com foco nos requisitos da seção 7 da norma – Comprovação Metrológica e Realização de Processos de Medição.

A auditoria documental consiste em analisar documentos e registros referentes aos sistemas de medição contemplados na programação de auditoria.

O processo de auditoria

O processo consiste em preparar, executar e elaborar o relatório final da auditoria. Para a preparação da auditoria a ser realizada, o auditor líder deve ter como base os seguintes pontos:

a) elaborar o escopo da auditoria;

b) estabelecer os processos, áreas e atividades a serem auditadas;

c) determinar o tempo previsto para a realização da auditoria;

d) dimensionar a equipe de auditoria, considerando as respectivas especialidades;

e) informar-se quanto às interfaces organizacionais, bases contratuais, responsabilidades das unidades a serem auditadas;

f) estudar as características específicas das medições, utilizando documentos de referência, como registros de calibração, instruções de trabalho e outros documentos pertinentes, inclusive os requisitos legais e do cliente;

g) revisar pontos auditados em auditorias anteriores;

h) adequar a lista de verificação com base nos itens (a), (d), (e), (f) e (g), anteriores;

i) providenciar a logística de deslocamento, agendando viagem e hospedagem, assim como preparar Equipamento de Proteção Individual (EPI) necessário na área auditada.

Na execução da auditoria, os documentos a serem analisados e verificados, quando aplicável, são:

- ata da última reunião de análise crítica;
- procedimentos documentais relativos às atividades de medição;
- plano de calibração dos cromatógrafos e demais analisadores;
- plano de calibração dos instrumentos primários e secundários;
- plano de manutenção preventiva dos cromatógrafos e demais analisadores;
- certificados de inspeção e verificação dos medidores;
- certificados de inspeção de trecho reto;
- certificados de calibração dos instrumentos;
- certificados dos padrões de calibração;
- certificados do gás padrão;
- cálculo de incerteza global;
- cálculo de incerteza dos resultados da cromatografia e demais análises;
- registros de validação dos computadores de vazão;
- registros de treinamento da equipe;
- registros de tratamento de anomalias;
- registros de cromatografia e demais análises;
- registros de calibração dos cromatógrafos e demais analisadores;
- registro de tratamento de anomalias.

As etapas para execução são as seguintes:

1. Reunião de abertura – é conduzida pelo auditor líder. Ela tem por objetivo dar início aos trabalhos, apresentando a equipe auditora aos auditados, bem como confirmar escopo e locais a serem visitados conforme a programação.
2. Desenvolvimento da auditoria – deve ser conduzida utilizando os documentos previamente elaborados pelo auditor, assegurando que a abrangência do escopo seja cumprida e também que as não conformidades levantadas tenham sido baseadas em evidências. As evidências são aspectos verificáveis baseados em amostra de informações. É importante ressaltar que, quando se fizer necessário manusear dados, documentos, equipamentos e instalações dos auditados, deve-se identificar, verificar, assegurar, proteger e salvaguardar a integridade física destes.
3. Reunião de fechamento – é para a apresentação dos resultados da auditoria. Ela é conduzida pelo auditor líder com a participação do

grupo auditor, devendo ser tratada com os responsáveis da organização da função metrológica auditada. O objetivo dessa reunião é apresentar as decisões e conclusões da auditoria, de modo a assegurar que sejam entendidos e aceitos pelo auditado, que acordará um prazo para apresentar um plano de ação corretiva. O registro de presença na reunião de fechamento deve ser mantido em ata, a qual deve ser lida, aprovada e assinada pelos participantes da reunião.

A elaboração do relatório final é feita pela equipe auditora, responsável pela preparação, qualidade e conteúdo, devendo fornecer um registro preciso, contendo a programação realizada da auditoria e breve descrição das atividades realizadas. Desvios encontrados devem ser apresentados por ponto de medição visitado e relacionados com os itens da norma.

O relatório deve conter recomendações e conclusão e deve ser emitido dentro do prazo acordado. O relatório da auditoria é confidencial e é de propriedade do cliente auditado, devendo ser respeitado e salvaguardado pela equipe auditora e reportado somente a quem de direito.

Referências

Referências bibliográficas

[1] ENDRESS + HAUSER. **Flow handbook**. 2nd ed. Endress + Hauss Flowtec AG, 2004.

[2] MARTINS. Nelson. **Manual de medição de vazão**. Interciência – Petrobras, 1998.

[3] GIIGNL. *LNG* **Custody transfer handbook**. 3rd ed., 2011. Disponível em: <http://groengas.nl/wp-content/uploads/2013/08/2011-03-00-LNG-Custody -Transfer-Handbook-Third-Edition-version-3.01.pdf>. Acesso em: 5 nov.2013.

[4] ABNT/INMETRO. **ISO GUM**. Guide 98-1. 1st ed., 2009.

[5] INMETRO. **VIM** – Conceitos fundamentais e gerais e termos associados. 1. ed., 2012.

[6] PORTARIA Conjunta Nº 1 ANP/INMETRO de 19 de junho de 2000.

[7] PORTARIA ANP Nº 104 de 8 de julho de 2002.

[8] PORTARIA ANP Nº 1 de 6 de janeiro de 2003.

[9] RESOLUÇÃO ANP Nº 16 de 17 de junho de 2008.

[10] RESOLUÇÃO conjunta ANP/INMETRO Nº 1 de 10 de junho de 2013.

[11] LEI Nº 11.909 de 4 de março de 2009.

[12] SANTANA, J. P. C. **Medição e qualidade** – instalações de GN e GNL. Petrobras, 2008/12 [apostila de curso].

[13] GasNet. **O site do gás natural e GNV**. Disponível em: <http://www.gasnet. com.br/novo_gasnatural/gas_completo.asp>. Acesso em: 27 mar. 2013.

[14] RIBEIRO, Marco. **Medição de vazão** – fundamentos e aplicações. 6. ed., 2004. Disponível em: <http://www.ebah.com.br/content/ABAAAAZZMAJ/>. Acesso em: 27 mar. 2013.

[15] WIKIPEDIA. **Ciclo PDCA**. Disponível em: <http://pt.wikipedia.org/wiki/ Ciclo_PDCA>. Acesso em: set. 2012.

[16] WIKIPEDIA. **Metrologia**. Disponível em: <http://pt.wikipedia.org/wiki/ Metrologia>. Acesso em: 14 abr. 2013.

[17] WIKIPEDIA. **Teoria dos erros**. Disponível em: http://pt.wikipedia.org/ wiki/Teoria dos erros>. Acesso em: 14 abr. 2013.

[18] NFOGM. **Handbook of uncertainty calculations** – fiscal orifice gas and turbine oil metering stations. Revision 2. NFOGM (Norwegian Society for Oil and Gas Measurement), March 2003. Disponível em: <nfogm.no>.

[19] DELMEÉ, Gerard Jean. **Manual de medição de vazão**. 2. ed. São Paulo: Blucher, 1982.

[20] RAYMOND, P. W. Scott. **Chrom**. Ed Book Series, 2003. Disponível em: <http://faculty.ksu.edu.sa/Dr.almajed/Books/GC.pdf>. Acesso em: 10 fev. 2014.

[21] INMETRO. **Informação ao consumidor**. Disponível em: <http://www. inmetro.gov.br/consumidor>. Acesso em: 5 nov. 2013.

[22] PALHARES, J. C. **Análise metrológica da medição de vazão e considerações sobre o balanço mássico no gasoduto Bolívia-Brasil.** Dissertação (mestrado) – PUC-RJ, 2000.

[23] BULSUK, K. G. Taking the first step with PDCA. 2008. Disponível em: <http://www.bulsuk.com/2009/02/taking-first-step-with-pdca.html>. Acesso em: 3 set. 2014

[24] MORETTI, G; ZUMBACH, L. Ciclo PDCA. Abordagem do processo e escopo do sistema de gestão ambiental. Preserva em Revista, Curitiba, 12 abr. 2014. Disponível em: <http://preservaambiental.com/ciclo-pdca-abordagem-de-processo-escopo-do-sistema-de-gestao-ambiental/>. Acesso em 3 set. 2014.

Referências normativas

Organizações oficiais internacionais engajadas nos processos de medição de vazão

a) International Organization for Standardization (ISO), Geneva;

b) Organization Internationale de Métrologie Légale (OIML), Paris;

c) International Electrotechnical Commission (IEC), Geneva;

d) European Committee for Standardization (CEN), Brussels;

e) American National Standards Institute (ANSI), New York;

f) American Petroleum Institute (API), Washington DC;

g) American Society of Mechanical Engineers (ASME), New York;

h) International Society for Automation (ISA), North Carolina;

i) Groupe International des Importateurs de Gaz Naturel Liquéfié (GIIGNL), Paris.

Standardization Bodies- Relationships

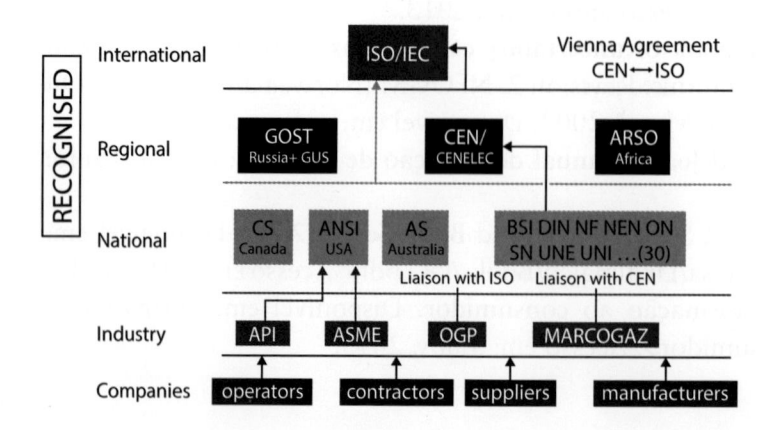

Principais organizações nacionais e internacionais envolvidas

a) Associação Brasileira de Normas Técnicas (ABNT);
b) Agência Nacional do Petróleo, Gás Natural e Biocombustíveis (ANP);
c) Centro de Tecnologia do Gás e Energias Renováveis (CTGAS-ER);
d) Colorado Engineering Experiment Station Inc. (CEESI);
e) International Laboratory Accreditation Corporation (ILAC);
f) Instituto Nacional de Metrologia, Qualidade e Tecnologia (INMETRO);
g) Instituto de Pesquisas Tecnológicas (IPT);
h) International Association of Oil & Gas Producers (OGP);
i) National Organization of the Petroleum Industry (ONIP);
j) National Institute of Standards and Technology (NIST);
k) Netherlands Measurement Institute (NMi);
l) Physikalisch – Technishe Bundesanstalt (PTB);
m) Serviço Nacional de Aprendizagem Industrial (SENAI);
n) TransCanada Calibrations (TCC).

ABNT – Associação Brasileira de Normas Técnicas

As normas ABNT são protegidas pelos direitos autorais por força da legislação nacional e dos acordos, convenções e tratados em vigor, não podendo ser reproduzidas no todo ou em parte sem a autorização prévia da ABNT – Associação Brasileira de Normas Técnicas. As normas ABNT citadas nesta obra foram reproduzidas mediante autorização especial da ABNT – Associação Brasileira de Normas Técnicas.

NBR 5891 – Regras de arredondamento na numeração digital.

NBR ISO 9001 – Sistemas de gestão da qualidade – Requisitos.

NBR ISO 9951 – Medição de vazão de gás em condutos forçados – Medidores tipo turbina.

NBR ISO 10012 – Sistemas de gestão de medição – Requisitos para os processos de medição e equipamentos de medição.

NBR ISO 19011 – Diretrizes para auditoria de sistemas de gestão.

NBR 14903 – Gás natural – Determinação da Composição por Cromatografia gasosa.

NBR 14978 – Medição Eletrônica de Gás – Computadores de Vazão.

NBR 15213 – Cálculo do Poder Calorífico, densidade, densidade relativa e índice de Wobbe de combustíveis gasosos a partir da composição.

NBR 15855 – Medição de gás por medidores do tipo ultrassônicos multitrajetórias.

NBR 16084 – Medição de vazão de fluidos em condutos fechados – Orientação para a seleção, instalação e uso de medidores Coriolis.
NBR 16107 – Fator de conversão do volume de gás.
NBR ISO/IEC 17025 – Requisitos gerais para competência de laboratórios de ensaio e calibração.

ISO – International Organization for Standardization

5167 – Measurement of Fluid Flow by Means of Pressure Differential devices inserted in circular cross-section conduits running full, Parts 1 to 4.
5168 – Measurement of Fluid Flow Evaluation of Uncertainty.
6142 – Gas analysis – Preparation of calibration gas mixtures – Gravimetric method.
6326 – Natural Gas – Determination of Sulfur Compounds, Parts 1, 3 & 5.
6570 – Natural Gas – Determination of potential hydrocarbon liquid content – Gravimetric methods.
6974 – Natural Gas – Determination of Composition with defined uncertainty by gas chromatography, Parts 1 to 5.
6976 – Natural Gas – Calculation of calorific values, density, relative density and Wobbe index from composition.
8943 – Refrigerated light hydrocarbon fluids – Sampling of liquefied natural gas – Continuous and intermittent methods.
10715 – Natural Gas – Sampling Guidelines.
10976 – Refrigerated light hydrocarbon fluids – Measurement of cargoes on board LNG carries.
12213 – Natural Gas – Calculation of Compression Factor, Parts 1 to 3.
13443 – Natural Gas – Standard reference conditions.
13686 – Natural Gas – Quality Designation.
14253 – Geometrical product specifications – Inspection by measurement of workpieces and measurement equipment.
15403 – Natural Gas for use as a Compressed fuel for vehicles.
17089 – Measurement of fluid in closed conduits – Ultrasonic meters.
19739 – Natural Gas – Determination of Sulfur Compounds using gas chromatography.
23874 – Natural Gas – Gas chromatographic requirements for hydrocarbon dew point calculation.
80000 – Quantities and Units.

AGA – American Gas Association

Report n° 3 – Measurement of Gas by Orifice Plate.
Report n° 5 – Natural Gas Energy Measurement.
Report n° 7 – Measurement of Gas by Turbine Meters.
Report n° 8 – Compressibility Factors of NG and other related hydrocarbon gases.
Report n° 9 – Measurement of Gas by Ultrasonic Meters.
Report n° 10 – Speed of Sound in NG and other related hydrocarbon gases.
Report n° 11 – Measurement of Natural Gas by Coriolis Meter.

ANSI – American National Standards Institute

B31.8 – Gas Transmission and Distribution Piping Systems.
B109.3 – Rotary Type Gas Displacement Meters.

API – American Petroleum Institute

MPMS 14.1 – Collecting and Handling of NG Samples for Custody Transfer.
MPMS 21.1 – Flow Measurements using Electronic Metering System- Electronic Gas Measurement.
RP 551 – Process Measurement Instrumentation.
RP 555 – Process Analyzer.

ASTM D – American Society for Testing and Materials

1945 – Standard Test Method for Analysis of Natural Gas by Gas Chromatography.
3588 – Standard Practice for Calculation Heat Value, Compressibility Factor and Relative Density of Gaseuos Fuels.
5454 – Standard Test Method for Water Vapor Content of Gaseous Fuel Using Electronic Moisture Analyzers.
5504 – Standard Test Method for Determination of Sulfur Compounds in Natural Gas and Gaseous Fuels by Gas Chromatography and Chemiluminescence's.

IEC – International Electrotechnical Commission

60079 – Area Classification.
60529 – Degrees of Protection.

OIML – Organisation Internationale de Métrologie Légale

R 137-1 – Gas Meters Part 1: Requirements systems – Edition 2006.
R 137-2 – Metrological controls and performance tests – Edition 2012.
R 140 – Measuring systems for gaseous fuel – Edition 2007.
R 6 – General provisions for gas volume meters – Edition 1989.